はるか昔の
進化が
よくわかる

ゆるゆる生物日誌

種田ことび 著
土屋健 監修

はじめに

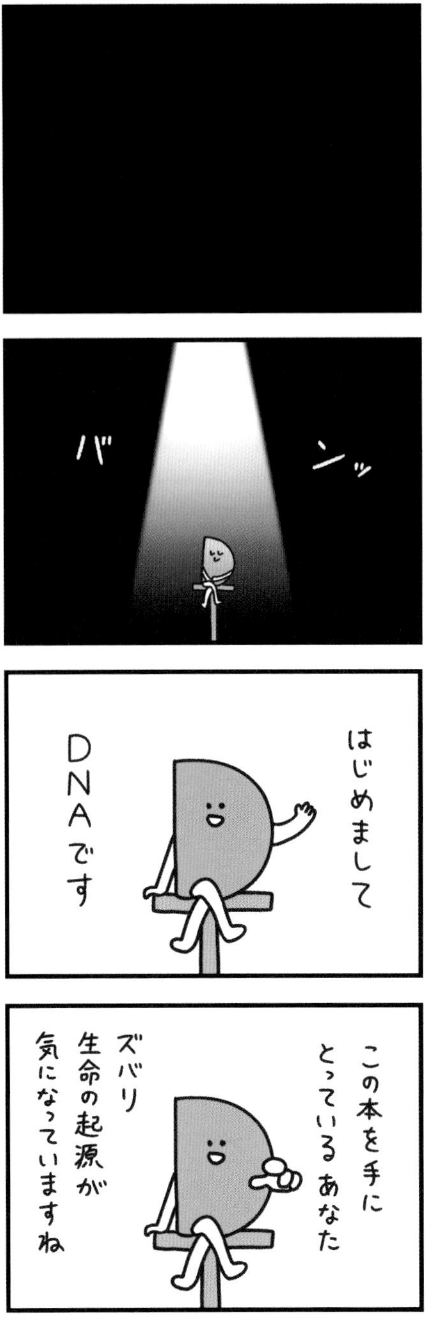

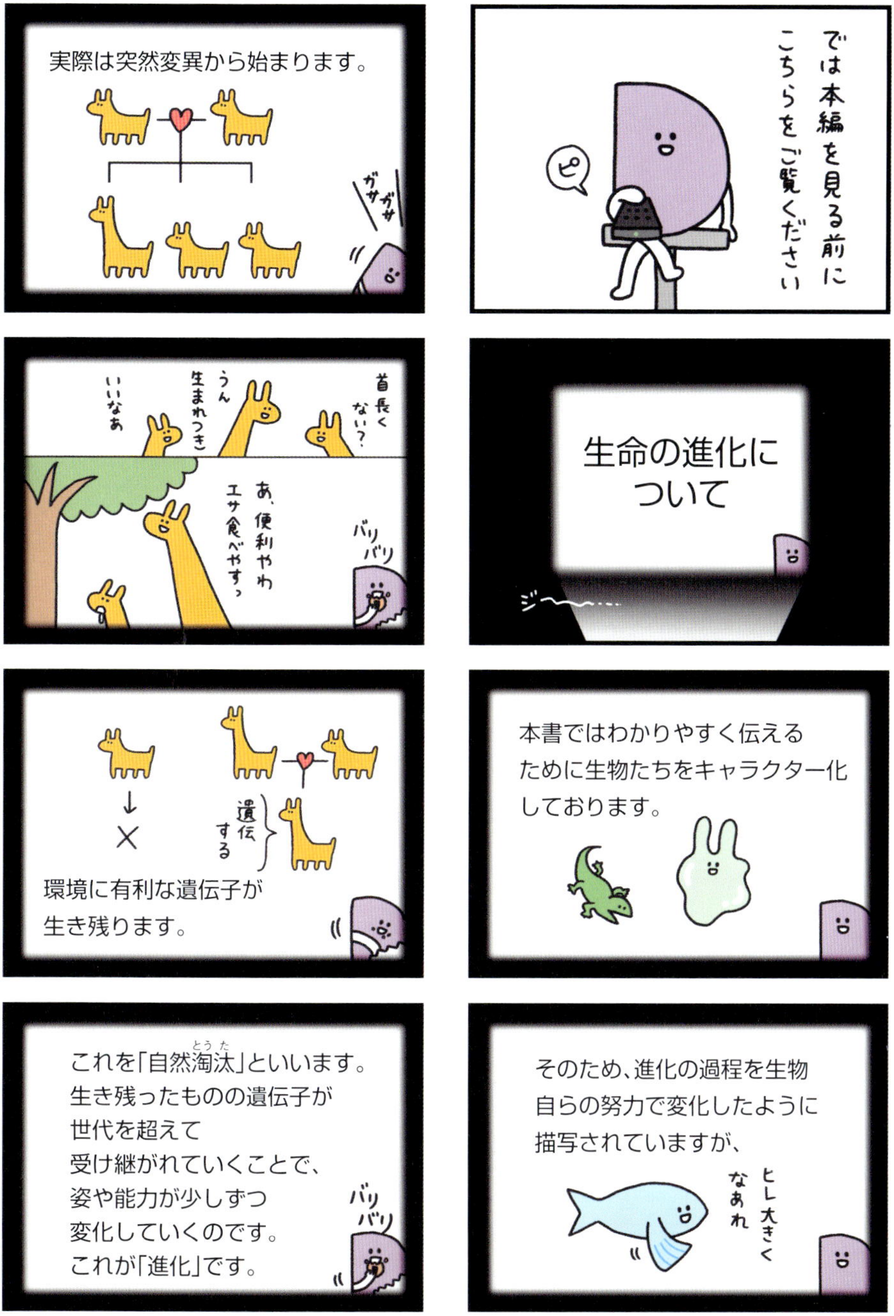
では本編を見る前にこちらをご覧ください
ピ
生命の進化について
ジ〜〜…
本書ではわかりやすく伝えるために生物たちをキャラクター化しております。
そのため、進化の過程を生物自らの努力で変化したように描写されていますが、
ヒレ大きくなあれ
実際は突然変異から始まります。
ガサガサ
首長くない?
うん 生まれつき
いいなあ
あ、便利やわ エサ食べやすっ
バリバリ
遺伝する
環境に有利な遺伝子が生き残ります。
これを「自然淘汰《とうた》」といいます。生き残ったものの遺伝子が世代を超えて受け継がれていくことで、姿や能力が少しずつ変化していくのです。これが「進化」です。
バリバリ

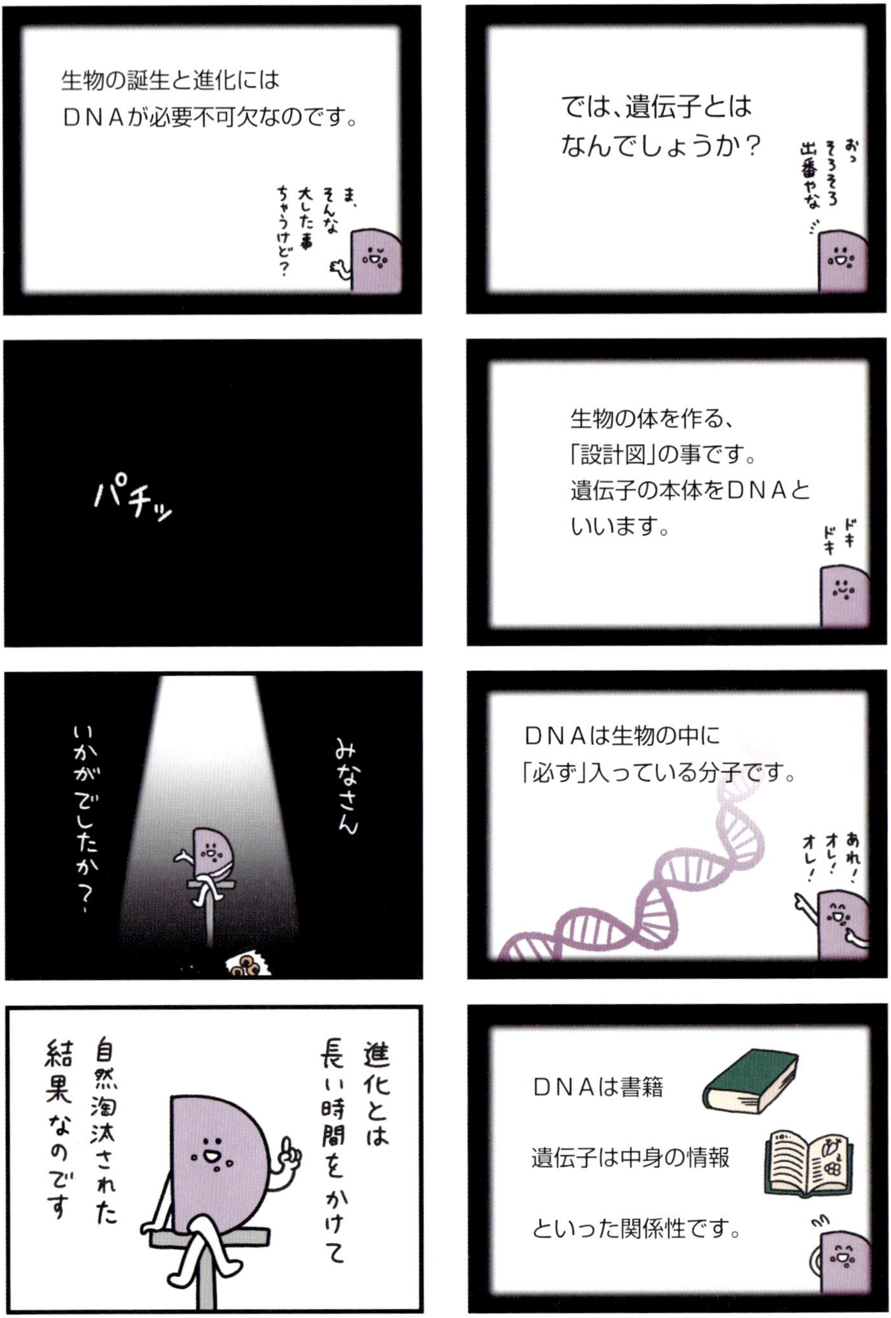

では、遺伝子とは
なんでしょうか？
おっ
そろそろ
出番やな
生物の体を作る、
「設計図」の事です。
遺伝子の本体をＤＮＡと
いいます。
ドキ
ドキ
ＤＮＡは生物の中に
「必ず」入っている分子です。
あれ！
オレ！
オレ！
ＤＮＡは書籍
遺伝子は中身の情報
といった関係性です。
生物の誕生と進化には
ＤＮＡが必要不可欠なのです。
ま、
そんな
大した事
ちゃうけど？
パチッ
みなさん
いかがでしたか？
進化とは
長い時間をかけて
自然淘汰された
結果なのです

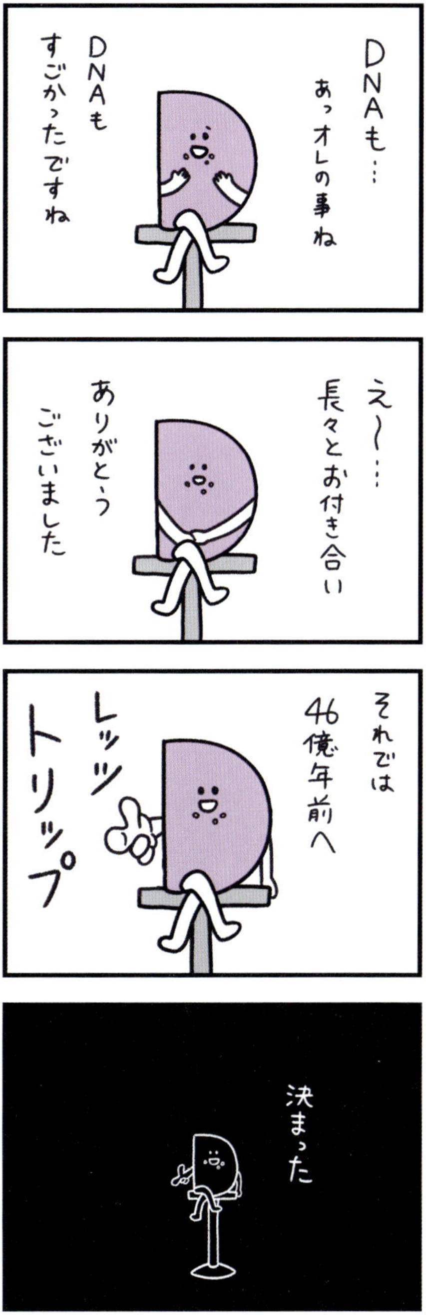
DNAも…あっオレの事ね
DNAもすごかったですね
え〜…長々とお付き合い
ありがとうございました
それでは46億年前へ
レッツトリップ
決まった

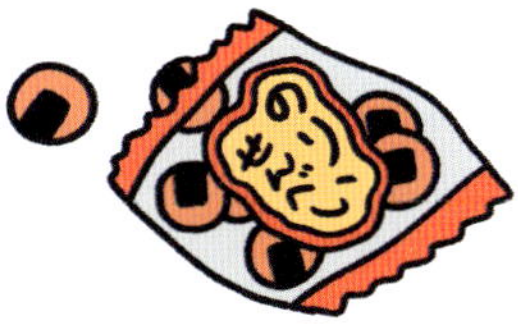

もくじ

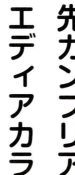

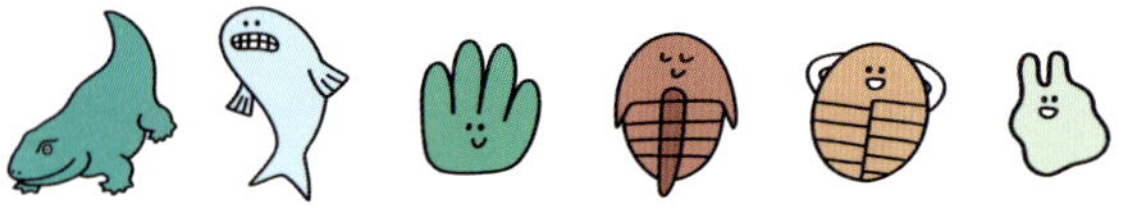

★ はじめに 2

★ 先カンブリア時代 46億年前〜5億4100万年前 8

★ エディアカラ紀 6億3500万年前〜5億4100万年前 26

★ カンブリア紀 5億4100万年前〜4億8500万年前 30

★ オルドビス紀 4億8500万年前〜4億4400万年前 36

★ シルル紀 4億4400万年前〜4億1900万年前 42

★ デボン紀 4億1900万年前〜3億5900万年前 48

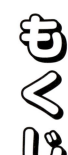

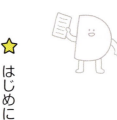

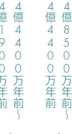

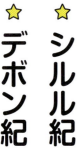

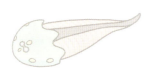

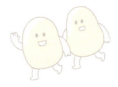

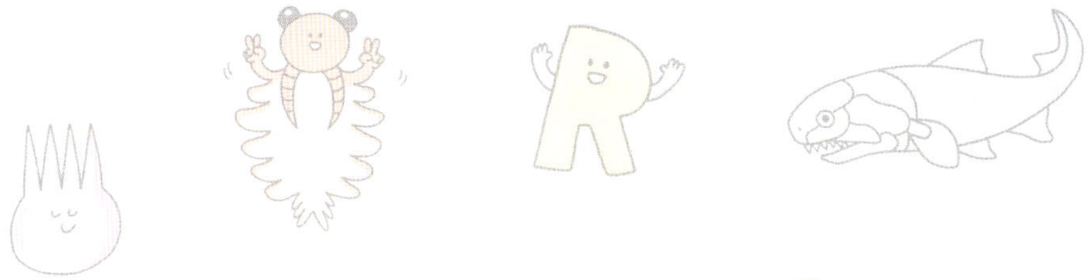

先《せん》カンブリア時《じ》代《だい》

地球が生まれて
生物も誕生する
始まりの時代

エディアカラ紀
6億3500万年前～
5億4100万年前

カンブリア紀
5億4100万年前～
4億8500万年前

オルドビス紀
4億8500万年前～
4億4400万年前

シルル紀
4億4400万年前～
4億1900万年前

デボン紀
4億1900万年前～
3億5900万年前

石炭紀
3億5900万年前～
2億9900万年前

ペルム紀
2億9900万年前～
2億5200万年前

三畳紀
2億5200万年前～
2億100万年前

ジュラ紀
2億100万年前～
1億4500万年前

白亜紀
1億4500万年前～
6600万年前

地球誕生

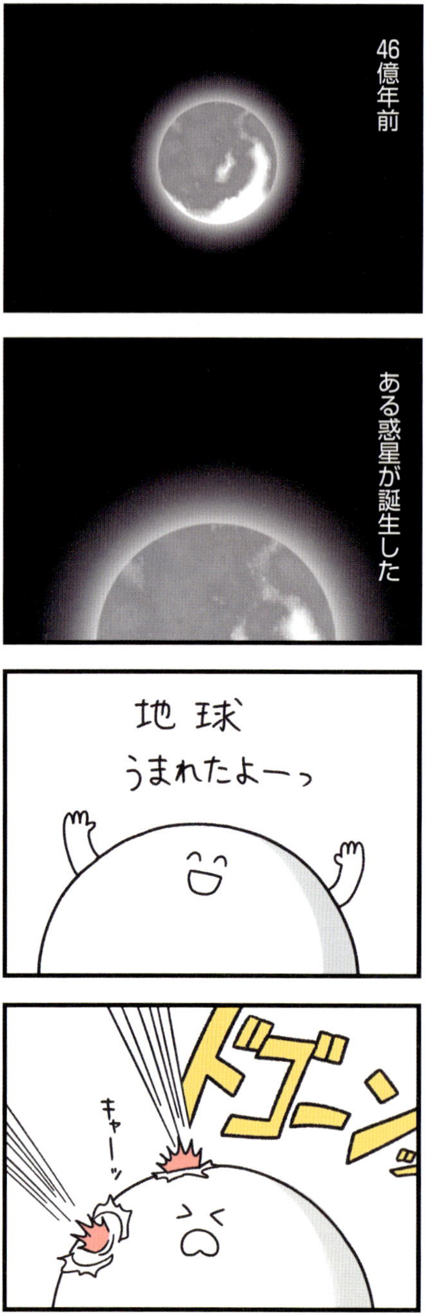
46億年前
ある惑星が誕生した
地球
うまれたよーっ
ドゴーンッ
キャーッ

ジャイアントインパクト説

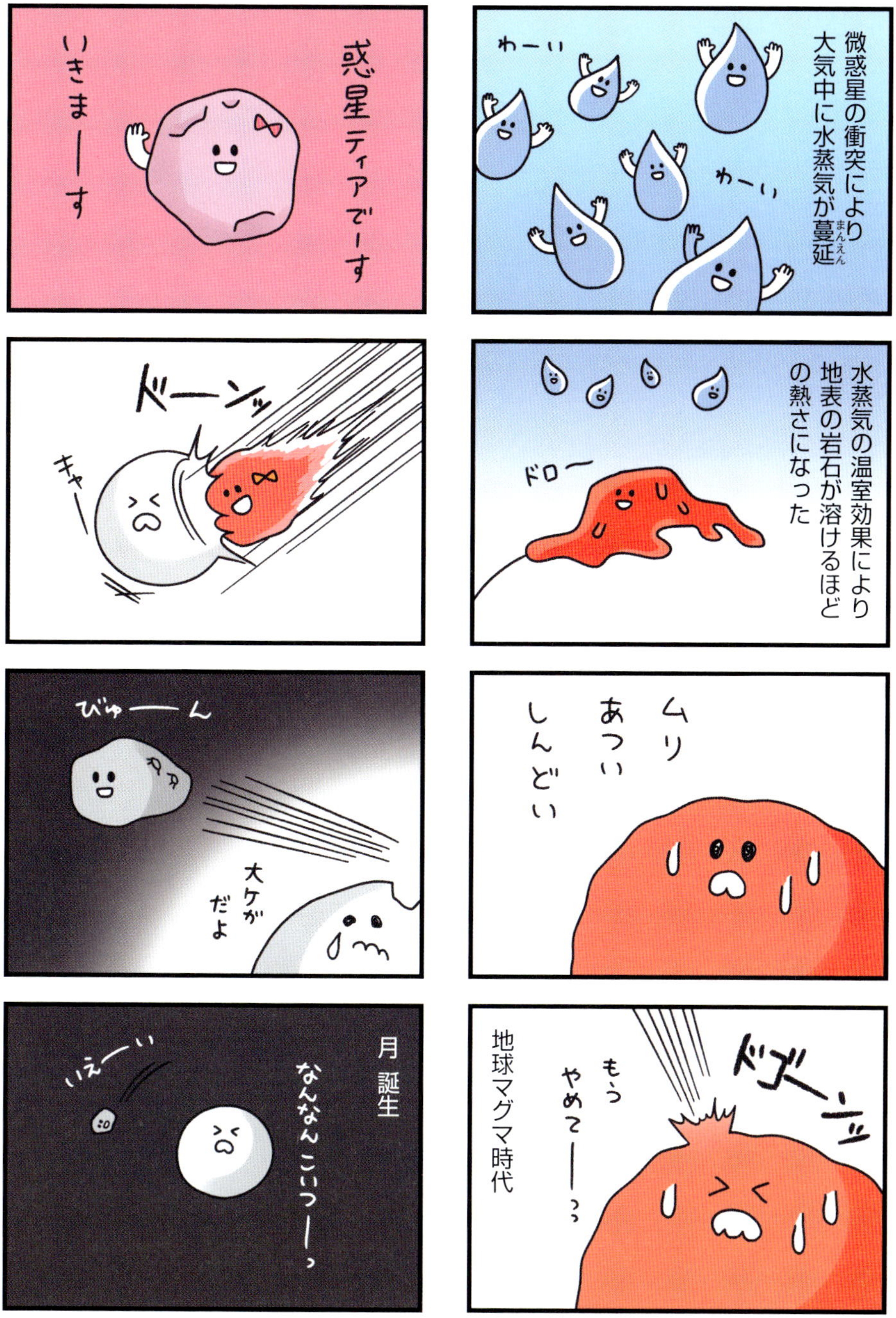

1日の長さ

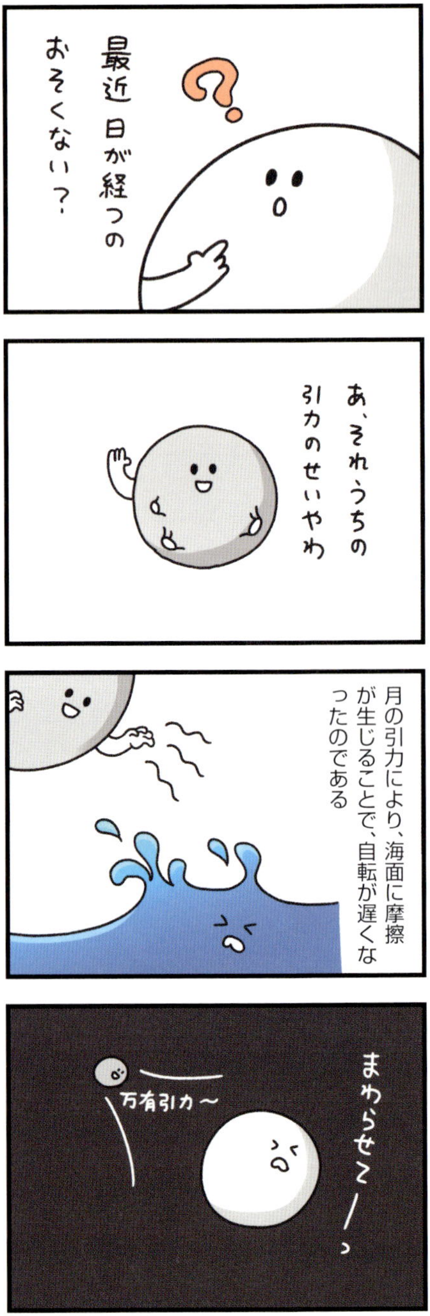

最近日が経つのおそくない？
あ、それうちの引力のせいやわ
月の引力により、海面に摩擦が生じることで、自転が遅くなったのである
まわらせてーっ
万有引力〜

海 誕生

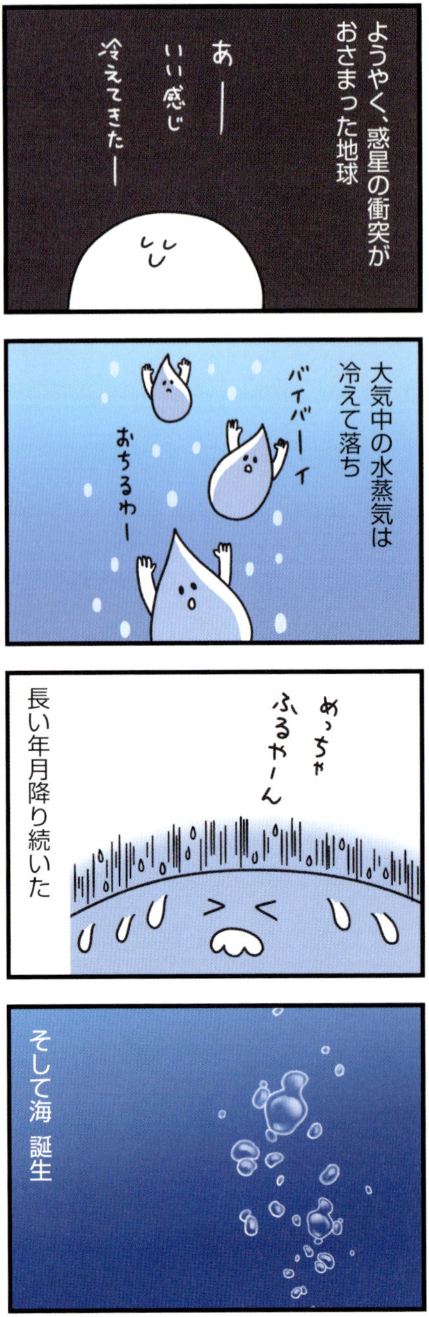

ようやく、惑星の衝突がおさまった地球
あーー
いい感じ
冷えてきたーー
大気中の水蒸気は冷えて落ち
バイバーイ
おちるわー
めっちゃふるやーん
長い年月降り続いた
そして海 誕生

パンスペルミア説

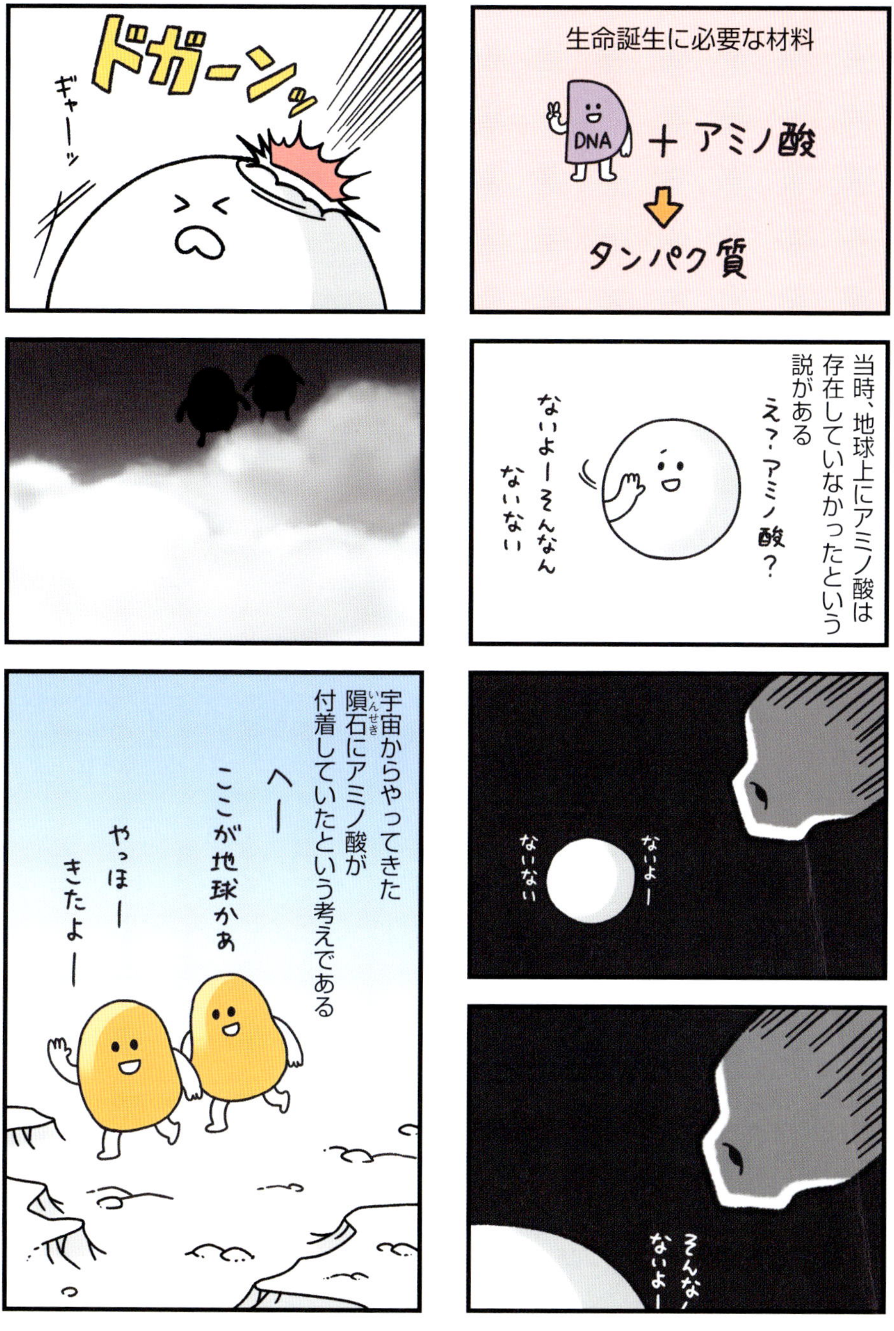

生命誕生に必要な材料
DNA
＋アミノ酸
タンパク質
当時、地球上にアミノ酸は存在していなかったという説がある
え？アミノ酸？
ないよーそんなん
ないない
ないよー
ないない
そんな
ないよー
ドガーンッ
ギャーッ
宇宙からやってきた隕石《いんせき》にアミノ酸が付着していたという考えである
へー
ここが地球かぁ
やっほー
きたよー

RNAワールド説

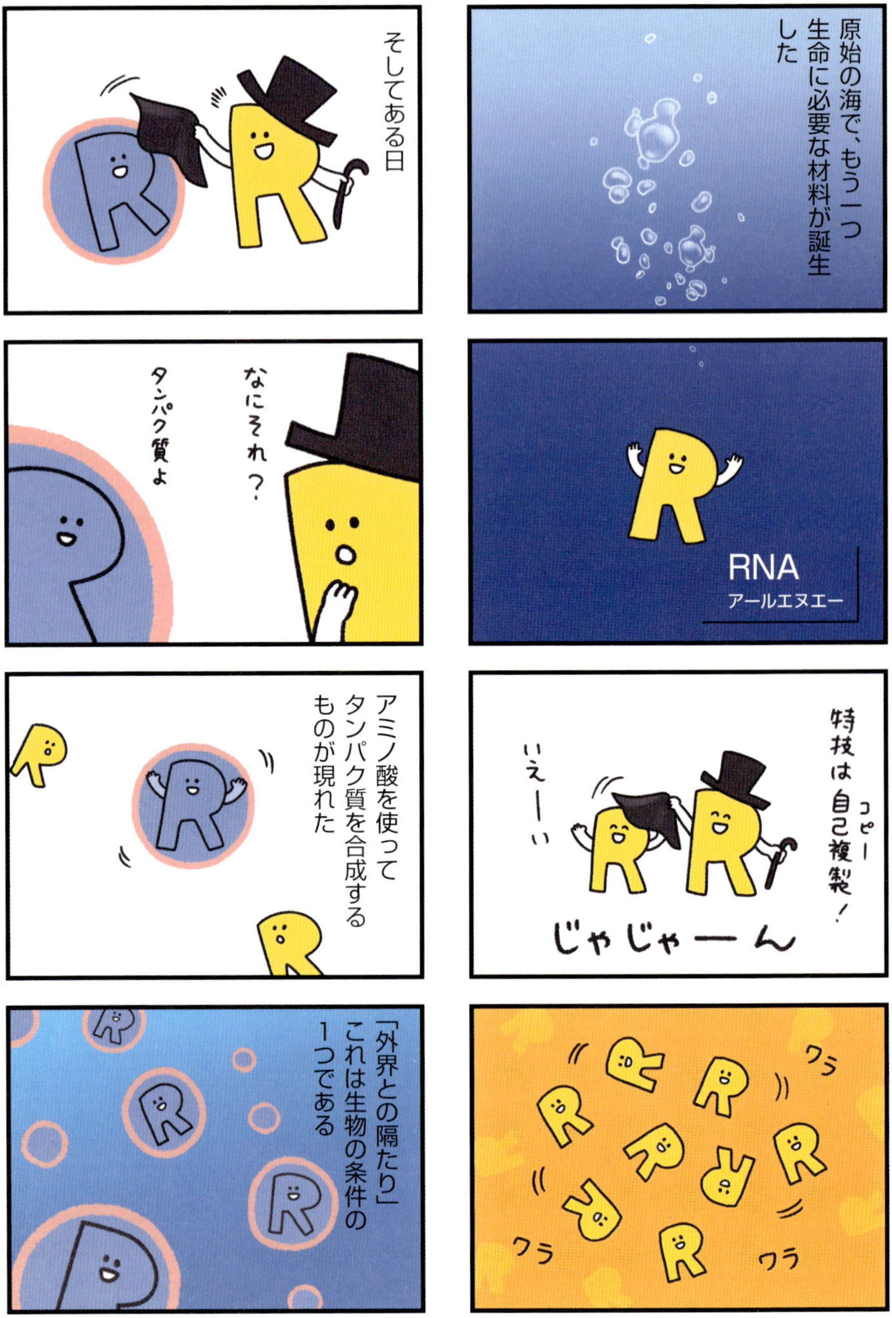
原始の海で、もう一つ
生命に必要な材料が誕生
した
RNA
アールエヌエー
特技は自己複製《コピー》！
いえーい
じゃじゃーん
ワラ
ワラ
ワラ
ワラ
そしてある日
なにそれ？
タンパク質よ
アミノ酸を使って
タンパク質を合成する
ものが現れた
「外界との隔たり」
これは生物の条件の
1つである

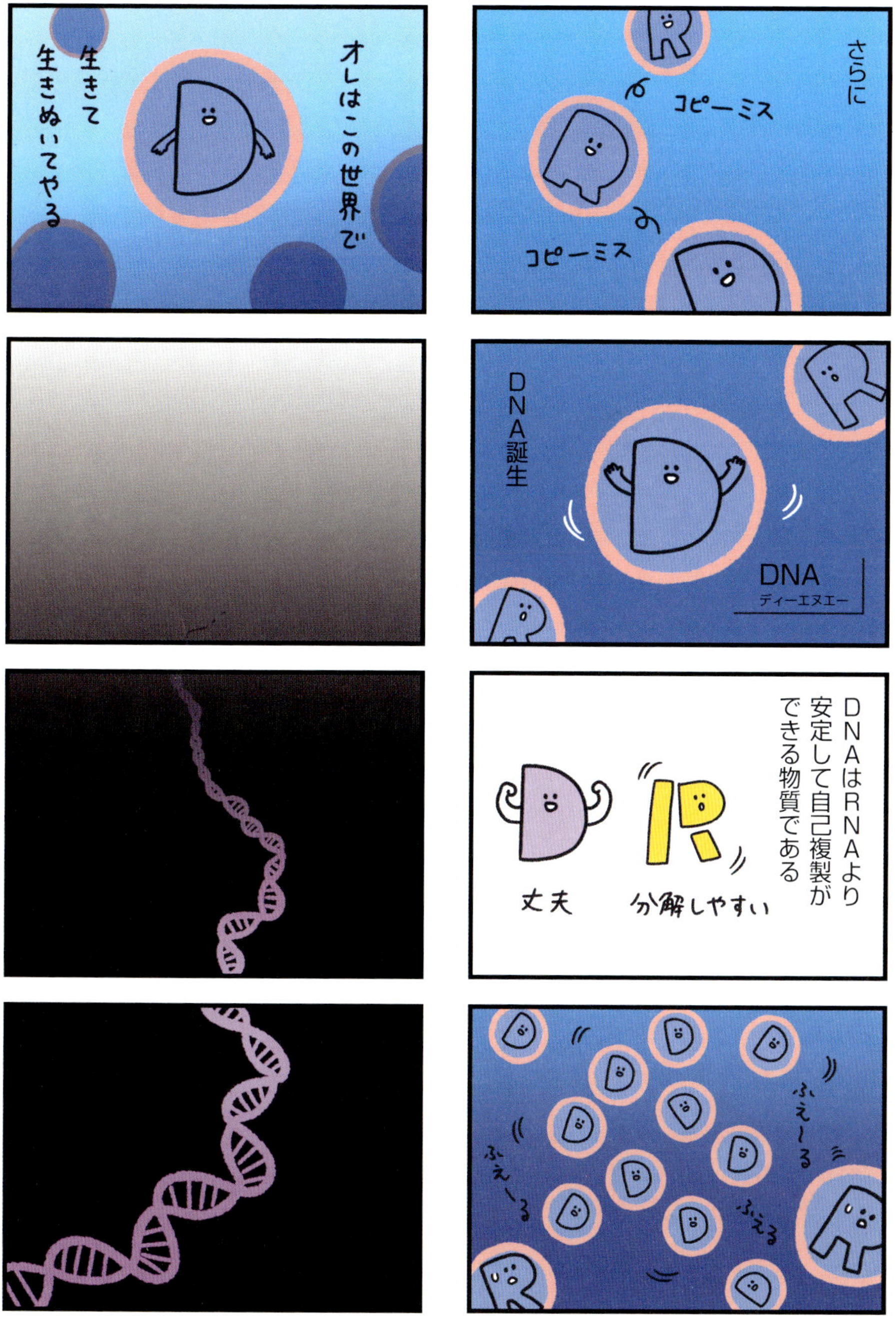
さらに
コピーミス
コピーミス
DNA誕生
DNA
ディーエヌエー
DNAはRNAより安定して自己複製ができる物質である
丈夫
分解しやすい
ふえ〜る
ふえ〜る
ふえる
オレはこの世界で
生きて生きぬいてやる

生命誕生

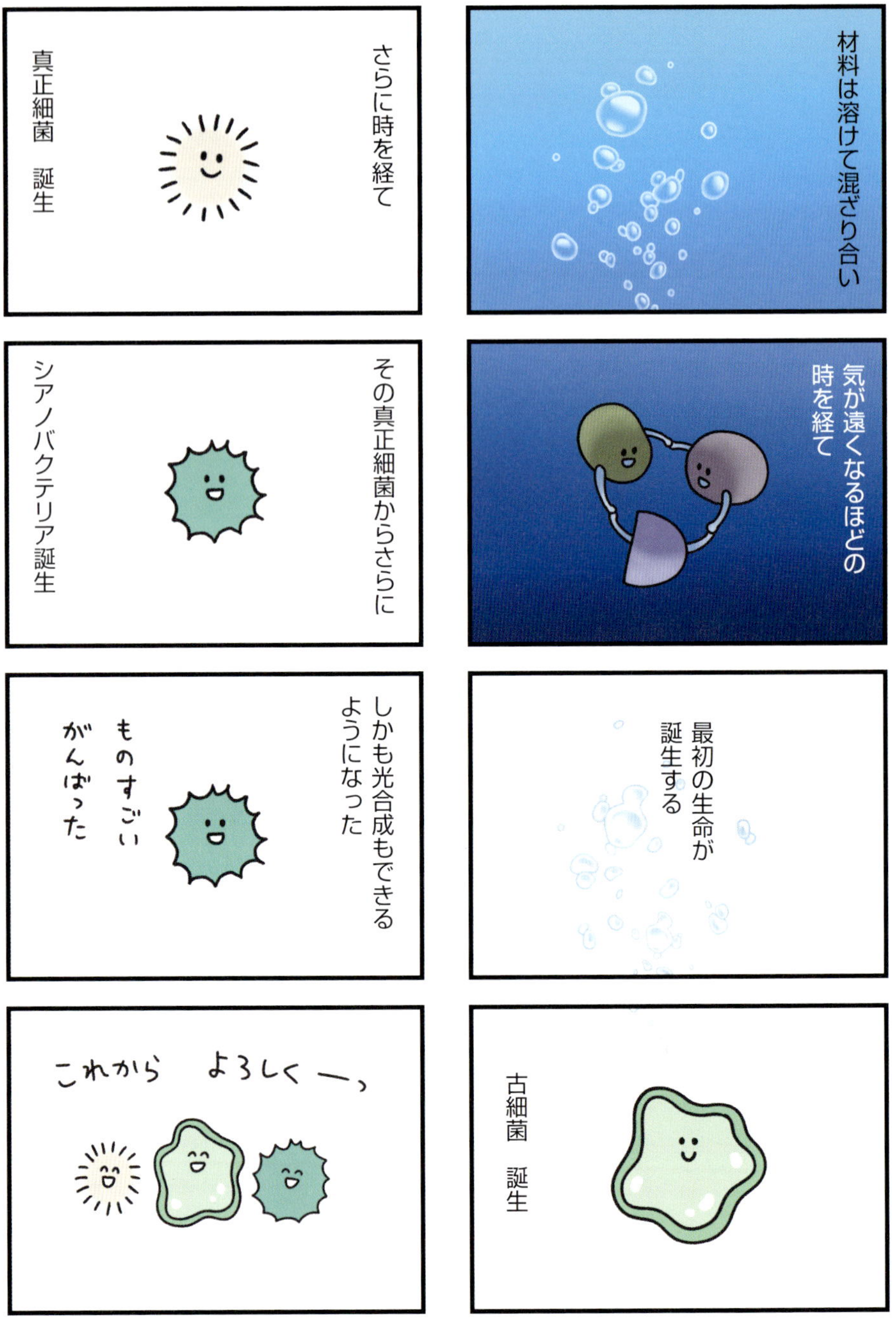
材料は溶けて混ざり合い
気が遠くなるほどの
時を経て
最初の生命が
誕生する
古細菌　誕生
さらに時を経て
真正細菌　誕生
その真正細菌からさらに
シアノバクテリア誕生
しかも光合成もできる
ようになった
ものすごい
がんばった
これから　よろしくー

酸素

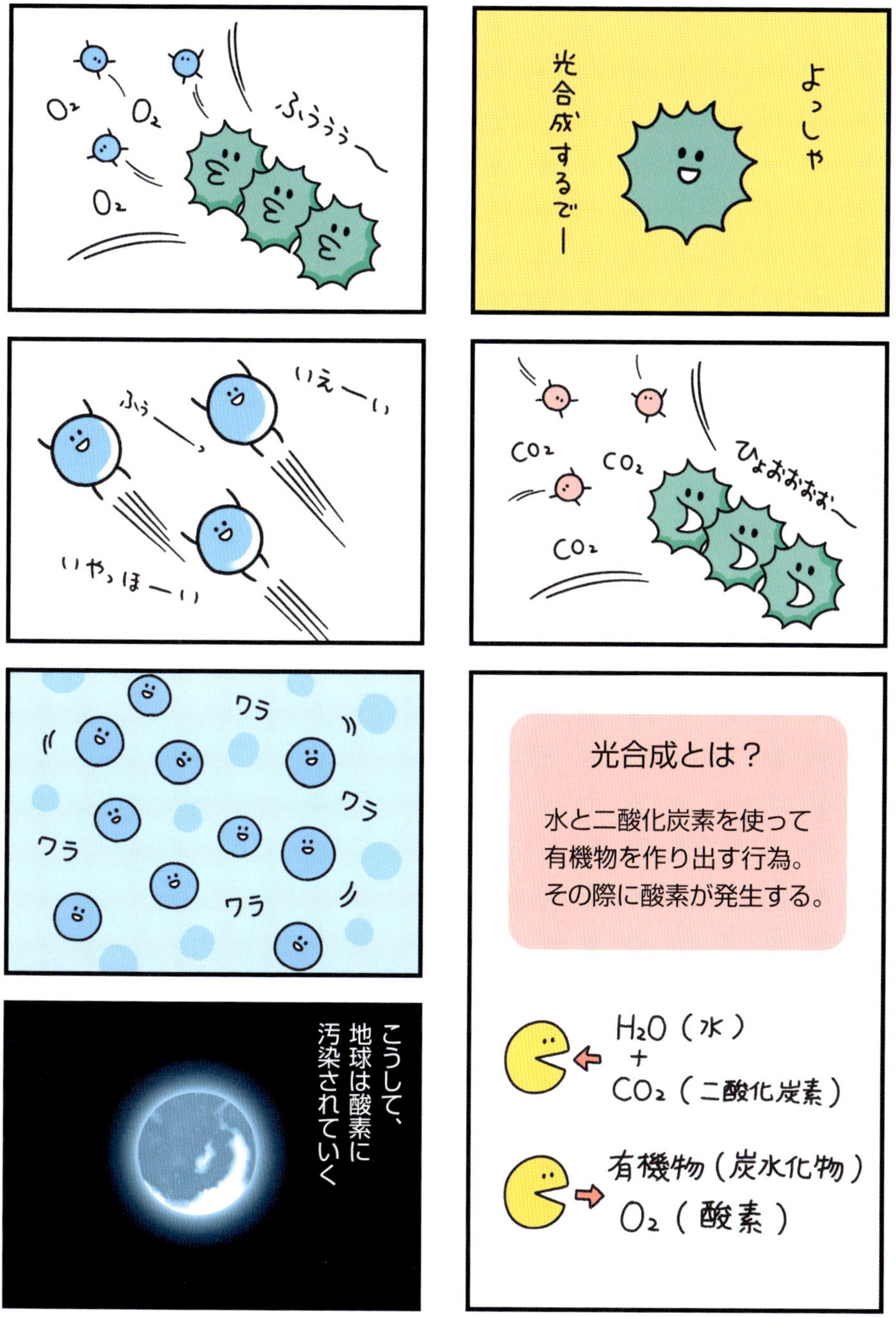
光合成するでー
よっしゃ
CO_2
CO_2
CO_2
ひょおおおお〜
O_2
O_2
O_2
ふぅぅぅぅ〜
ふぅ〜
いえーい
いやっほーい
ワラ
ワラ
ワラ
ワラ
こうして、
地球は酸素に
汚染されていく
光合成とは？
水と二酸化炭素を使って
有機物を作り出す行為。
その際に酸素が発生する。
H_2O（水）
+
CO_2（二酸化炭素）
有機物（炭水化物）
O_2（酸素）

酸素は猛毒

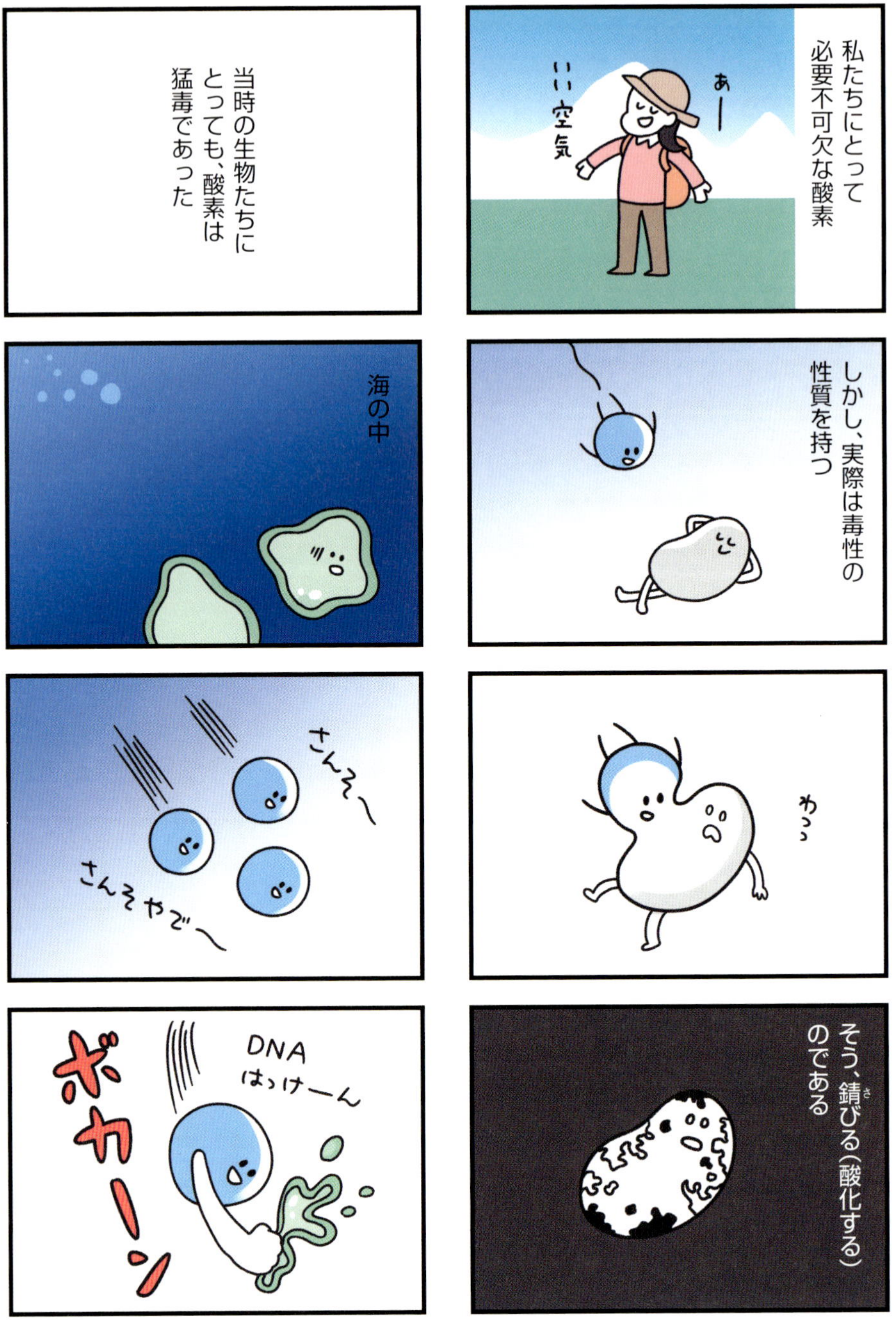
私たちにとって必要不可欠な酸素
あー
いい空気
しかし、実際は毒性の性質を持つ
わっっ
そう、錆《さ》びる(酸化する)のである
当時の生物たちにとっても、酸素は猛毒であった
海の中
さんそ〜
さんそやで〜
DNAはっけーん
ボカーン

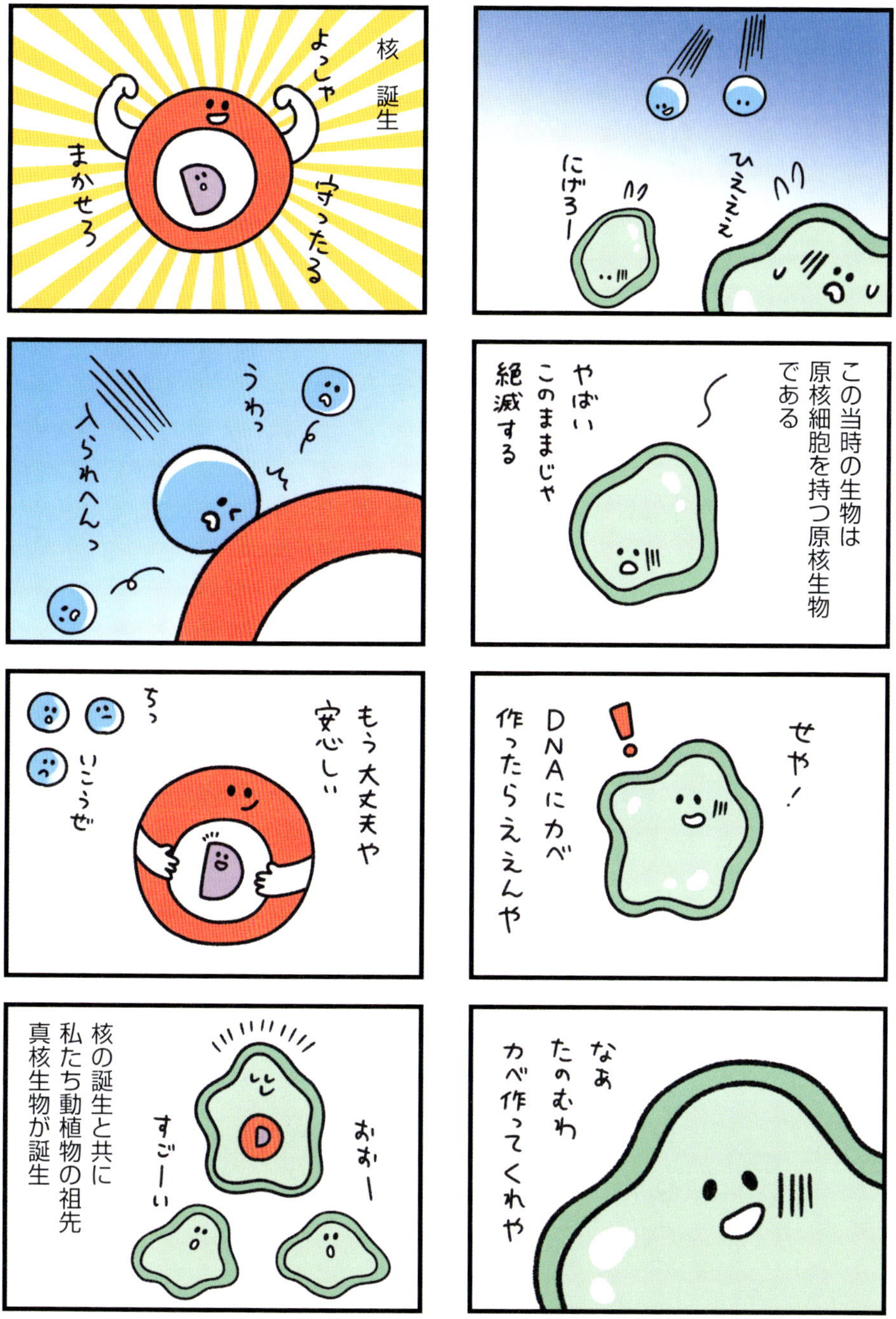
ひえええ
にげろー
この当時の生物は原核細胞を持つ原核生物である
やばい このままじゃ 絶滅する
せや!
DNAにカベ作ったらええんや
なあ たのむわ
カベ作ってくれや
核誕生
よっしゃ
守ったる
まかせろ
うわっ
入られへんっ
もう大丈夫や
安心しい
ちっ
いこうぜ
核の誕生と共に私たち動植物の祖先真核生物が誕生
おおー
すごーい

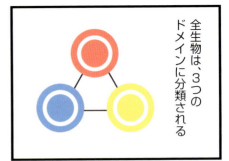

ミトコンドリア

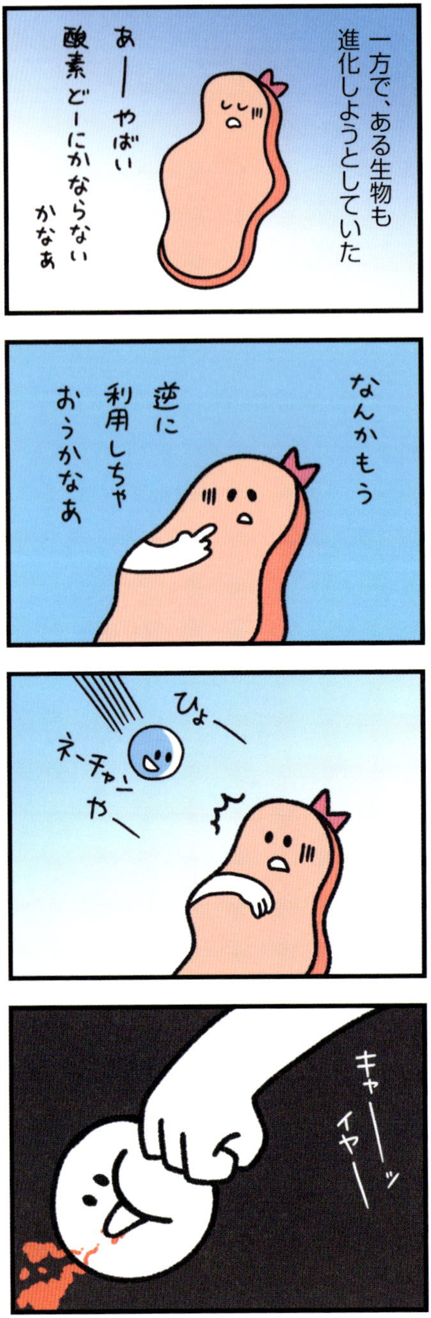

一方で、ある生物も進化しようとしていた
あーーやばい
酸素どーにかならないかなぁ
なんかもう
逆に利用しちゃおうかなぁ
ひょー
ネーチャンヤー
キャーーッ
イヤーー

ドメイン

全生物は、3つのドメインに分類される

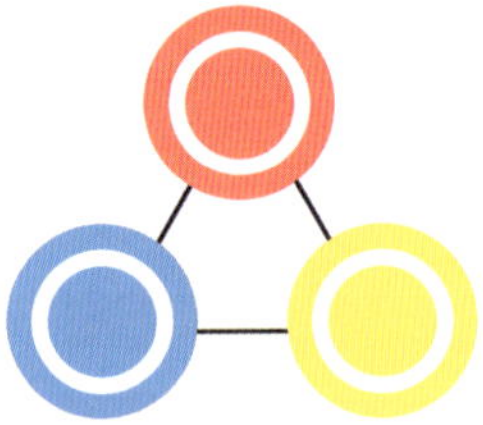

古細菌
（原核細胞）

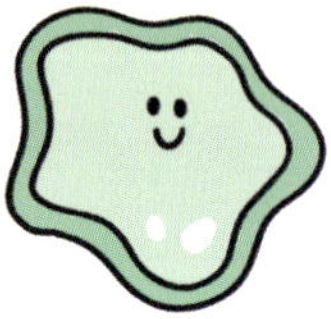

メタン菌
好熱菌
高度好塩菌　など

真正細菌
（原核細菌）

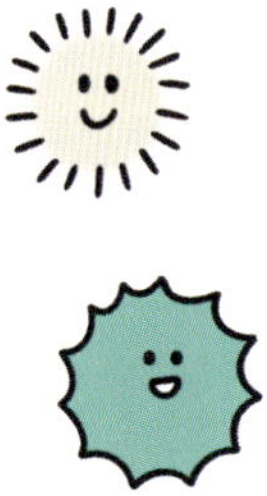

シアノバクテリア
乳酸菌
大腸菌　など

真核生物
（真核細胞）

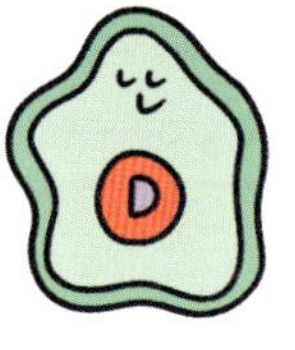

アメーバ
動物
植物　など

細胞内共生

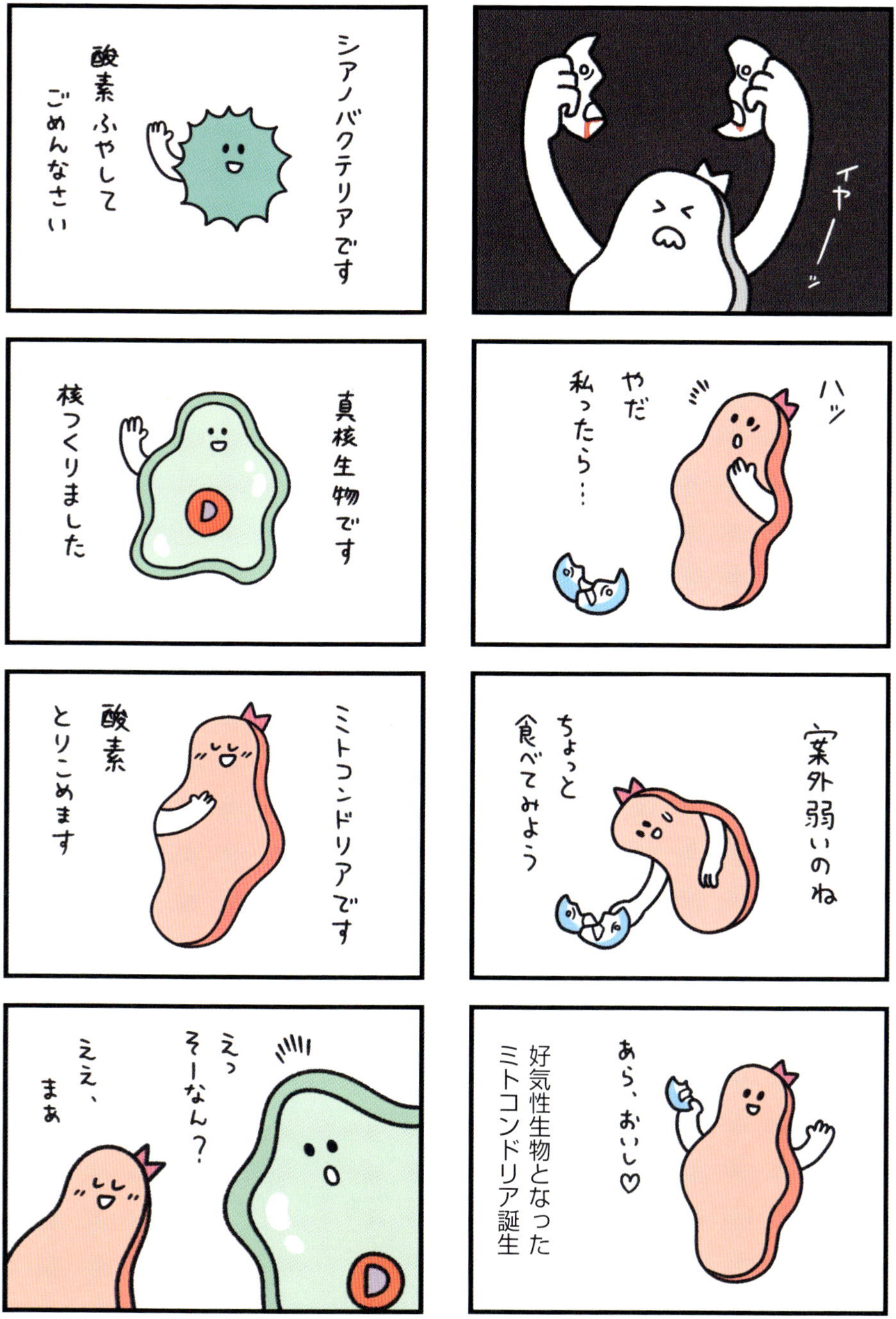

シアノバクテリアです
酸素 ふやして
ごめんなさい
真核生物です
核つくりました
ミトコンドリアです
酸素
とりこめます
えっ
そーなん?
ええ、
まあ
イヤーッ
ハッ
やだ
私ったら…
案外弱いのね
ちょっと
食べてみよう
あら、おいし♡
好気性生物となった
ミトコンドリア誕生

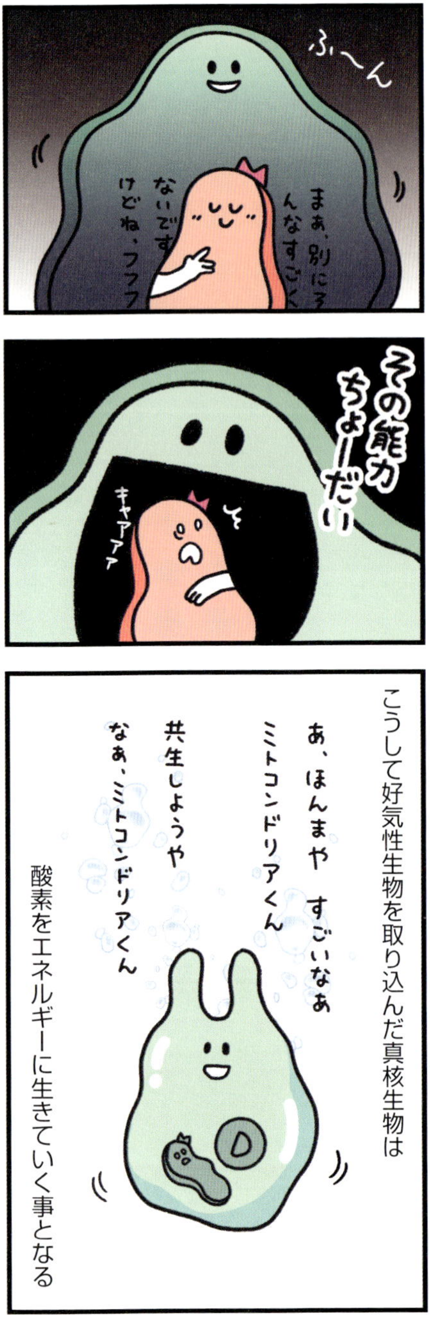
ふ〜ん
まあ、別にそんなすごくないですけどね、フフフ
その能力ちょーだい
キャアアア
こうして好気性生物を取り込んだ真核生物は
あ、ほんまや　すごいなあ
ミトコンドリアくん
共生しようや
なあ、ミトコンドリアくん
酸素をエネルギーに生きていく事となる

葉緑体の先祖

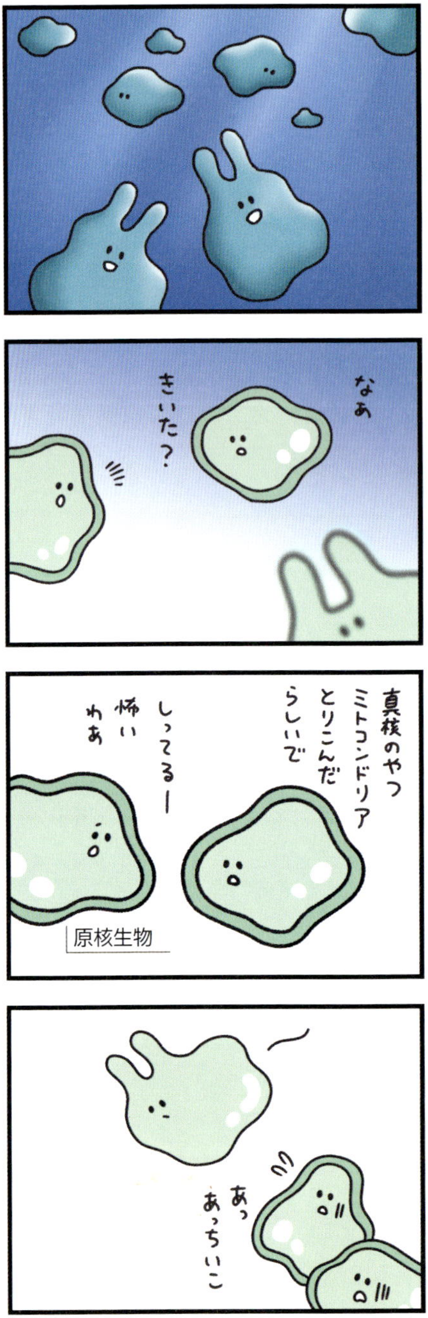
なあ
きいた？
真核のやつ
ミトコンドリア
とりこんだ
らしいで
しってる—
怖い
わあ
原核生物
あっ
あっちいこ

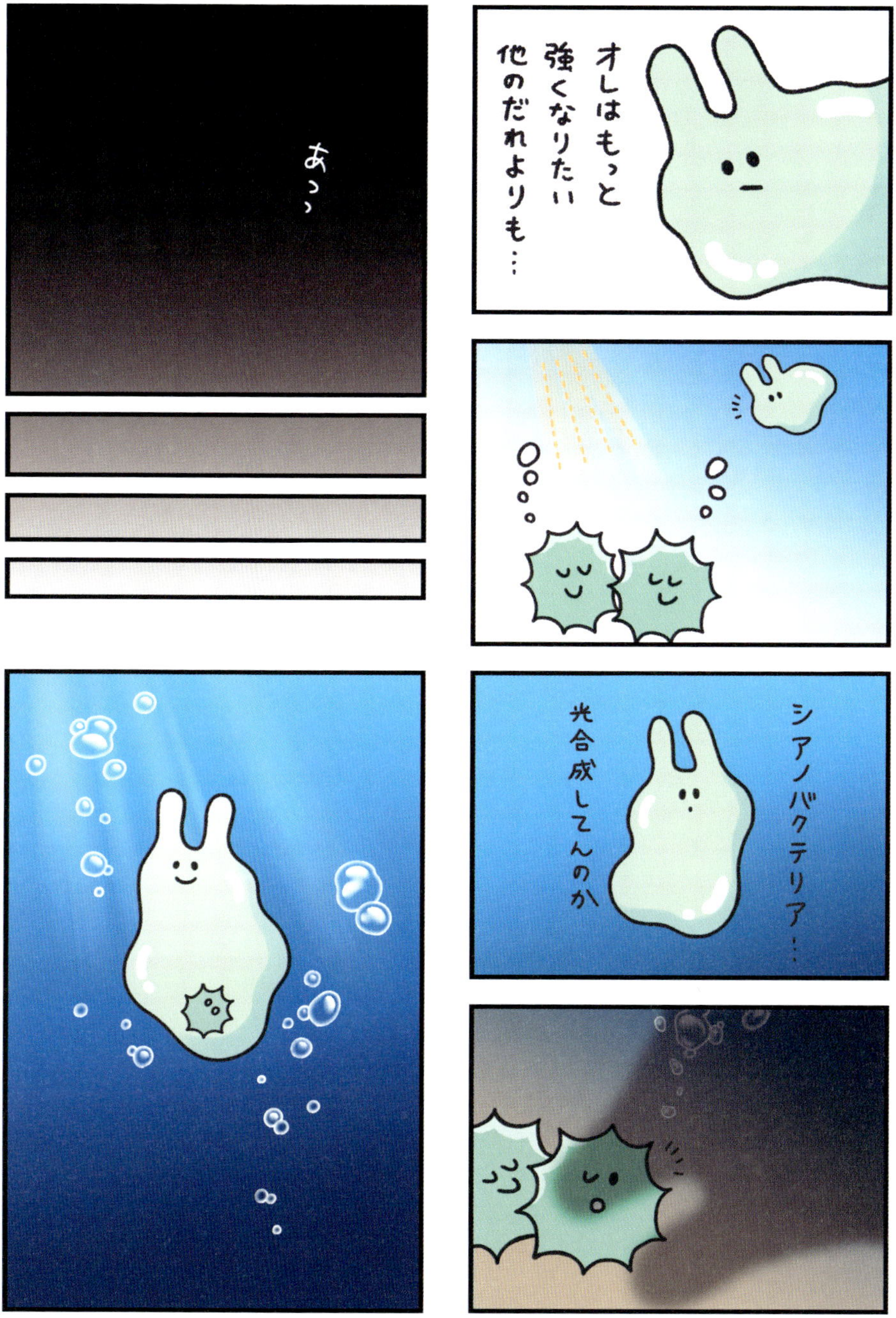
オレはもっと
強くなりたい
他のだれよりも…
あっ、
シアノバクテリア…
光合成してんのか

多細胞生物の誕生

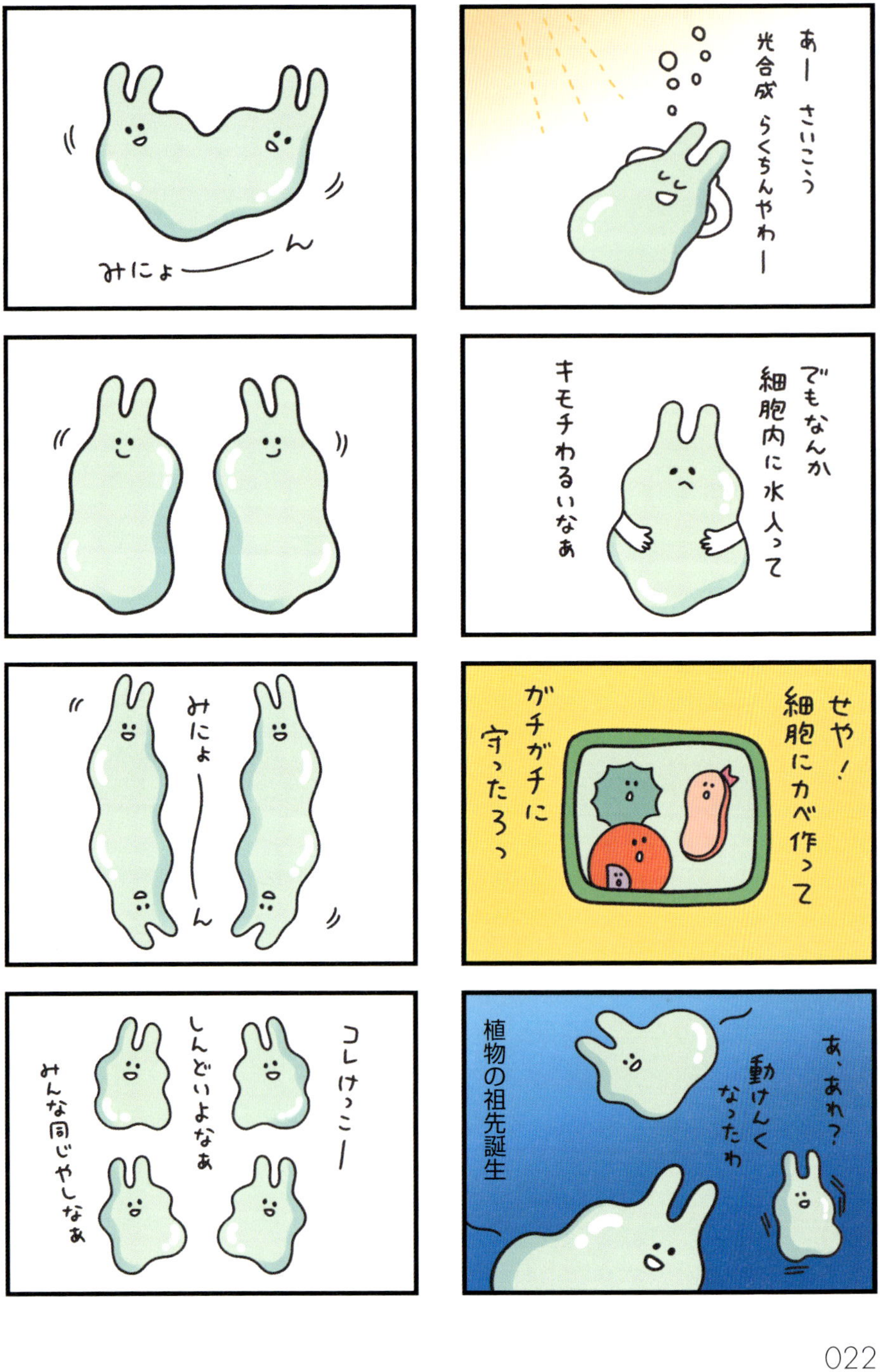
あー　さいこう
光合成　らくちんやわー
でもなんか
細胞内に水入って
キモチわるいなあ
せや！
細胞にカベ作って
ガチガチに守ったろっ
植物の祖先誕生
あ、あれ？
動けんくなったわ
みにょーーん
みにょーーん
コレけっこー
しんどいよなあ
みんな同じやしなあ

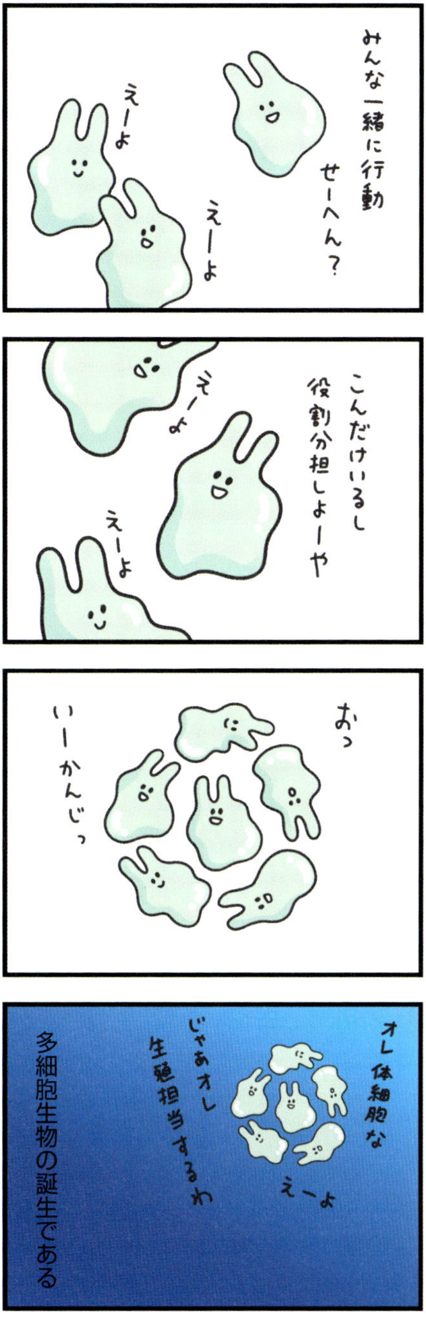
みんな一緒に行動
せーへん?
えーよ
えーよ
こんだけいるし
役割分担しよーや
えーよ
えーよ
おっ
いーかんじっ
オレ体細胞な
じゃあオレ
生殖担当するわ
えーよ
多細胞生物の誕生である

有性生殖

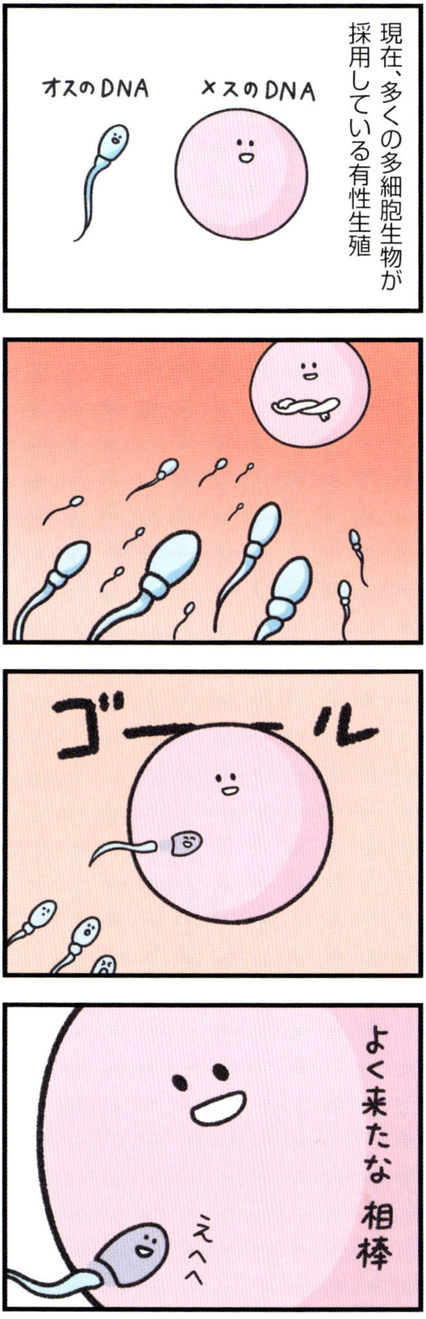
現在、多くの多細胞生物が
採用している有性生殖
メスのDNA
オスのDNA
ゴール
よく来たな 相棒
えへへ

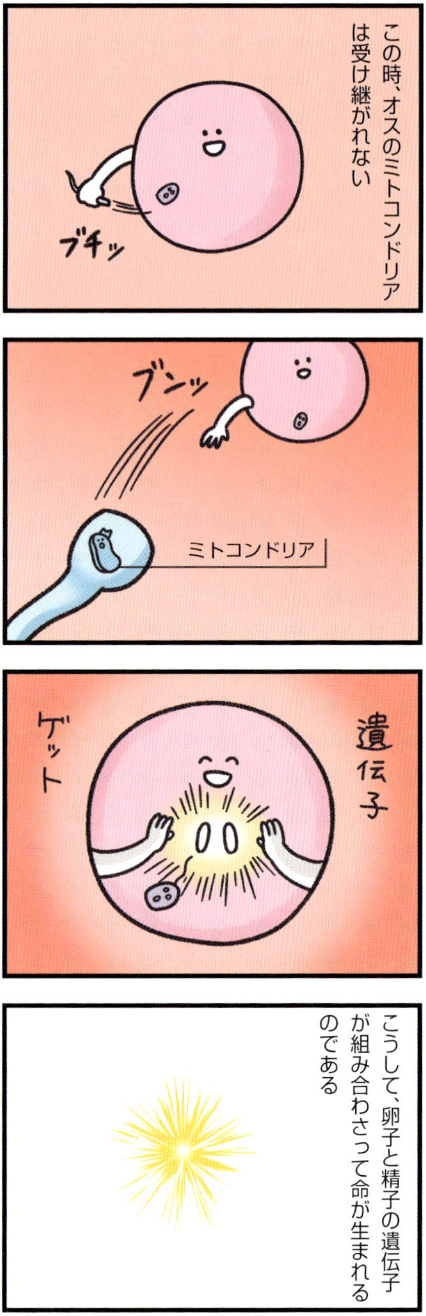
この時、オスのミトコンドリア
は受け継がれない
ブチッ
ブンッ
ミトコンドリア
遺伝子
ゲット
こうして、卵子と精子の遺伝子
が組み合わさって命が生まれる
のである

有性生殖と減数分裂

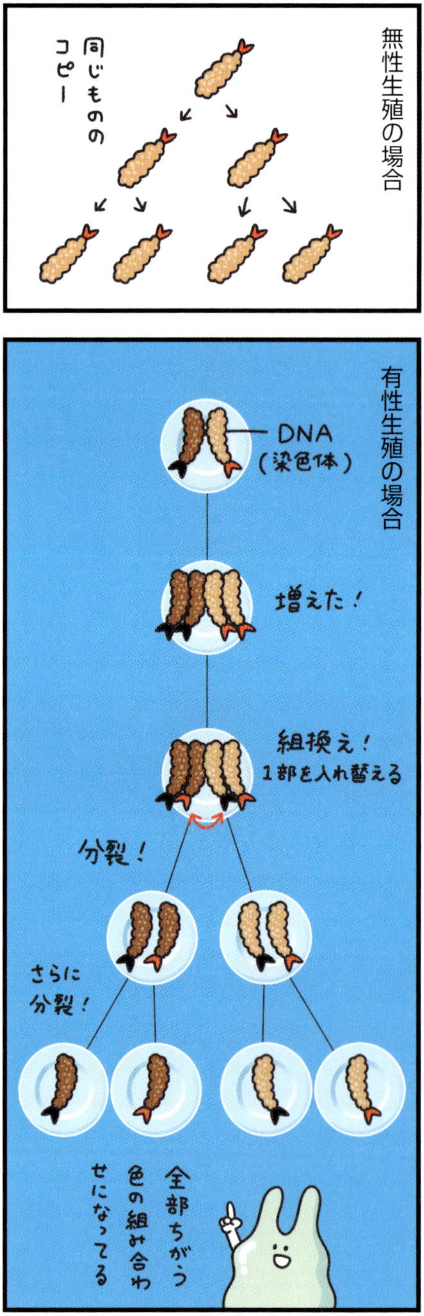
無性生殖の場合
同じもののコピー
有性生殖の場合
DNA
（染色体）
増えた！
組換え！
1部を入れ替える
分裂！
さらに分裂！
全部ちがう
色の組み合わ
せになってる

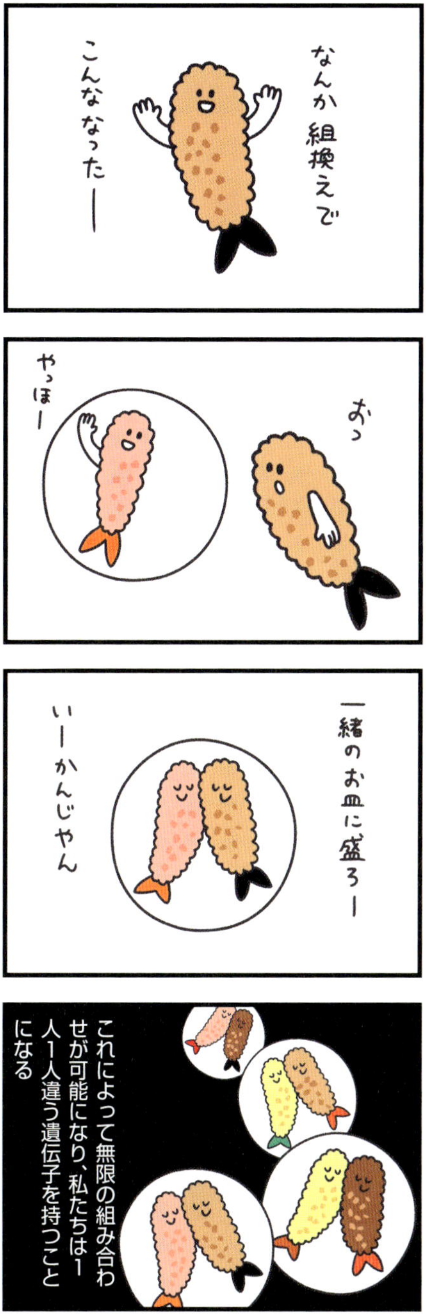
なんか組換えで
こんなんなったー
おっ
やっほー
一緒のお皿に盛ろー
いーかんじやん
これによって無限の組み合わせが可能になり、私たちは1人1人違う遺伝子を持つことになる

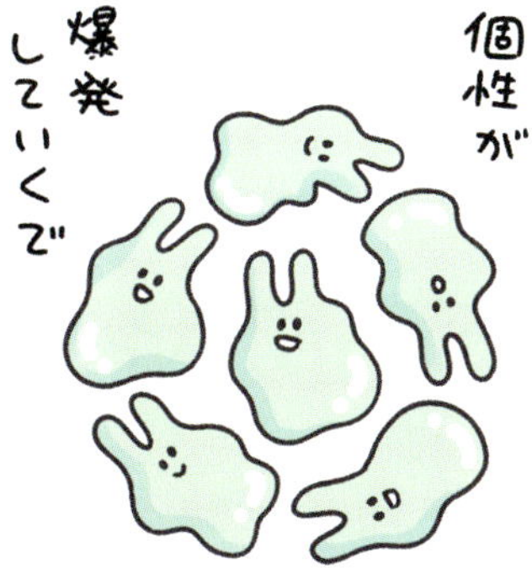
個性が
爆発
していくで

Ediacaran period

6億3500万年前 〜 5億4100万年前

エディアカラ紀《き》

肉眼で見える
サイズの生物が
出てくるよー

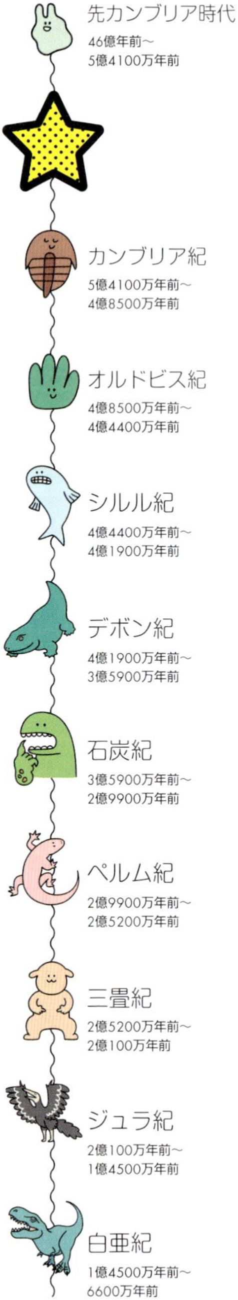

エディアカラ紀

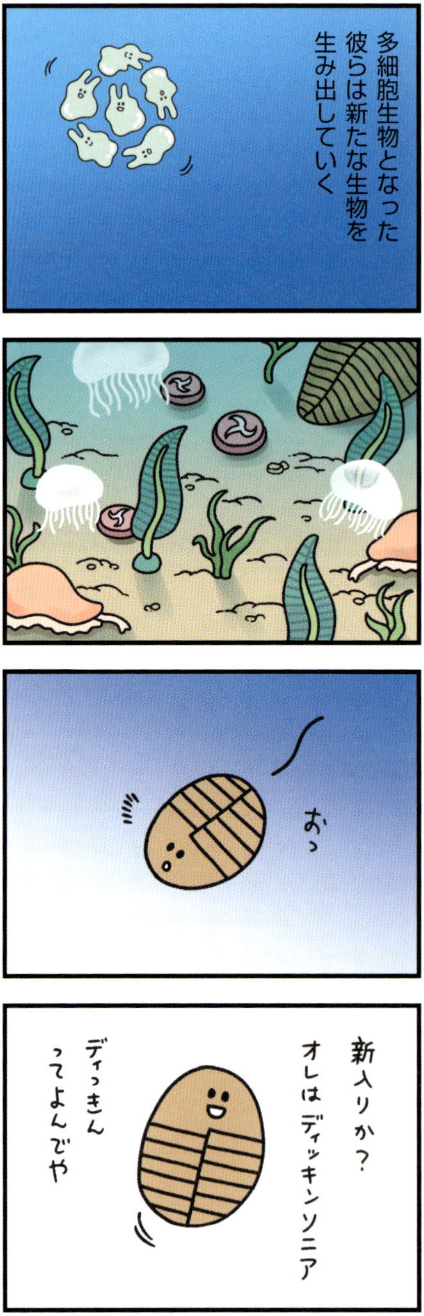

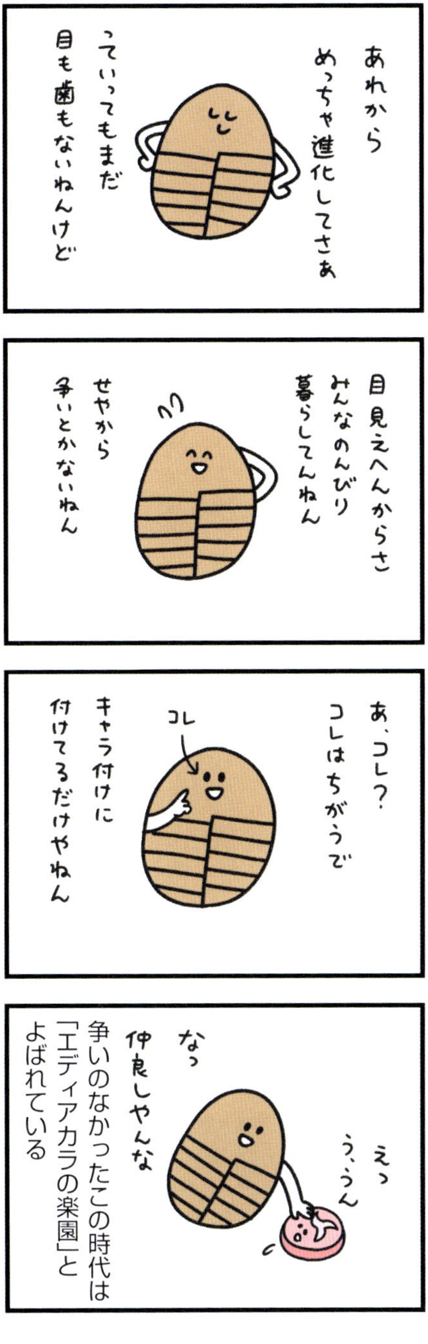
あれから
めっちゃ進化してさあ
っていってもまだ
目も歯もないねんけど
目見えへんからさ
みんなのんびり
暮らしてんねん
せやから
争いとかないねん
あ、コレ?
コレはちがうで
コレ
キャラ付けに
付けてるだけやねん
えっ
う、うん
なっ
仲良しやんな
争いのなかったこの時代は
「エディアカラの楽園」と
よばれている

実験

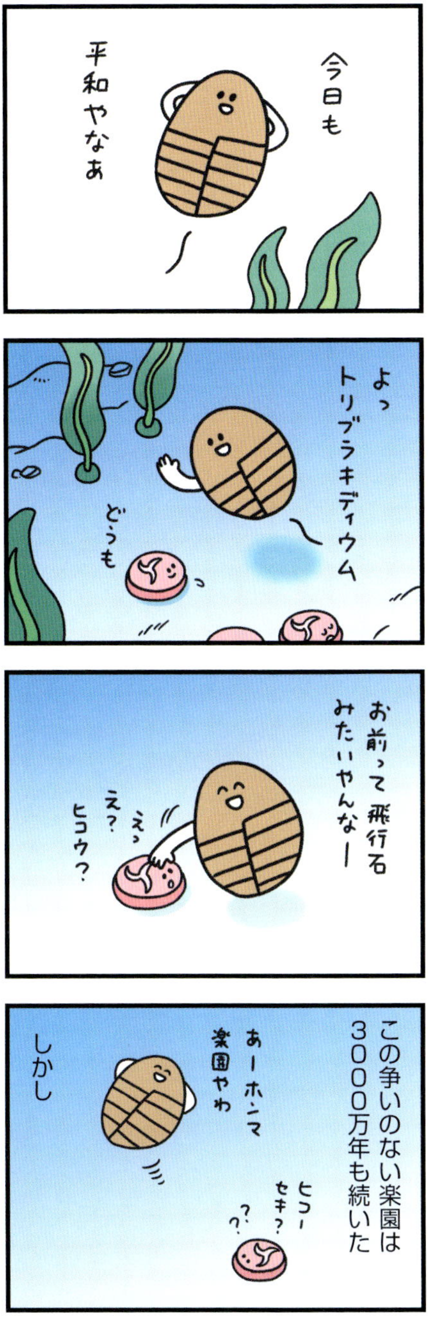
今日も
平和やなあ
よっ
トリブラキディウム
どうも
お前って飛行石
みたいやんなー
えっ
え?
ヒコウ?
この争いのない楽園は
3000万年も続いた
あーホンマ
楽園やわ
ヒコー
セキ?
??
しかし

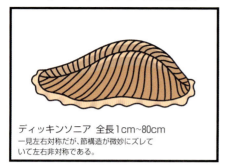

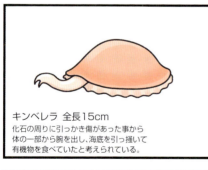

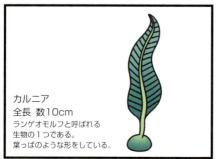

エディアカラ生物群

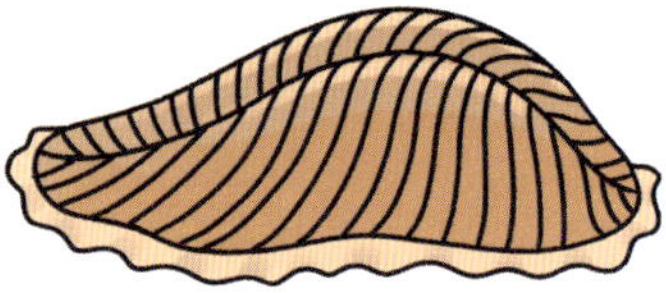

ディッキンソニア　全長1cm~80cm
一見左右対称だが、節構造が微妙にズレていて左右非対称である。

トリブラキディウム　全長5cm
現生の大型（肉眼で見えるサイズ）の動物にはいない特徴の「三放射相称」である。

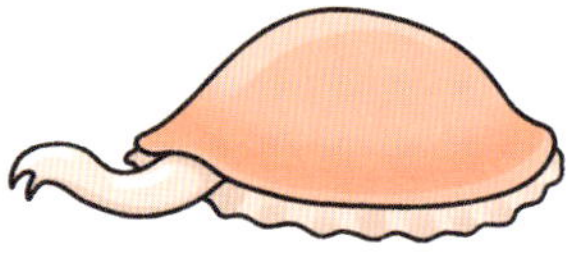

キンベレラ　全長15cm
化石の周りに引っかき傷があった事から体の一部から腕を出し、海底を引っ掻いて有機物を食べていたと考えられている。

カルニア
全長　数10cm
ランゲオモルフと呼ばれる生物の1つである。
葉っぱのような形をしている。

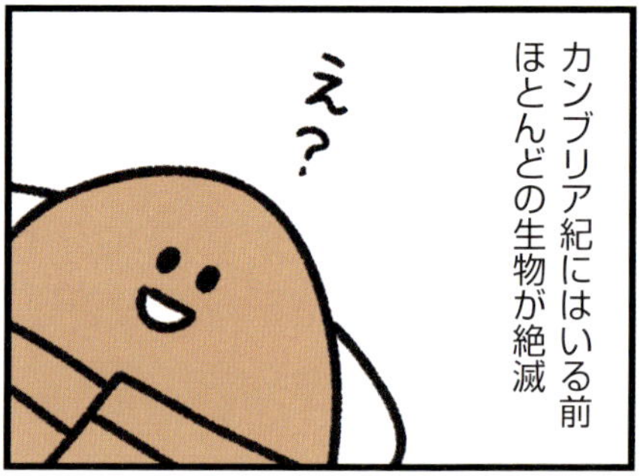

カンブリア紀にはいる前
ほとんどの生物が絶滅
え？

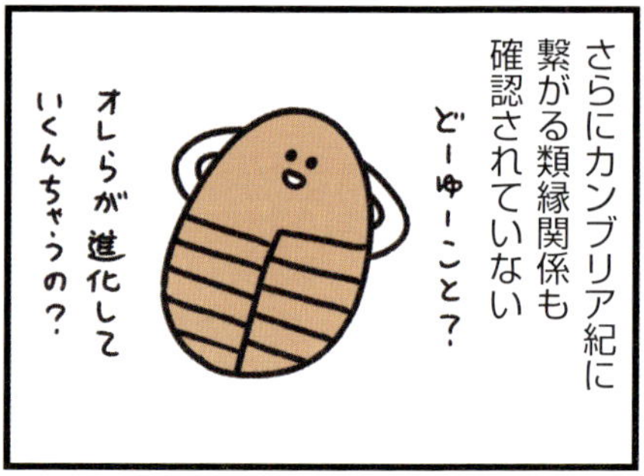

さらにカンブリア紀に
繋がる類縁関係も
確認されていない
どーゆーこと？
オレらが進化して
いくんちゃうの？

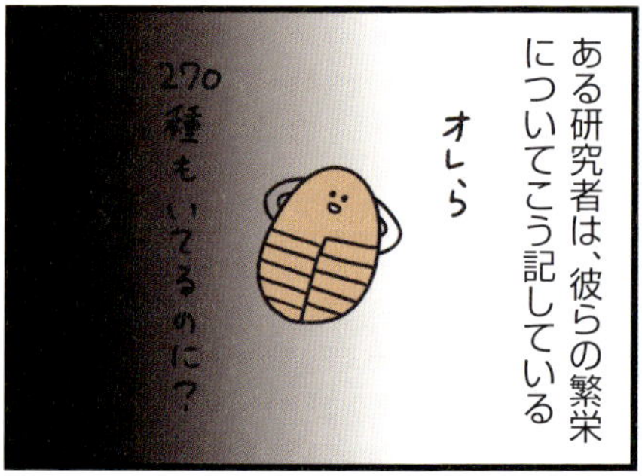

ある研究者は、彼らの繁栄
についてこう記している
オレら
270種もいてるのに？

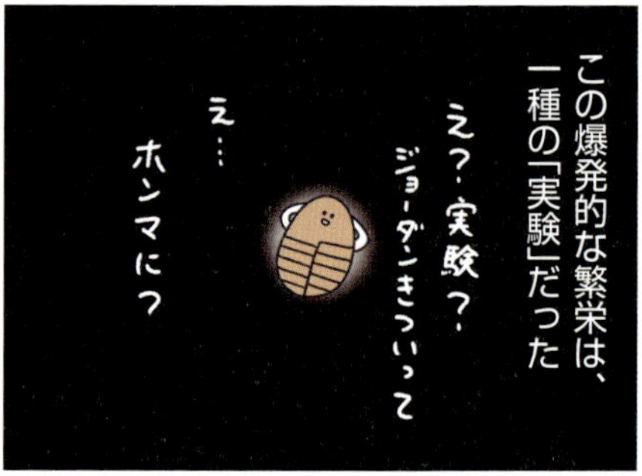

この爆発的な繁栄は、
一種の「実験」だった
え？・実験？・
ジョーダンきついって
え…
ホンマに？

眼《め》の誕生

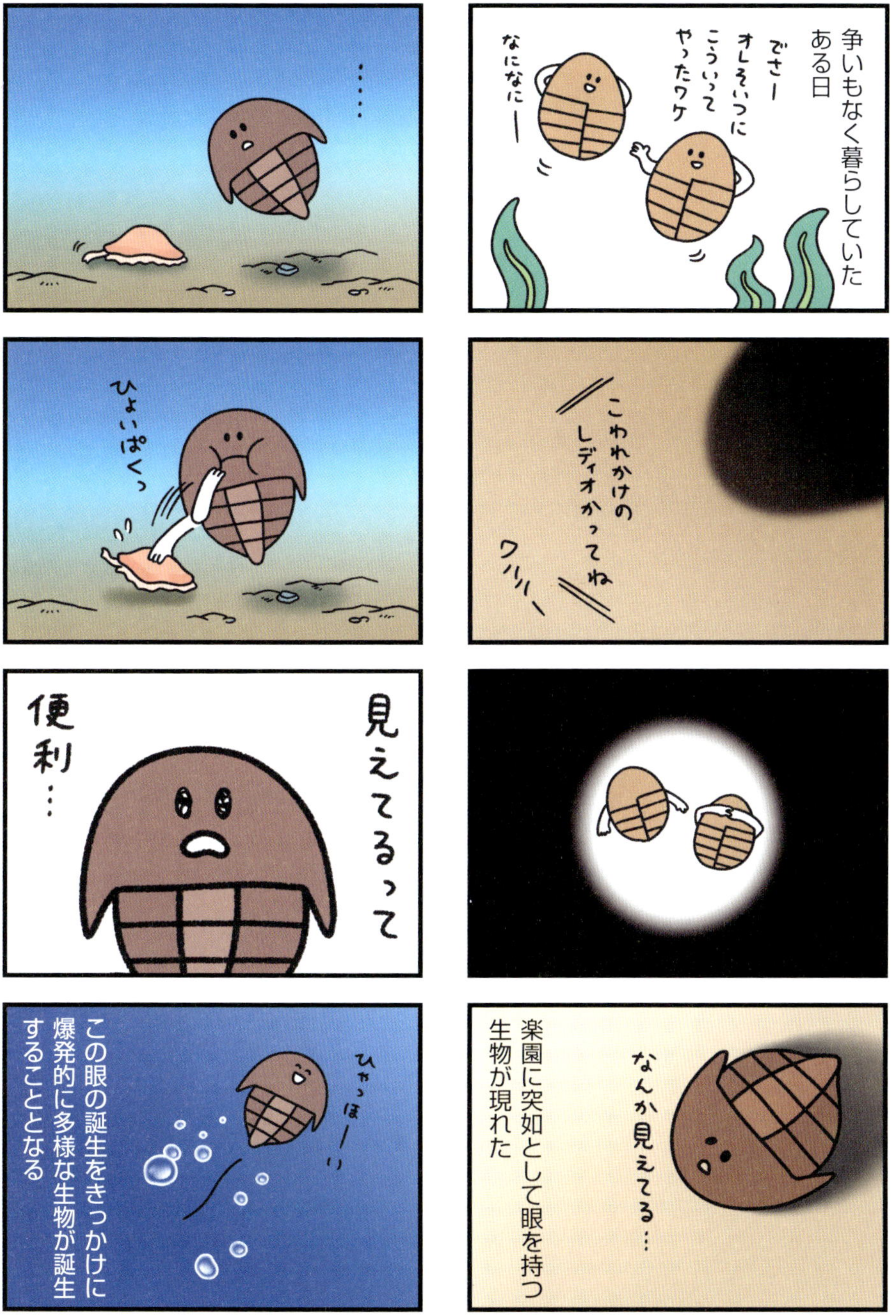

争いもなく暮らしていた
ある日
でさー
オレそいつに
こういって
やったワケ
なになにーー
こわれかけの
レディオかってね
ワハハー
楽園に突如として眼を持つ
生物が現れた
なんか見えてる…
……
ひょいぱくっ
見えてるって
便利…
この眼の誕生をきっかけに
爆発的に多様な生物が誕生
することとなる
ひゃっほーい

Cambrian period

5億4100万年前 ～ 4億8500万年前

カンブリア紀《き》

眼を持つ生物や硬い殻をまとった生物が生まれたよ

モンスター

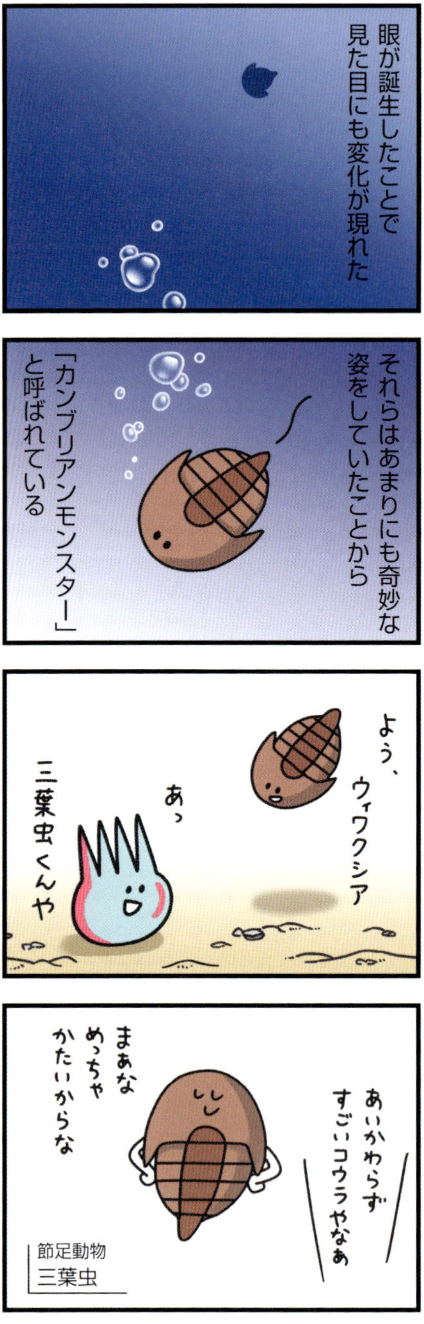

眼が誕生したことで
見た目にも変化が現れた
それらはあまりにも奇妙な
姿をしていたことから
「カンブリアンモンスター」
と呼ばれている
よう、
ウィワクシア
あっ
三葉虫くんや
あいかわらず
すごいコウラやなあ
まあな
めっちゃ
かたいからな
節足動物
三葉虫

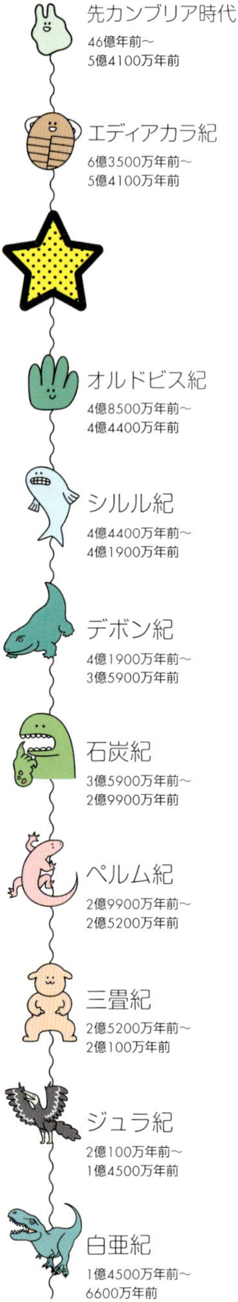

先カンブリア時代
46億年前～
5億4100万年前
エディアカラ紀
6億3500万年前～
5億4100万年前
オルドビス紀
4億8500万年前～
4億4400万年前
シルル紀
4億4400万年前～
4億1900万年前
デボン紀
4億1900万年前～
3億5900万年前
石炭紀
3億5900万年前～
2億9900万年前
ペルム紀
2億9900万年前～
2億5200万年前
三畳紀
2億5200万年前～
2億100万年前
ジュラ紀
2億100万年前～
1億4500万年前
白亜紀
1億4500万年前～
6600万年前

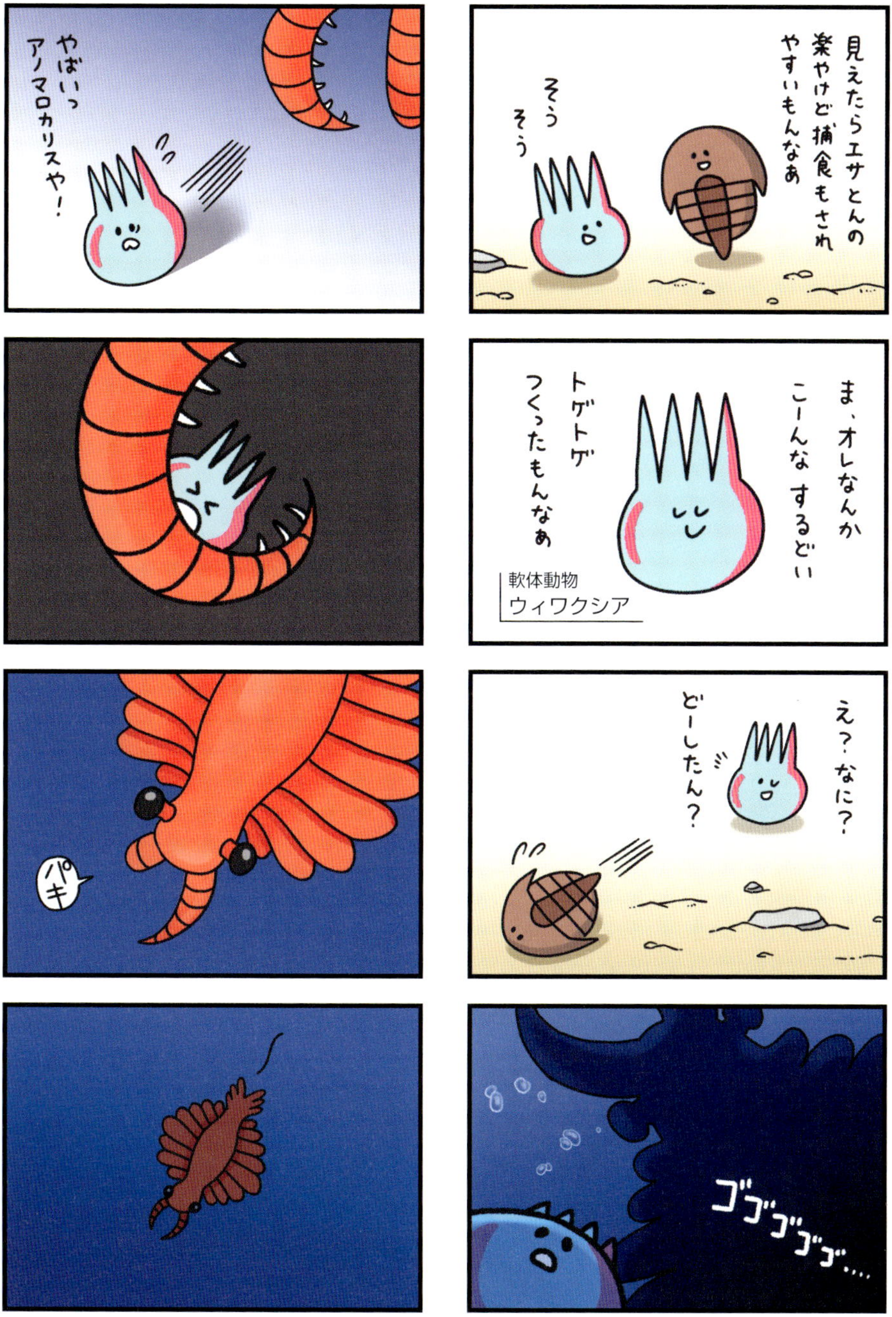
見えたらエサとんの楽やけど捕食もされやすいもんなあ
そうそう
ま、オレなんかこーんなするどいトゲトゲつくったもんなぁ
軟体動物
ウィワクシア
え？なに？
どーしたん？
ゴゴゴゴ…
やばいっアノマロカリスや！
パキ

アノマロカリス

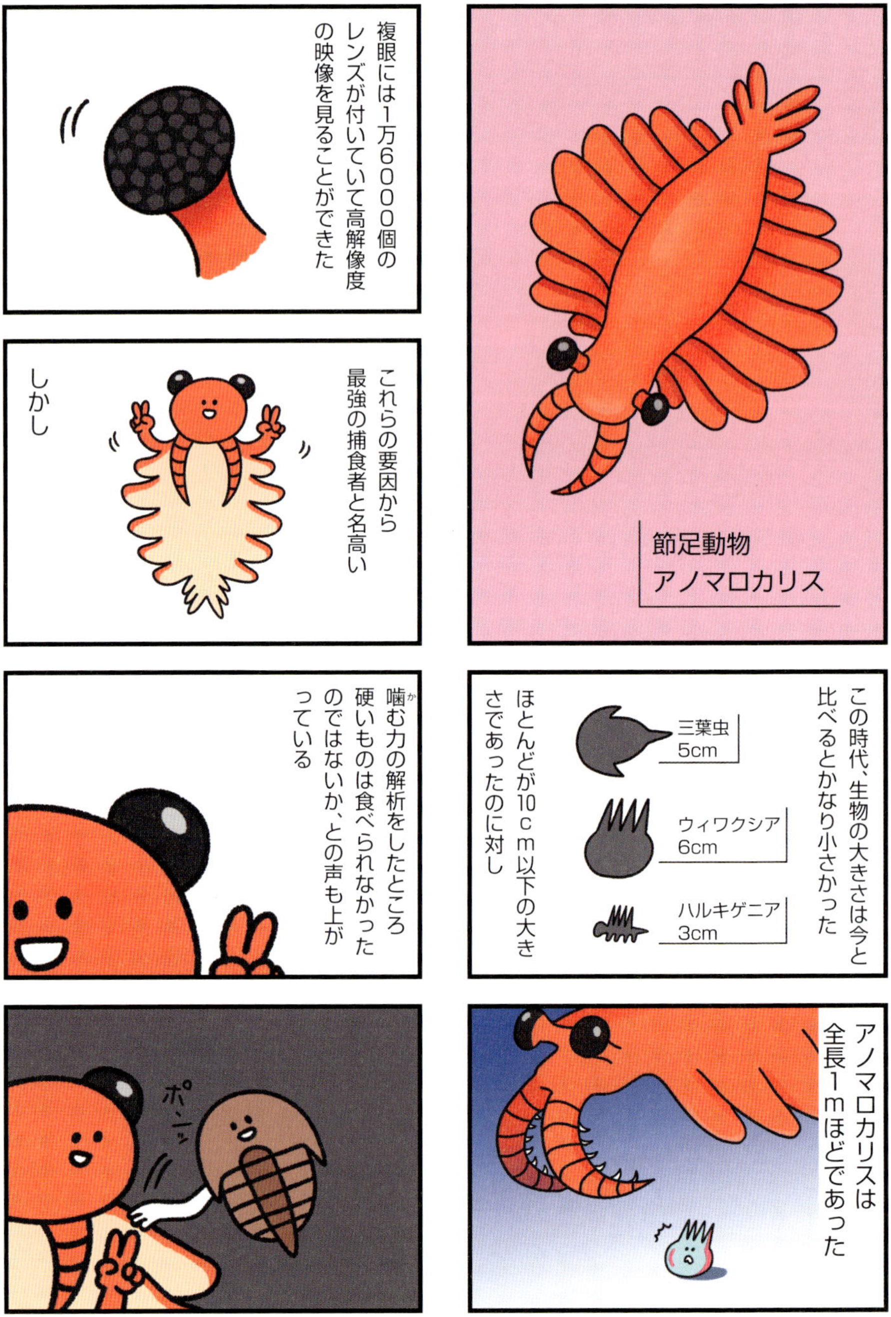

節足動物
アノマロカリス
この時代、生物の大きさは今と比べるとかなり小さかった
三葉虫
5cm
ウィワクシア
6cm
ハルキゲニア
3cm
ほとんどが10cm以下の大きさであったのに対し
アノマロカリスは全長1mほどであった
複眼には1万6000個のレンズが付いていて高解像度の映像を見ることができた
これらの要因から最強の捕食者と名高い
しかし
噛《か》む力の解析をしたところ硬いものは食べられなかったのではないか、との声も上がっている
ポンッ

ふしぎな生物たち

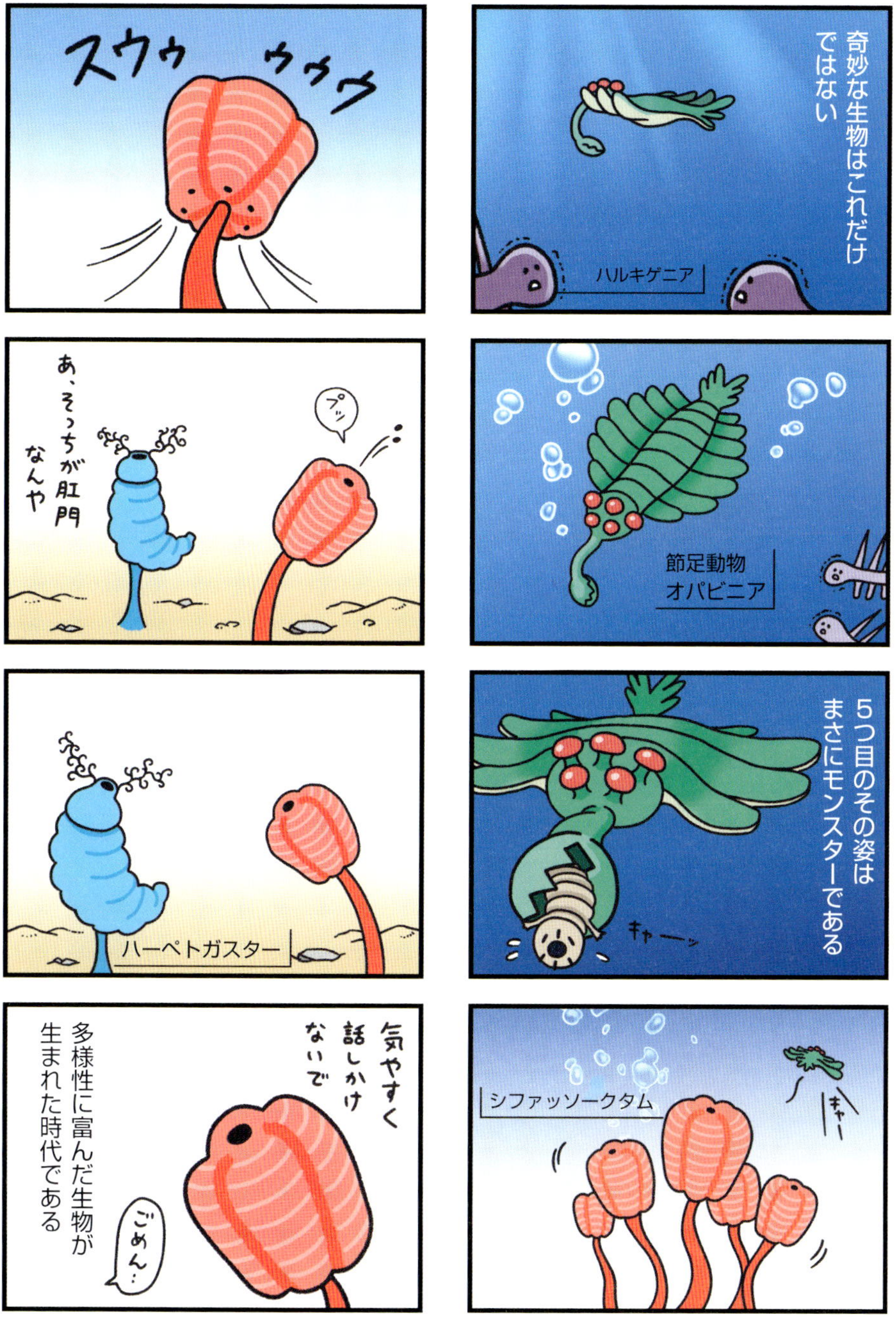

奇妙な生物はこれだけではない
ハルキゲニア
節足動物
オパビニア
5つ目のその姿はまさにモンスターである
キャーッ
シファッソークタム
キャー
スウゥ
ウゥゥ
あ、そっちが肛門なんや
プッ
ハーペトガスター
気やすく話しかけないで
ごめん…
多様性に富んだ生物が生まれた時代である

脊索動物

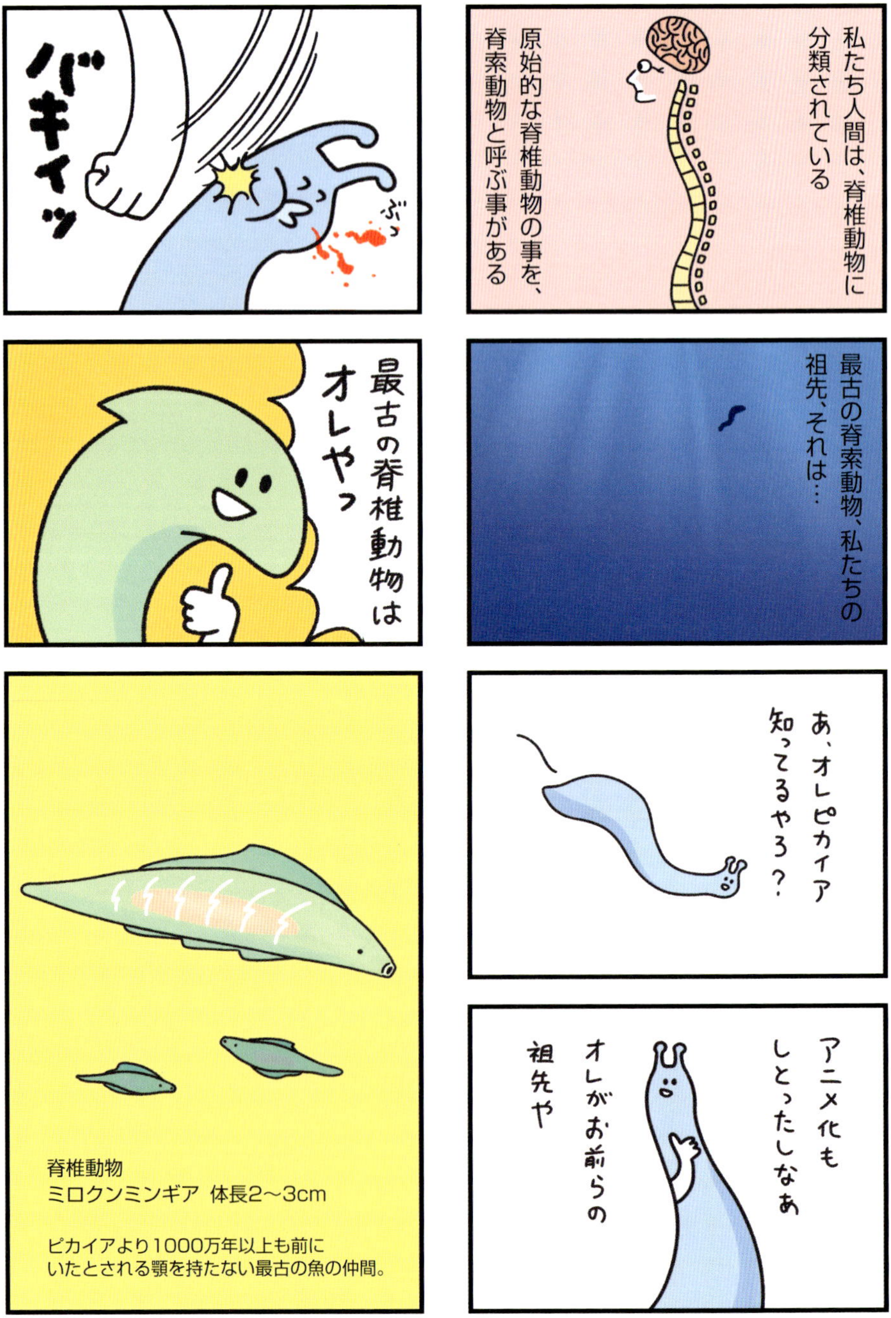

私たち人間は、脊椎動物に
分類されている
原始的な脊椎動物の事を、
脊索動物と呼ぶ事がある
最古の脊索動物、私たちの
祖先、それは…
あ、オレピカイア
知ってるやろ？
アニメ化も
しとったしなあ
オレがお前らの
祖先や
バキイッ
ぶっ
最古の脊椎動物は
オレやっ
脊椎動物
ミロクンミンギア　体長2〜3cm
ピカイアより1000万年以上も前に
いたとされる顎を持たない最古の魚の仲間。

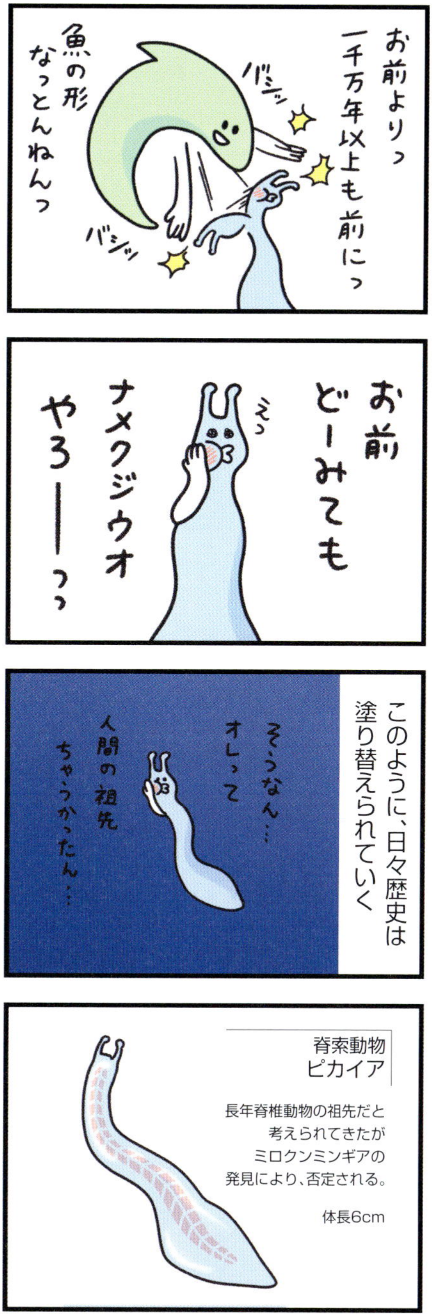

お前よりっ
一千万年以上も前にっ
バシッ
魚の形
なっとんねんっ
バシッ
お前
どーみても
えっ
ナメクジウオ
やろーーっっ
このように、日々歴史は
塗り替えられていく
そうなん…
オレって
人間の祖先
ちゃうかったん…
脊索動物
ピカイア
長年脊椎動物の祖先だと
考えられてきたが
ミロクンミンギアの
発見により、否定される。
体長6cm

元気
だして

Ordovician period

4億8500万年前 ～ 4億4400万年前

オルドビス紀《き》

ある植物が
海の世界から
陸へ移住するよ

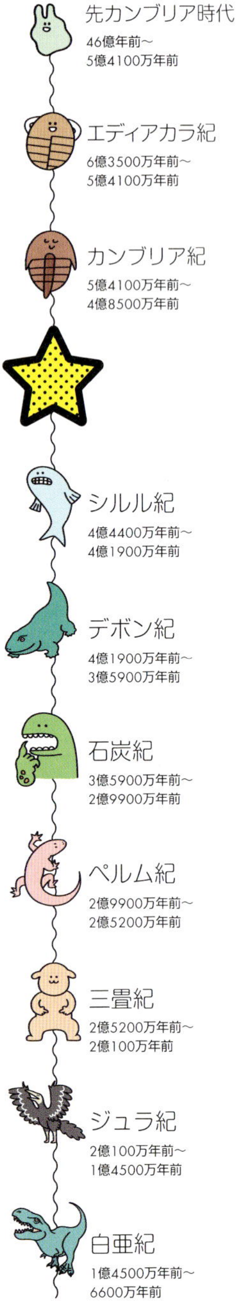

先カンブリア時代
46億年前～
5億4100万年前
エディアカラ紀
6億3500万年前～
5億4100万年前
カンブリア紀
5億4100万年前～
4億8500万年前
シルル紀
4億4400万年前～
4億1900万年前
デボン紀
4億1900万年前～
3億5900万年前
石炭紀
3億5900万年前～
2億9900万年前
ペルム紀
2億9900万年前～
2億5200万年前
三畳紀
2億5200万年前～
2億100万年前
ジュラ紀
2億100万年前～
1億4500万年前
白亜紀
1億4500万年前～
6600万年前

頭足類

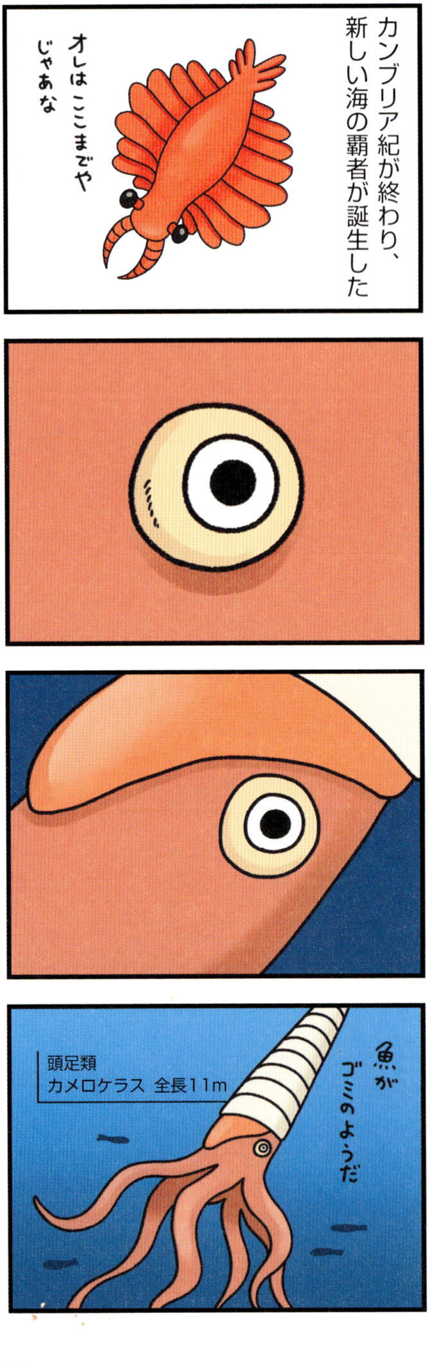

カンブリア紀が終わり、
新しい海の覇者が誕生した
オレはここまでや
じゃあな
頭足類
カメロケラス 全長11m
魚がゴミのようだ

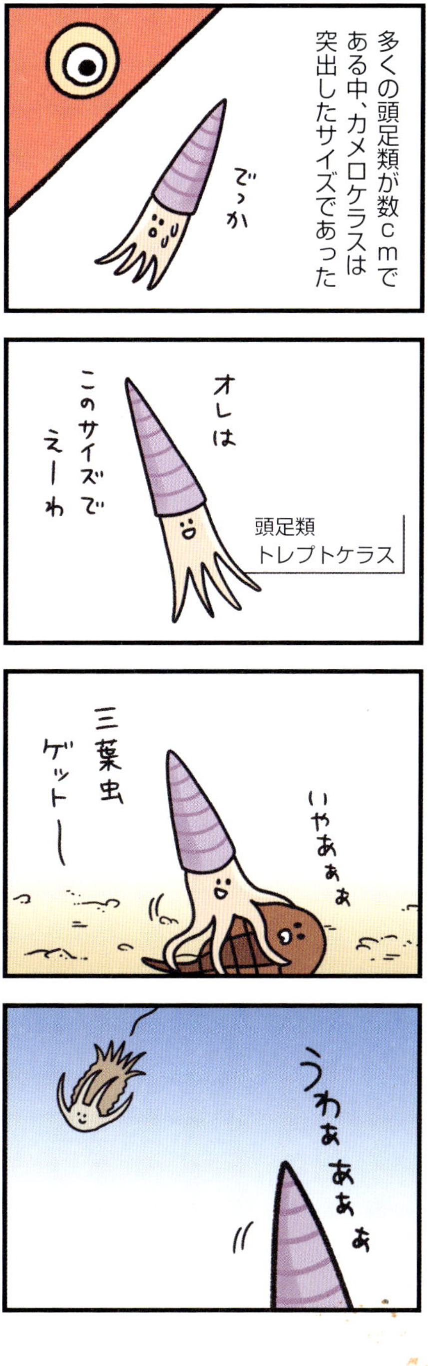
多くの頭足類が数ｃｍである中、カメロケラスは突出したサイズであった
でっか
オレは
このサイズで
えーわ
頭足類
トレプトケラス
三葉虫ゲットー
いやあぁぁ
うわあああぁ

三葉虫

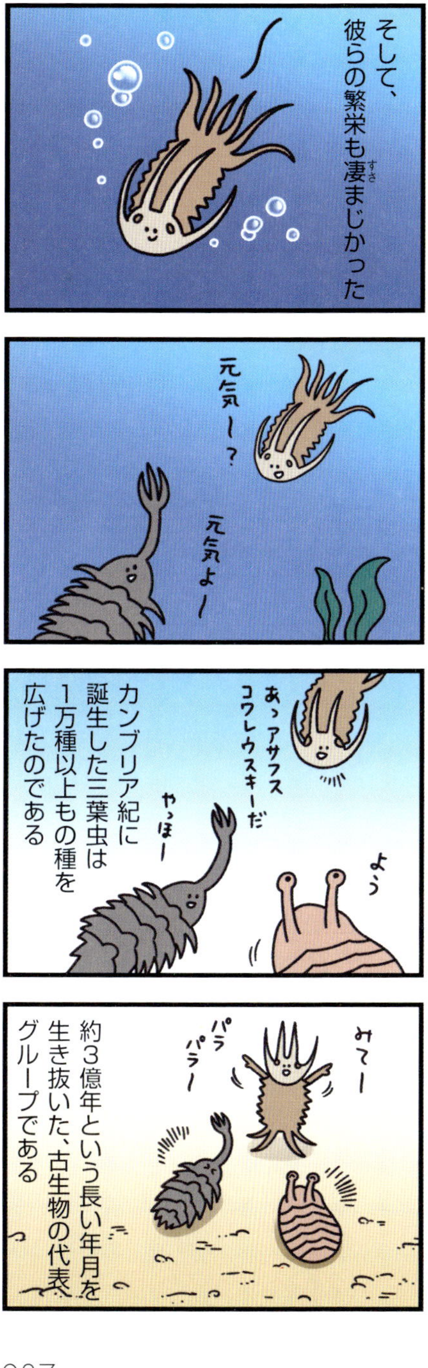
そして、彼らの繁栄も凄《すさ》まじかった
元気ー？
元気よー
カンブリア紀に誕生した三葉虫は1万種以上もの種を広げたのである
あっアサフスコワレウスキーだ
やっほー
よう
約3億年という長い年月を生き抜いた、古生物の代表グループである
パラパラー
みてー

鱗《うろこ》を持つ魚

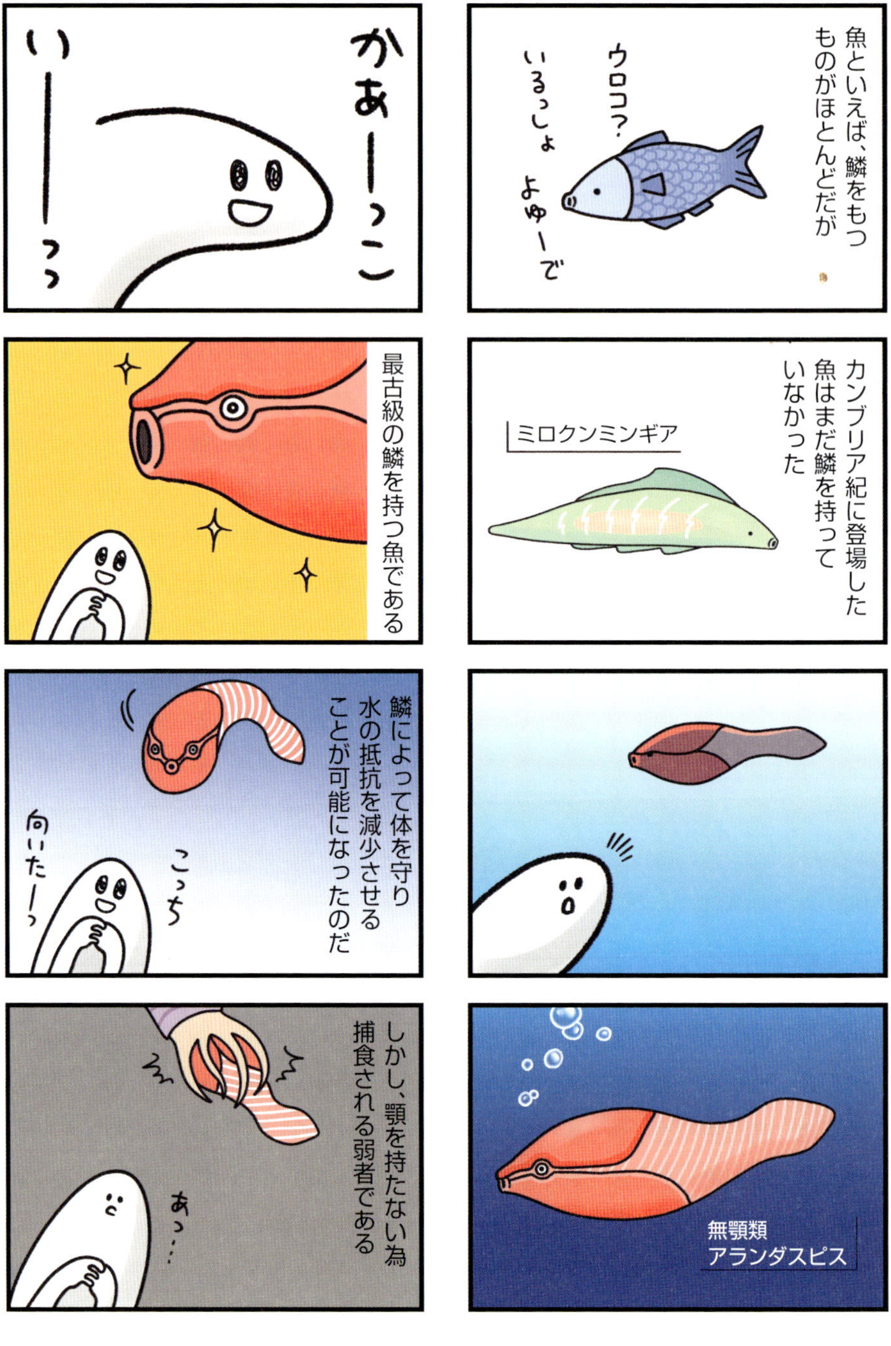

魚といえば、鱗をもつものがほとんどだが
ウロコ？
いるっしょ　よゆーで
カンブリア紀に登場した魚はまだ鱗を持っていなかった
ミロクンミンギア
無顎類
アランダスピス
かあーっこ
いーーーっ
最古級の鱗を持つ魚である
鱗によって体を守り水の抵抗を減少させることが可能になったのだ
こっち
向いたーっ
しかし、顎を持たない為捕食される弱者である
あっ…

最初の陸上進出

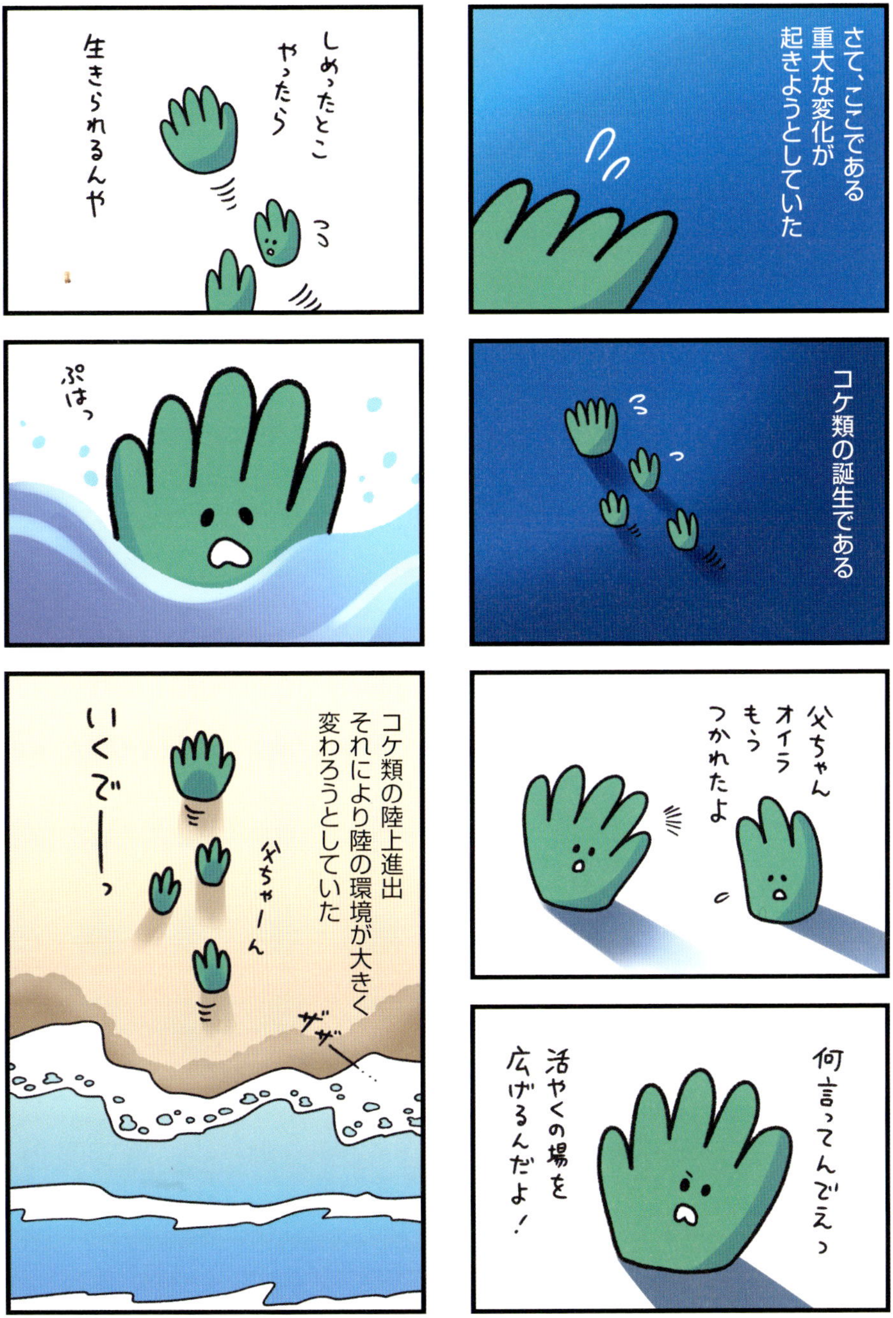

さて、ここである
重大な変化が
起きようとしていた
コケ類の誕生である
父ちゃん
オイラ
もう
つかれたよ
何言ってんでぇっ
活やくの場を
広げるんだよ！
しめったとこ
やったら
生きられるんや
ぷはっ
コケ類の陸上進出
それにより陸の環境が大きく
変わろうとしていた
父ちゃーん
いくでーーっ
ザザー……

一度目の大量絶滅

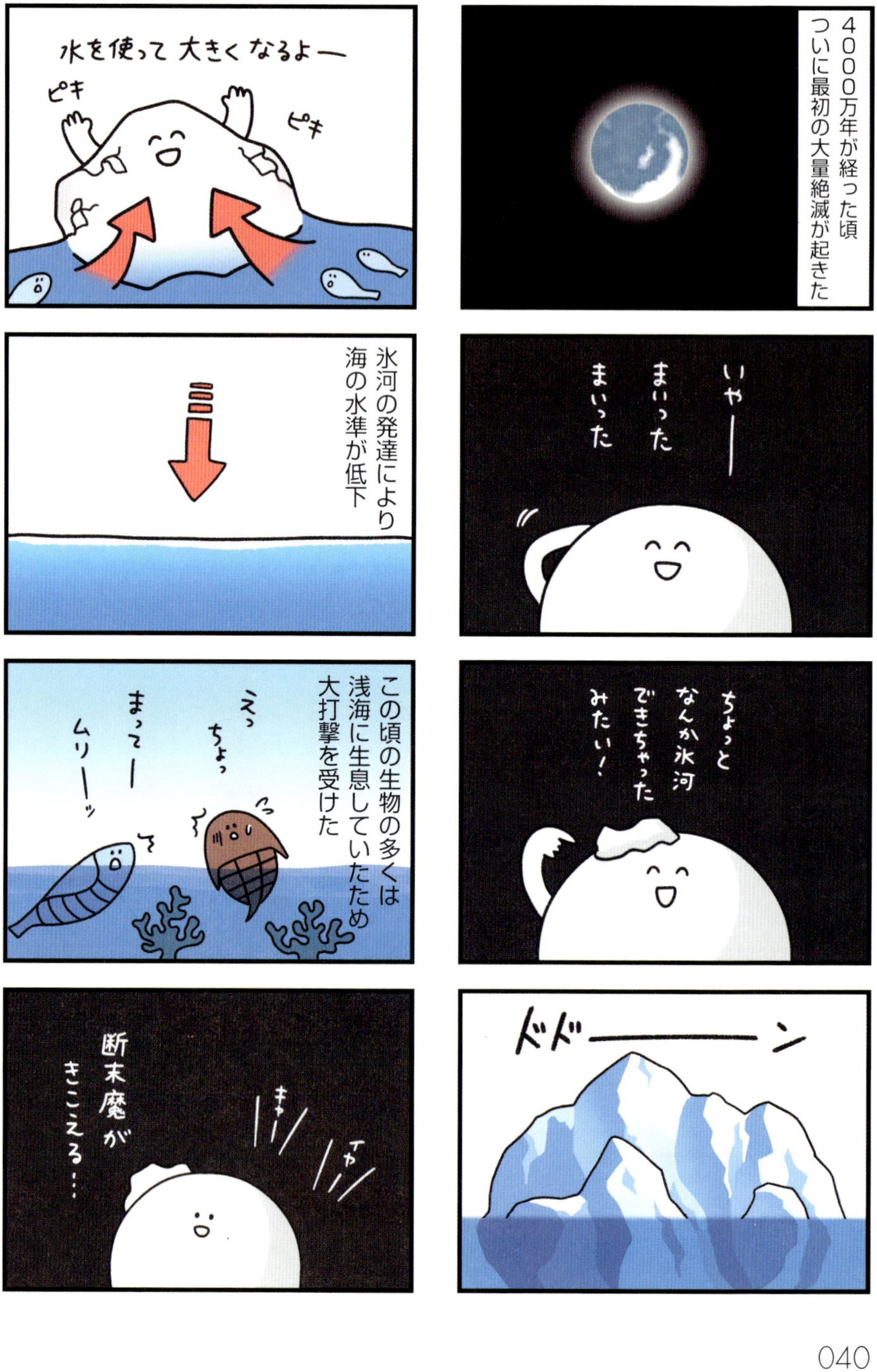
4000万年が経った頃
ついに最初の大量絶滅が起きた
いやー
まいった
まいった
ちょっと
なんか氷河
できちゃった
みたい！
ドドーーーーン
水を使って 大きくなるよー
ピキ
ピキ
氷河の発達により
海の水準が低下
この頃の生物の多くは
浅海に生息していたため
大打撃を受けた
えっ
ちょっ
まってー
ムリーーッ
断末魔がきこえる…
キャー
イヤー

生き残り

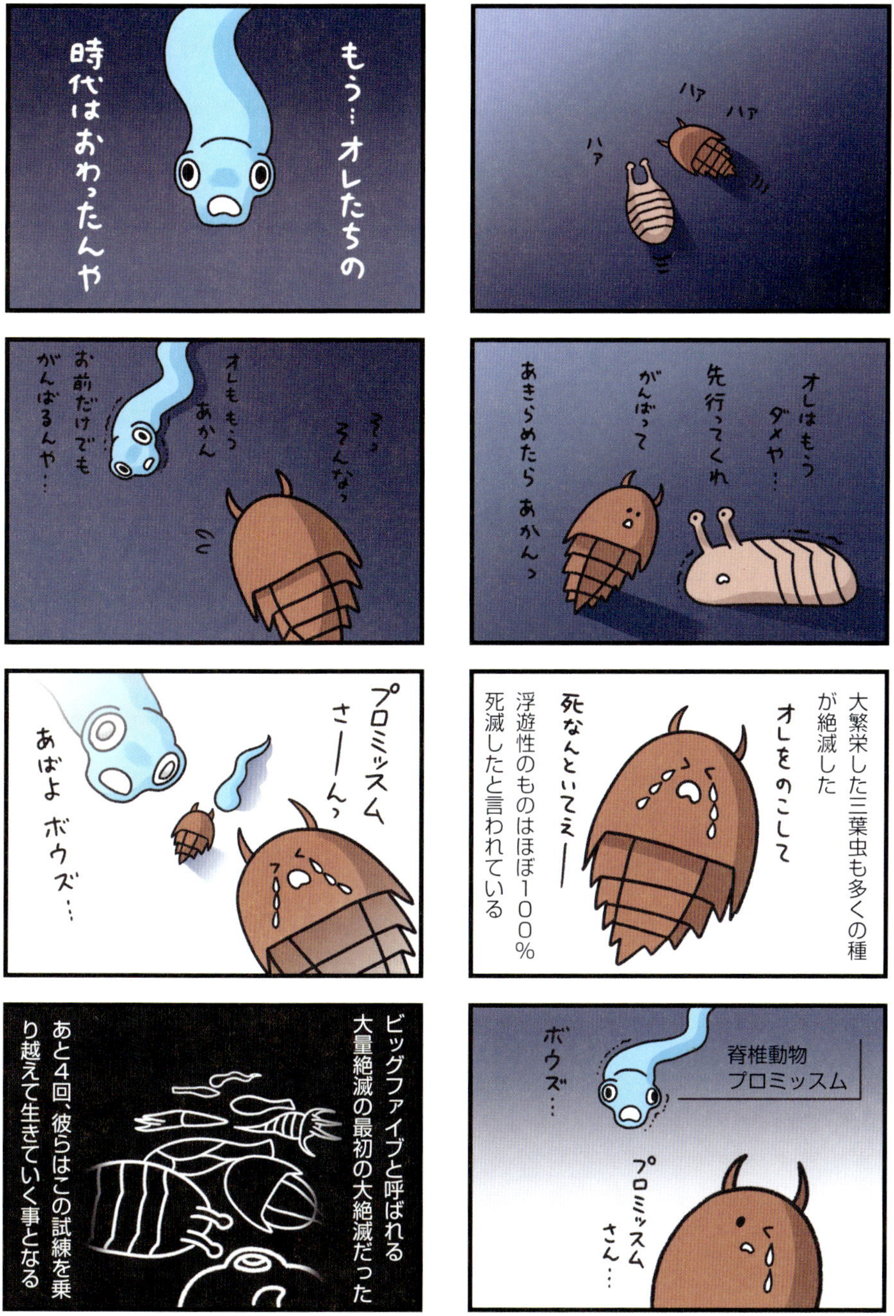
ハァ
ハァ
ハァ
オレはもう
ダメや…
先行ってくれ
がんばって
あきらめたら あかんっ
大繁栄した三葉虫も多くの種が絶滅した
オレをのこして
死なんといてぇ――
浮遊性のものはほぼ100%死滅したと言われている
脊椎動物
プロミッスム
ボウズ…
プロミッスムさん…
もう… オレたちの
時代はおわったんや
そっ そんなっ
オレももう
あかん
お前だけでも
がんばるんや…
プロミッスムさーーんっ
あばよ ボウズ…
ビッグファイブと呼ばれる大量絶滅の最初の大絶滅だった
あと4回、彼らはこの試練を乗り越えて生きていく事となる

シルル紀《き》

魚がアゴを持ち
捕食者として
強くなってきた

顎の獲得

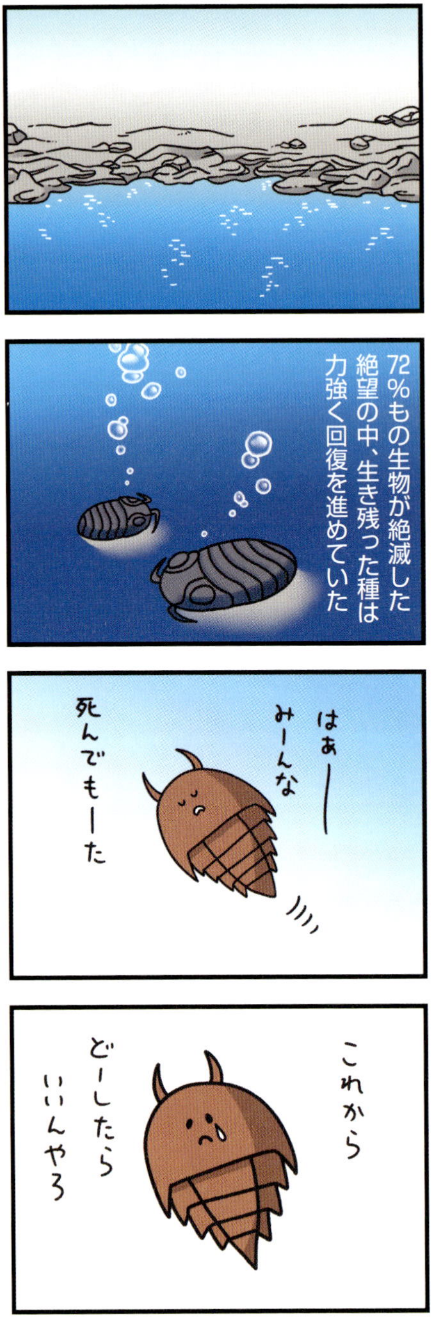

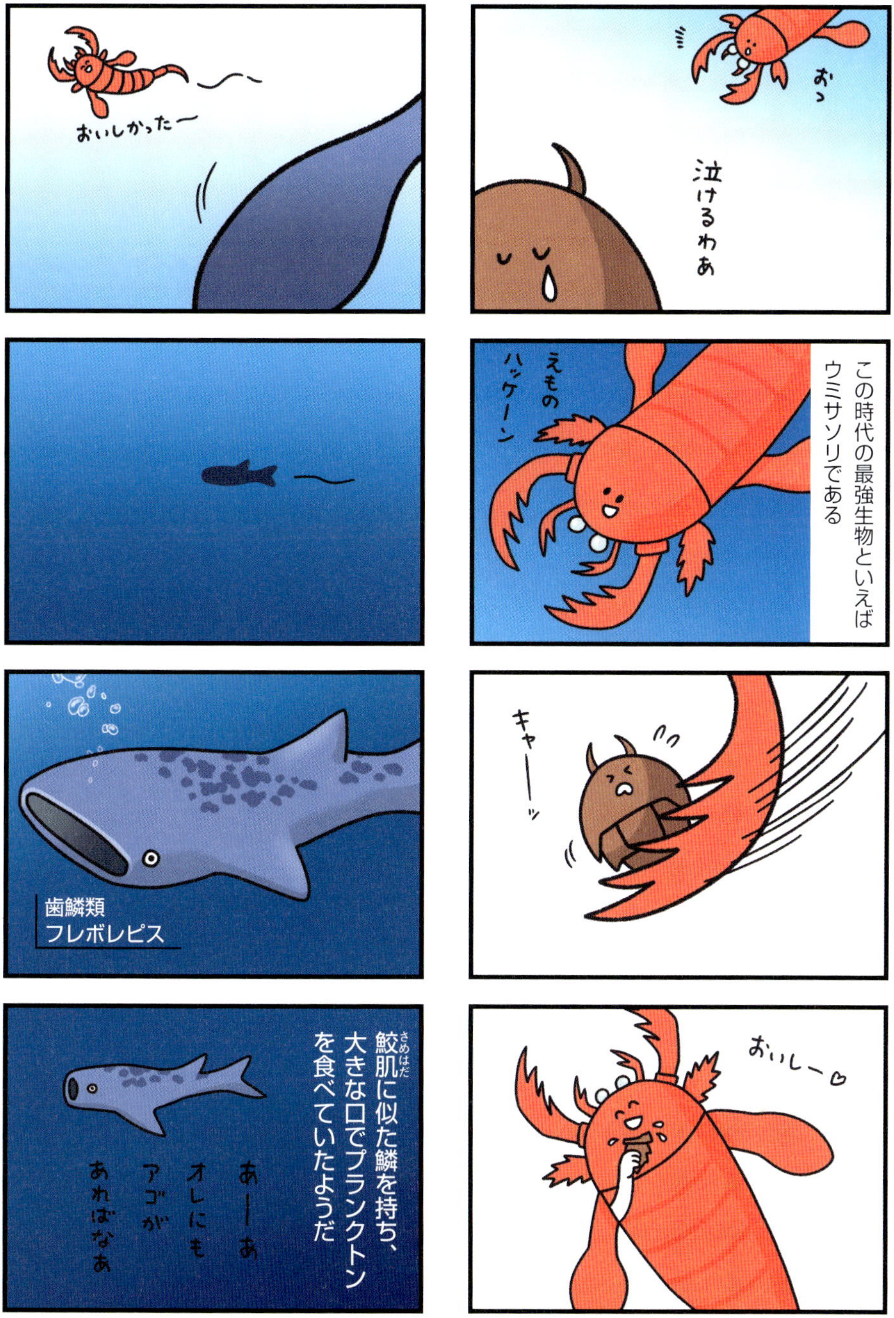
おっ
泣けるわあ
この時代の最強生物といえばウミサソリである
えもの
ハッケーン
キャーーッ
おいしー♡
おいしかったー
歯鱗類
フレボレピス
鮫肌《さめはだ》に似た鱗を持ち、大きな口でプランクトンを食べていたようだ
あーあ
オレにも
アゴが
あればなあ

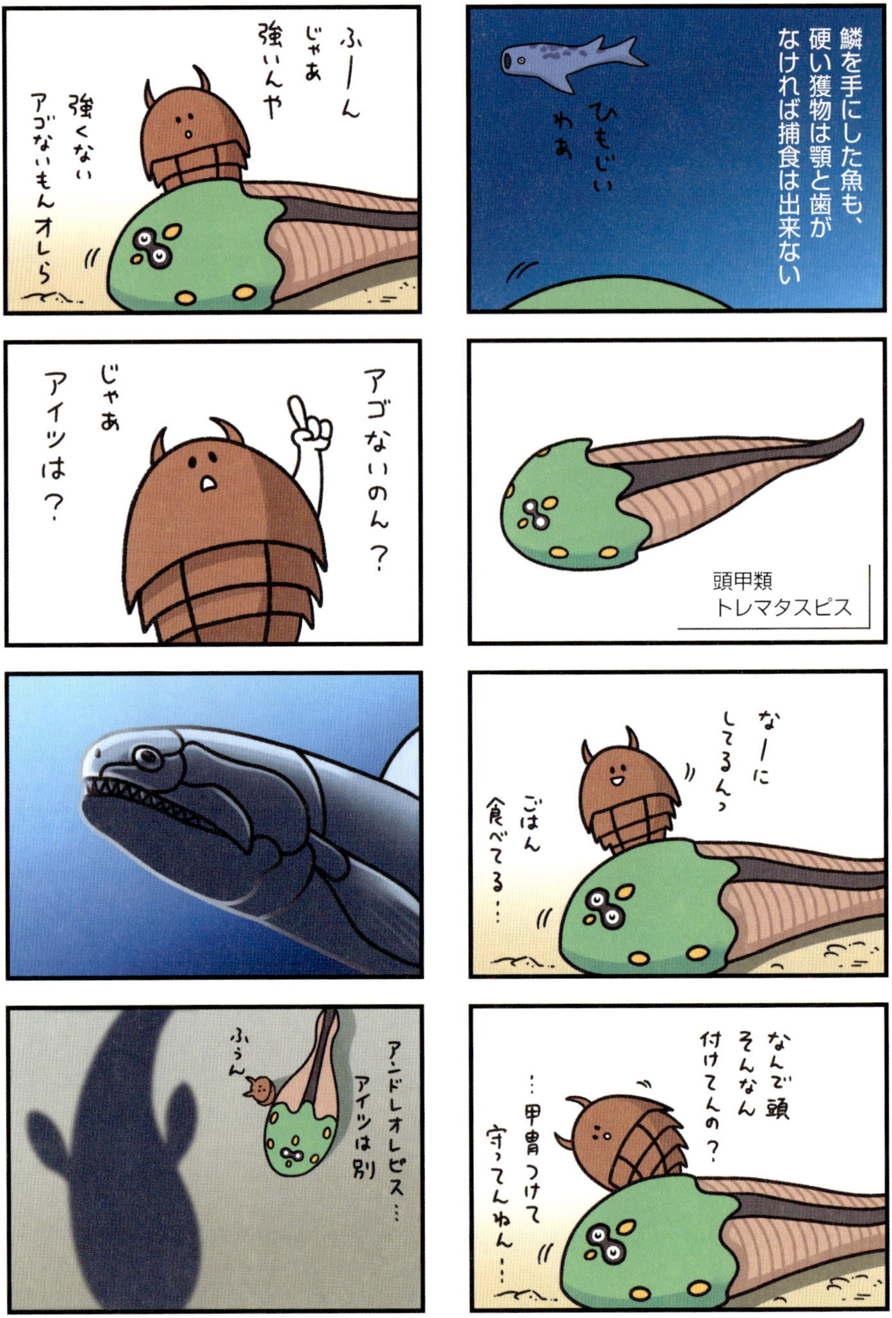
鱗を手にした魚も、硬い獲物は顎と歯がなければ捕食は出来ない
ひもじいわぁ
頭甲類
トレマタスピス
なーにしてるんっ
ごはん食べてる…
なんで頭そんなん付けてんの？
…甲冑つけて守ってんねん…
ふーん
じゃあ強いんや
強くない
アゴないもんオレら
アゴないのん？
じゃあアイツは？
アンドレオレピス…
アイツは別
ふうん

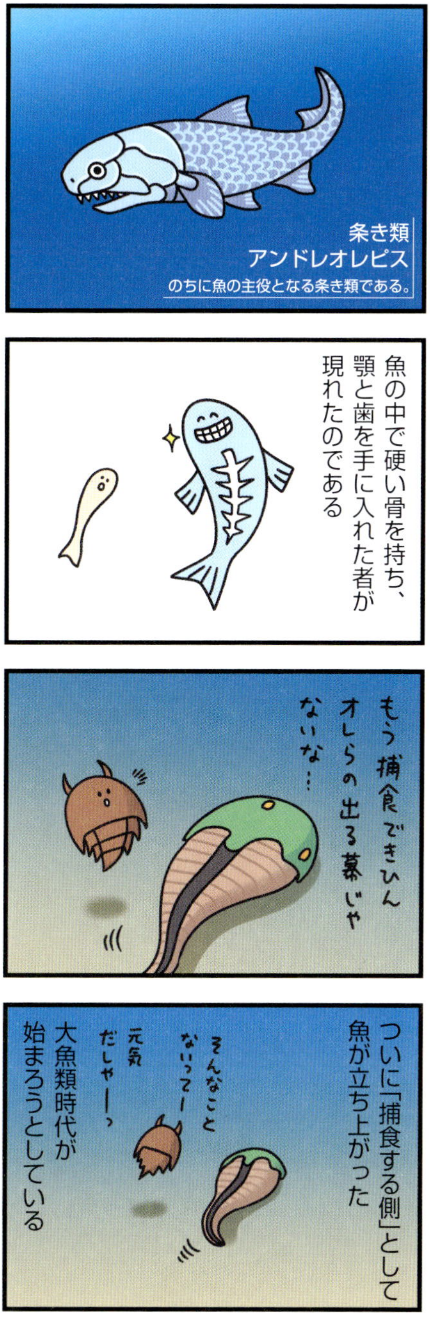
条き類
アンドレオレピス
のちに魚の主役となる条き類である。
魚の中で硬い骨を持ち、顎と歯を手に入れた者が現れたのである
もう捕食できひん
オレらの出る幕じゃないな…
ついに「捕食する側」として魚が立ち上がった
そんなこと ないってー
元気 だしやーっ
大魚類時代が始まろうとしている

クークソニア

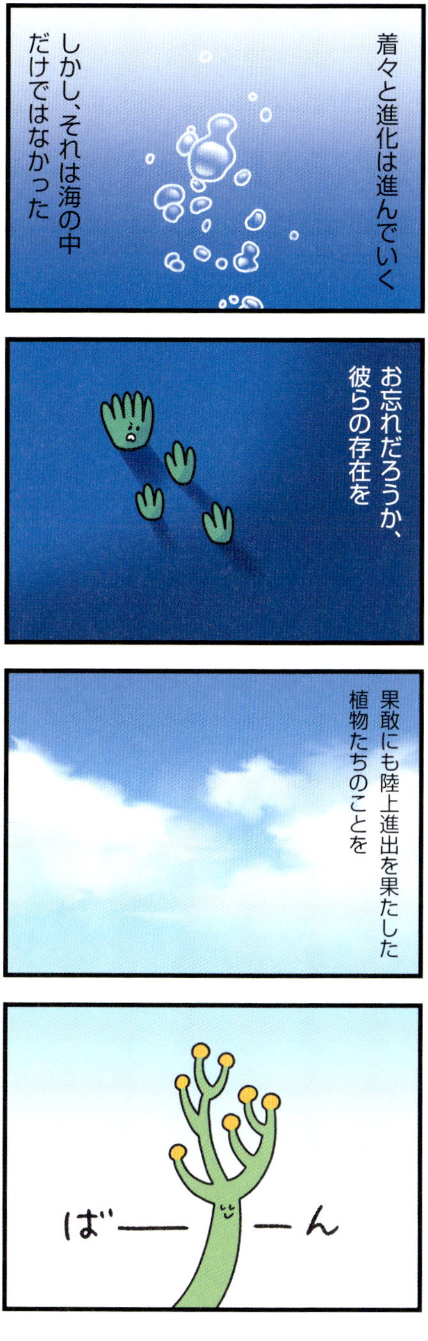
着々と進化は進んでいく
しかし、それは海の中だけではなかった
お忘れだろうか、彼らの存在を
果敢にも陸上進出を果たした植物たちのことを
ばーーーん

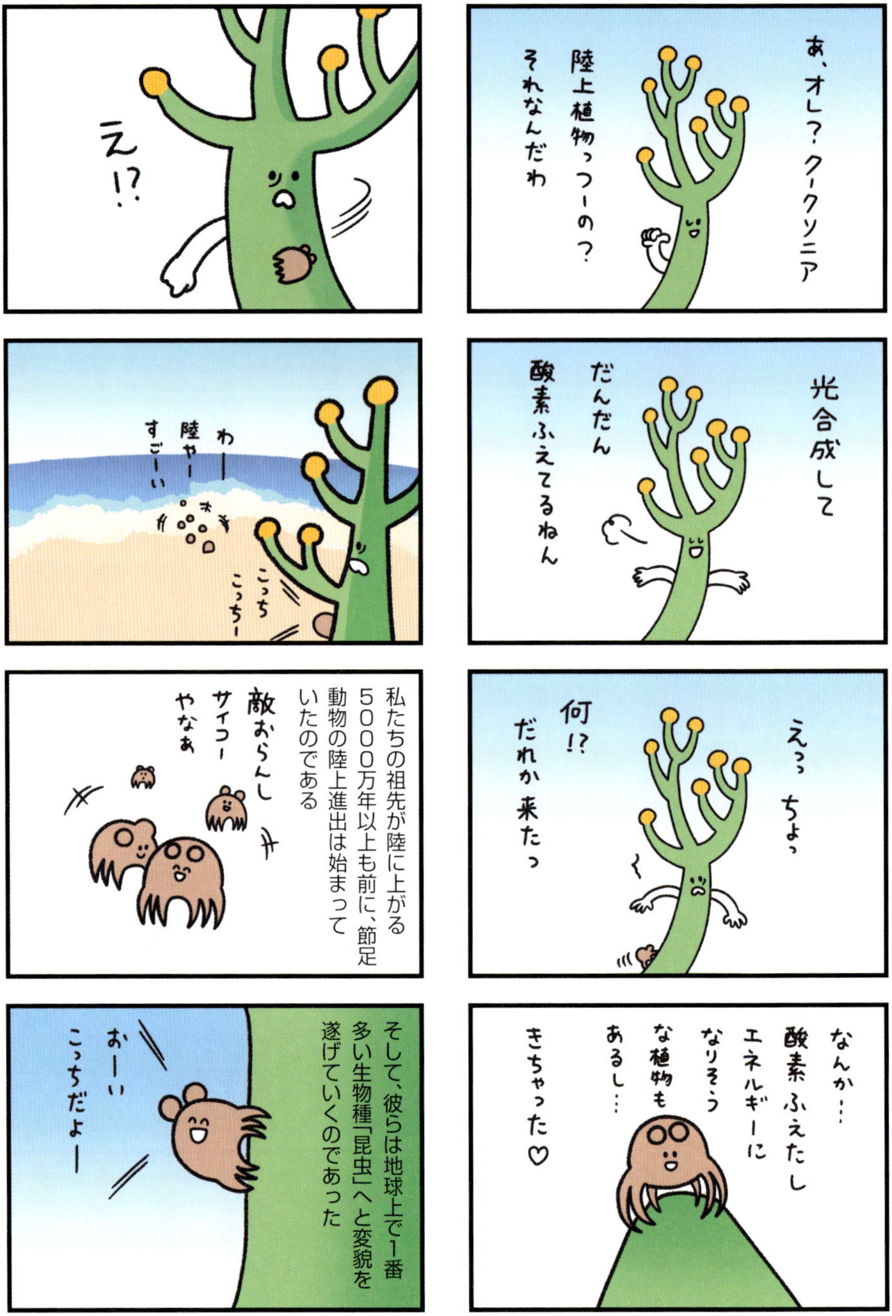
あ、オレ？クークソニア
陸上植物っつーの？
それなんだわ
光合成して
だんだん
酸素ふえてるねん
えっ
ちょっ
何!?
だれか来たっ
なんか…
酸素ふえたし
エネルギーに
なりそう
な植物も
あるし…
きちゃった♡
え!?
わーー
陸やー
すごーい
こっち
こっちー
私たちの祖先が陸に上がる5000万年以上も前に、節足動物の陸上進出は始まっていたのである
敵おらんし
サイコー
やなぁ
そして、彼らは地球上で1番多い生物種「昆虫」へと変貌を遂げていくのであった
おーい
こっちだよー

節足動物の陸上進出

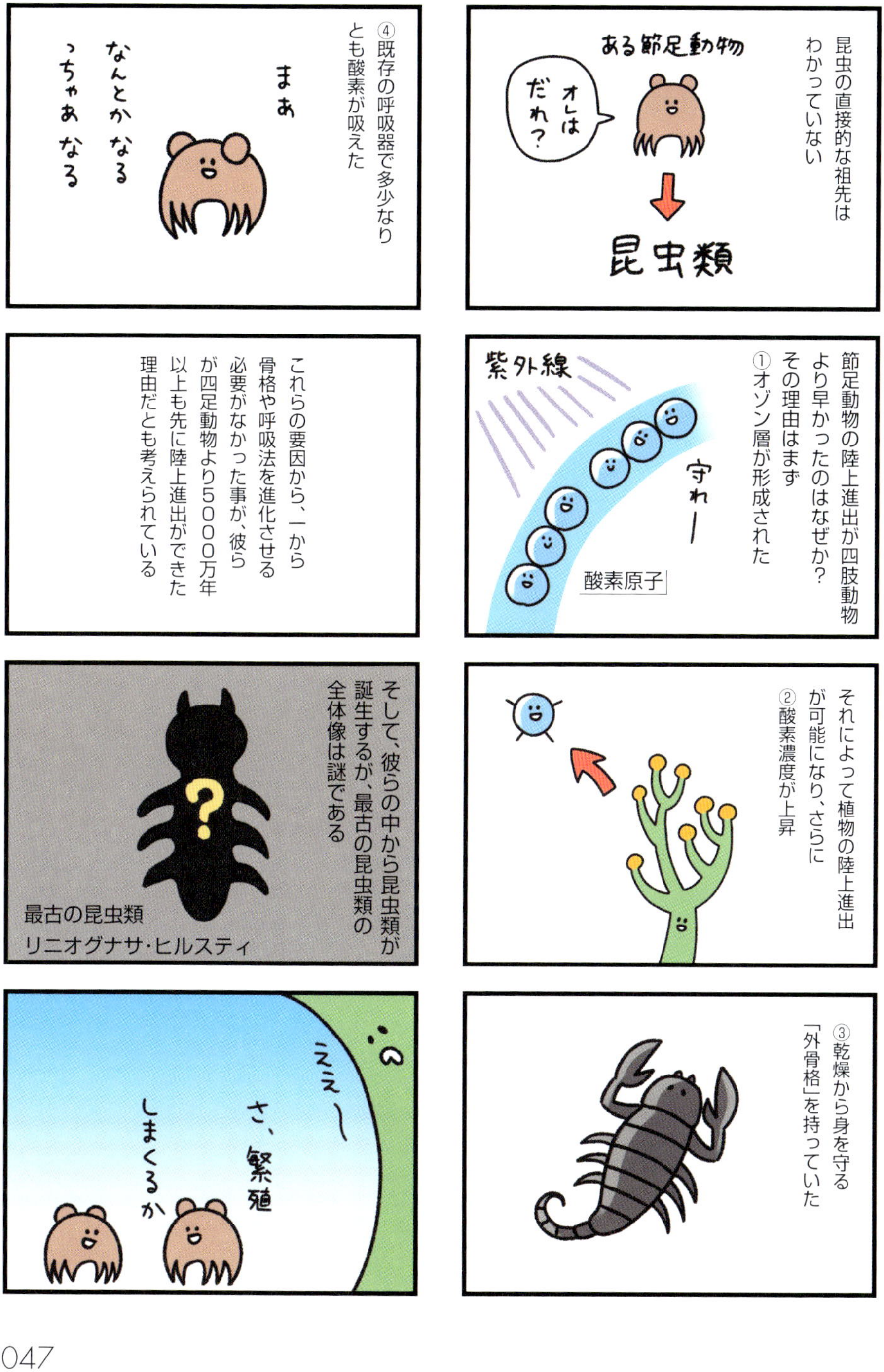

昆虫の直接的な祖先はわかっていない
ある節足動物
オレはだれ？
昆虫類
節足動物の陸上進出が四肢動物より早かったのはなぜか？
その理由はまず
①オゾン層が形成された
紫外線
守れー
酸素原子
それによって植物の陸上進出が可能になり、さらに
②酸素濃度が上昇
③乾燥から身を守る「外骨格」を持っていた
④既存の呼吸器で多少なりとも酸素が吸えた
まぁ
なんとかなる
っちゃあなる
これらの要因から、一から骨格や呼吸法を進化させる必要がなかった事が、彼らが四足動物より5000万年以上も先に陸上進出ができた理由だとも考えられている
そして、彼らの中から昆虫類が誕生するが、最古の昆虫類の全体像は謎である
最古の昆虫類
リニオグナサ・ヒルスティ
ええ〜
さ、繁殖
しまくるか

Devonian period

4億1900万年前 ～ 3億5900万年前

デボン紀《き》

ついに四足動物が生まれ、陸上進出する時が…

顎のある魚

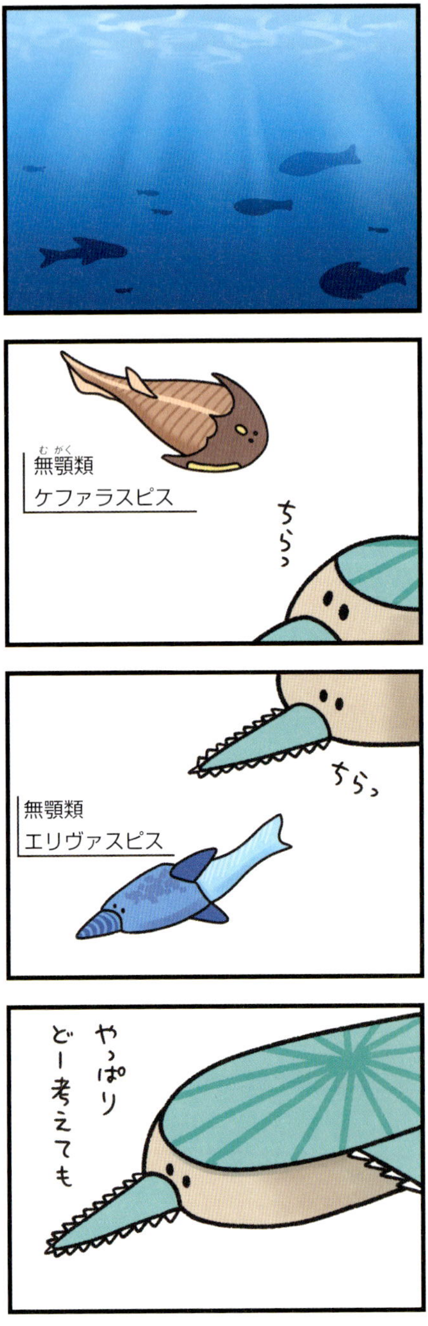

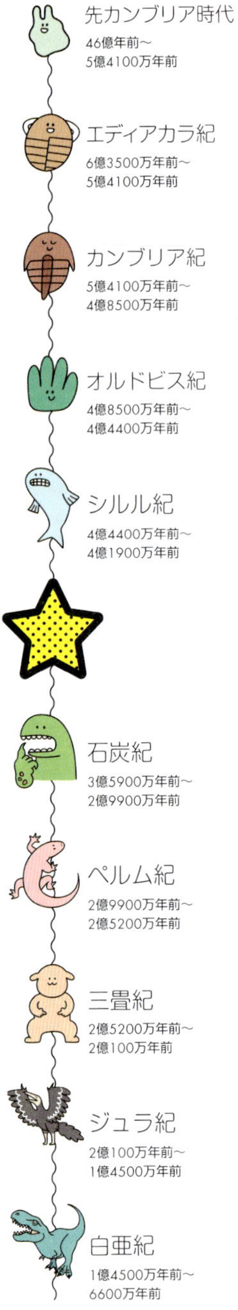

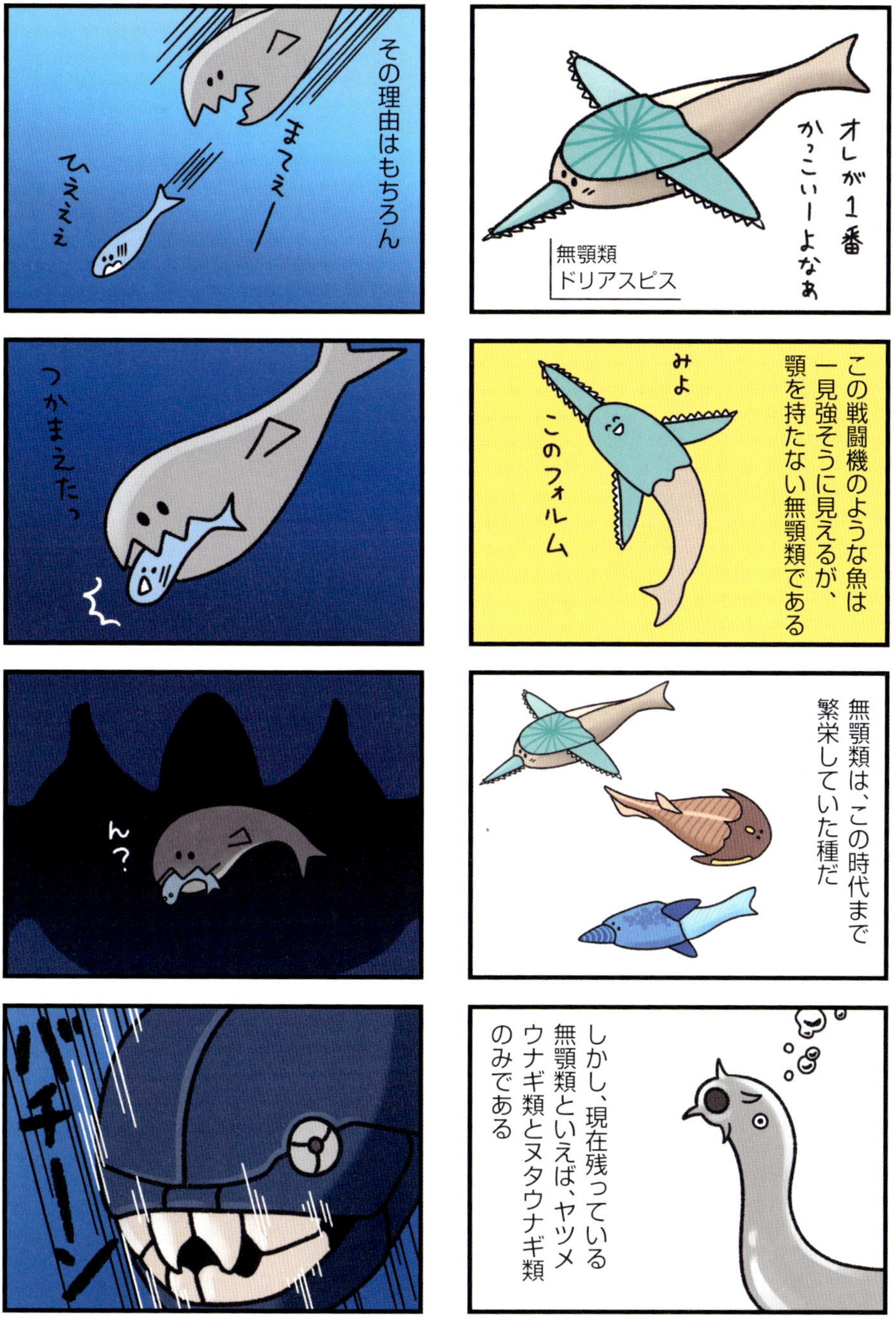
オレが1番
かっこいーよなぁ
無顎類
ドリアスピス
この戦闘機のような魚は
一見強そうに見えるが、
顎を持たない無顎類である
みよ
このフォルム
無顎類は、この時代まで
繁栄していた種だ
しかし、現在残っている
無顎類といえば、ヤツメ
ウナギ類とヌタウナギ類
のみである
その理由はもちろん
まてぇー
ひぇぇぇ
つかまえたっ
ん？
バチーン

板皮類

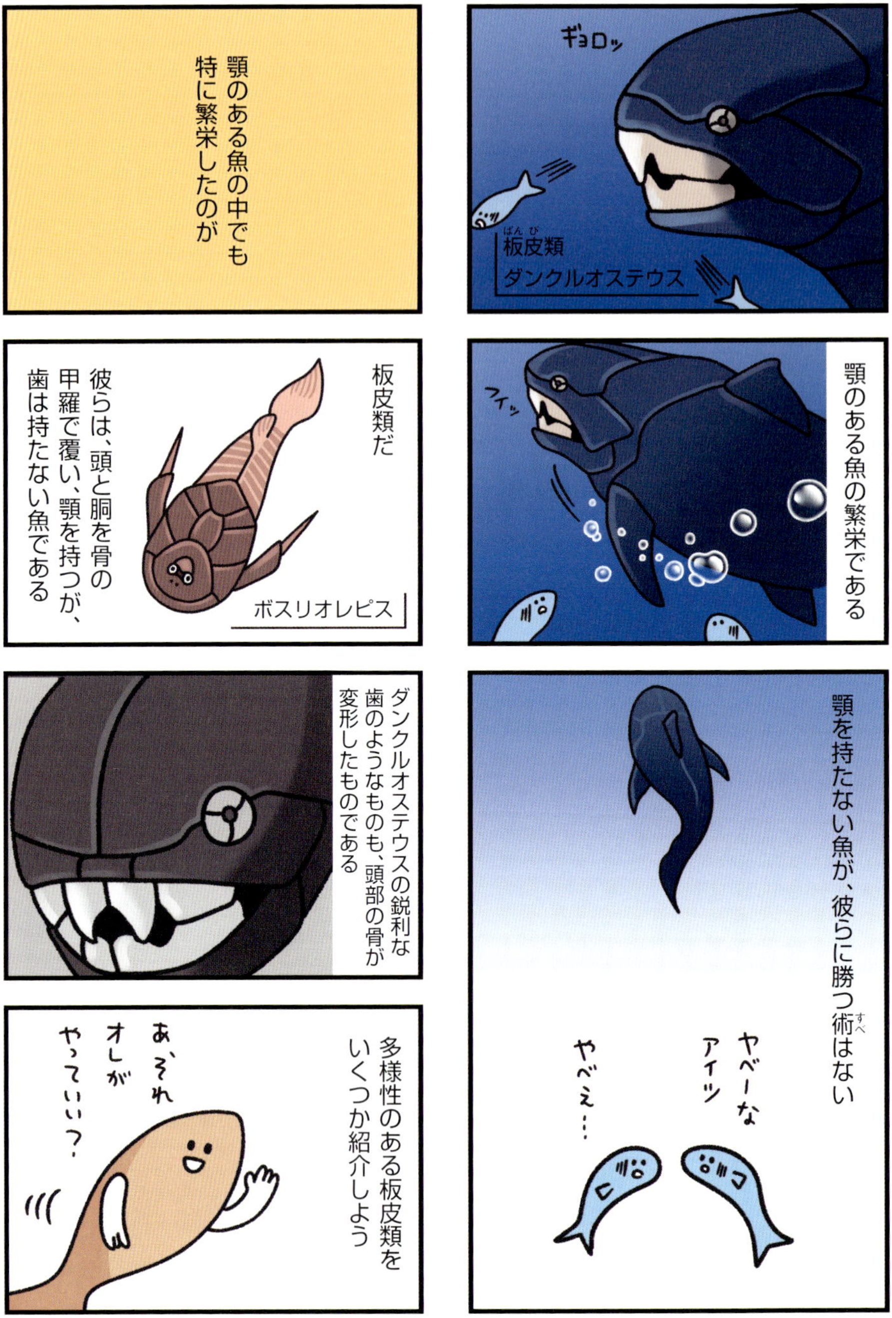
ギョロッ
板皮《ばんぴ》類
ダンクルオステウス
フイッ
顎のある魚の繁栄である
顎を持たない魚が、彼らに勝つ術《すべ》はない
ヤベーなアイツ
やべぇ…
顎のある魚の中でも特に繁栄したのが
板皮類だ
彼らは、頭と胴を骨の甲羅で覆い、顎を持つが、歯は持たない魚である
ボスリオレピス
ダンクルオステウスの鋭利な歯のようなものも、頭部の骨が変形したものである
多様性のある板皮類をいくつか紹介しよう
あ、それオレがやっていい？

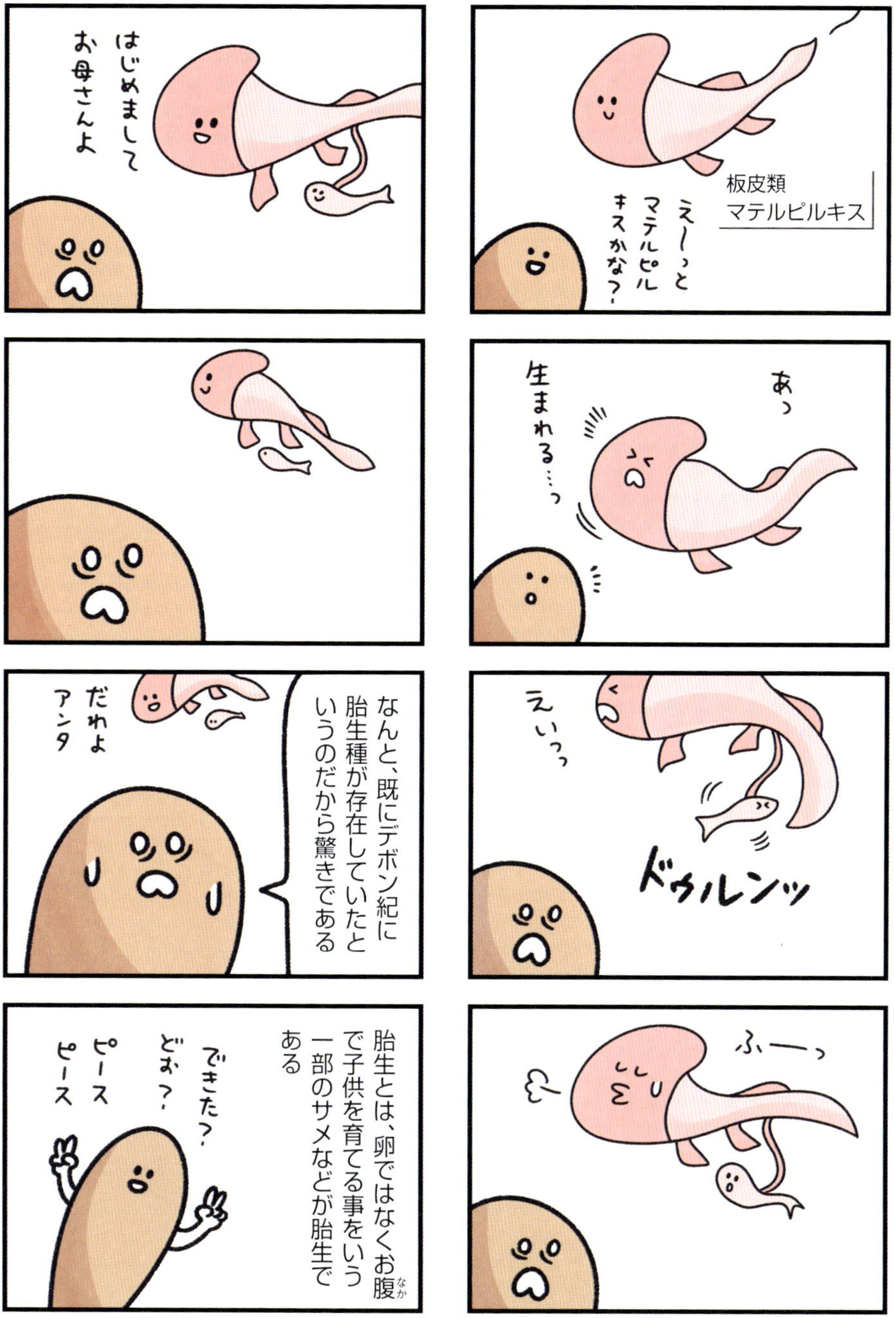

え〜っと
マテルピル
キスかな?〜
板皮類
マテルピルキス
あっ
生まれる…っ
えいっっ
ドゥルンッ
ふーっ
はじめまして
お母さんよ
なんと、既にデボン紀に胎生種が存在していたというのだから驚きである
だれよ
アンタ
胎生とは、卵ではなくお腹《なか》で子供を育てる事をいう
一部のサメなどが胎生である
できた?
どお?
ピース
ピース

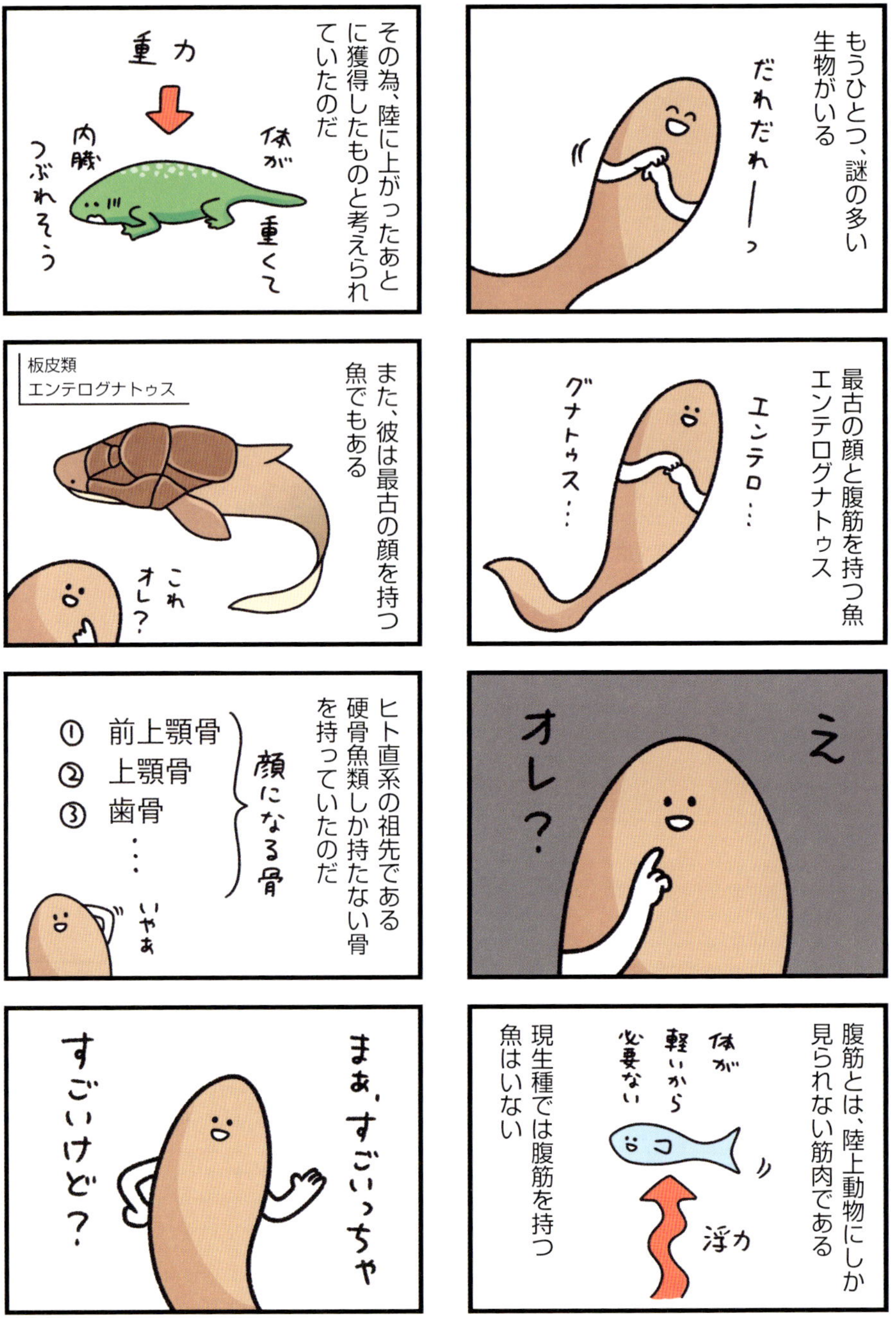

もうひとつ、謎の多い生物がいる
だれだれーっ
最古の顔と腹筋を持つ魚エンテログナトゥス
エンテロ…
グナトゥス…
え
オレ？
腹筋とは、陸上動物にしか見られない筋肉である
現生種では腹筋を持つ魚はいない
体が軽いから必要ない
浮力
その為、陸に上がったあとに獲得したものと考えられていたのだ
重力
体が重くて
内臓つぶれそう
また、彼は最古の顔を持つ魚でもある
板皮類
エンテログナトゥス
これオレ？
ヒト直系の祖先である硬骨魚類しか持たない骨を持っていたのだ
① 前上顎骨
② 上顎骨
③ 歯骨
…
顔になる骨
いやあ
まあ、すごいっちゃ
すごいけど？

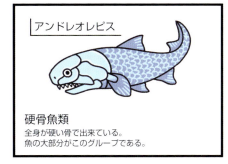

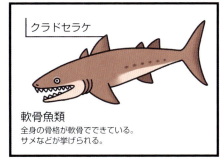

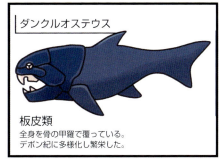

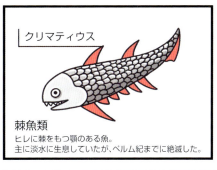

アーケオプテリス

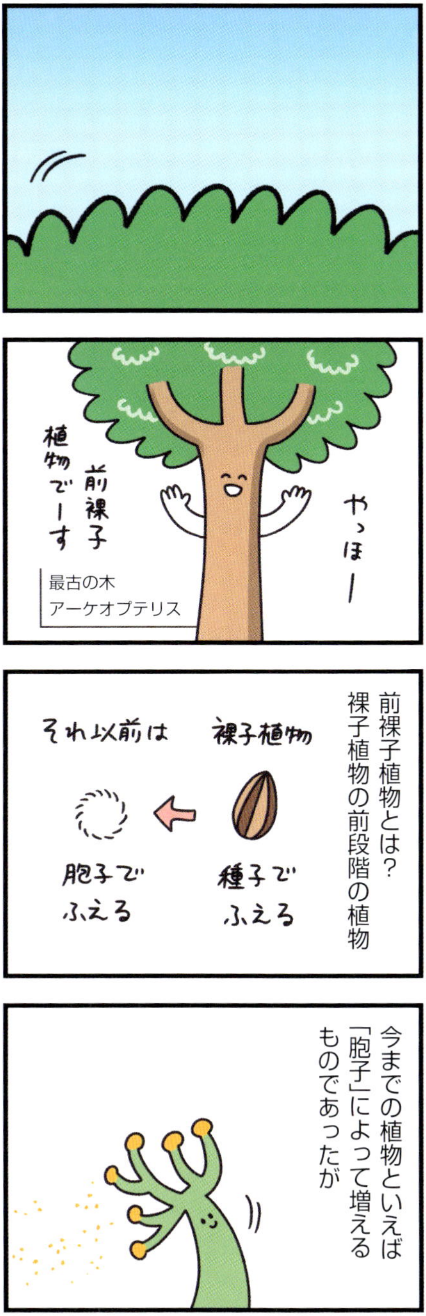

やっほー
前裸子植物でーす
最古の木
アーケオプテリス
前裸子植物とは？
裸子植物の前段階の植物
裸子植物
種子でふえる
それ以前は
胞子でふえる
今までの植物といえば「胞子」によって増えるものであったが

魚の種類

ダンクルオステウス

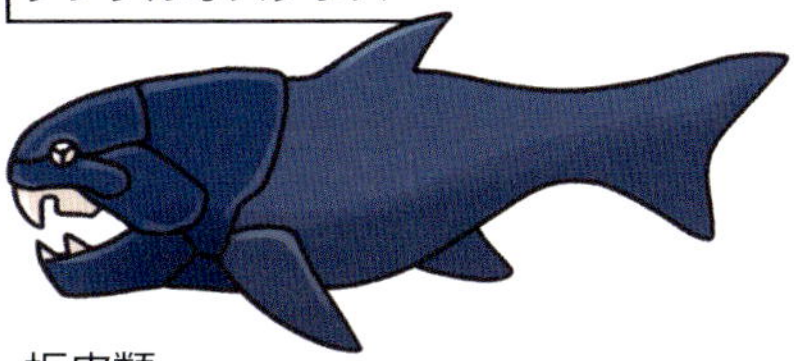

板皮類

全身を骨の甲羅で覆っている。
デボン紀に多様化し繁栄した。

アンドレオレピス

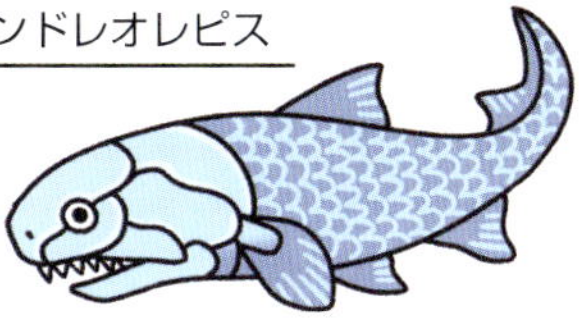

硬骨魚類

全身が硬い骨で出来ている。
魚の大部分がこのグループである。

クリマティウス

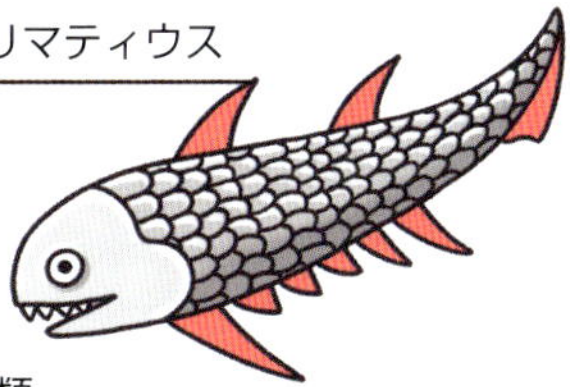

棘魚類

ヒレに棘をもつ顎のある魚。
主に淡水に生息していたが、ペルム紀までに絶滅した。

クラドセラケ

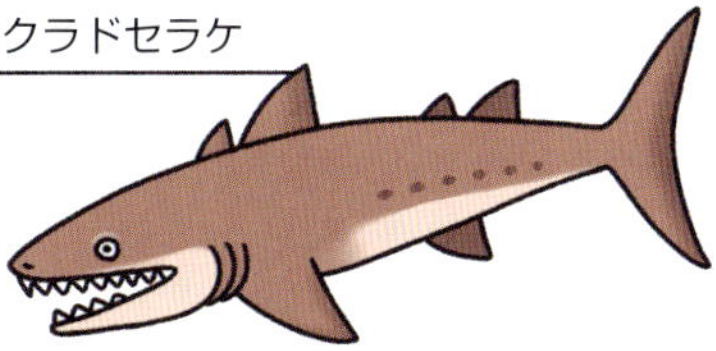

軟骨魚類

全身の骨格が軟骨でできている。
サメなどが挙げられる。

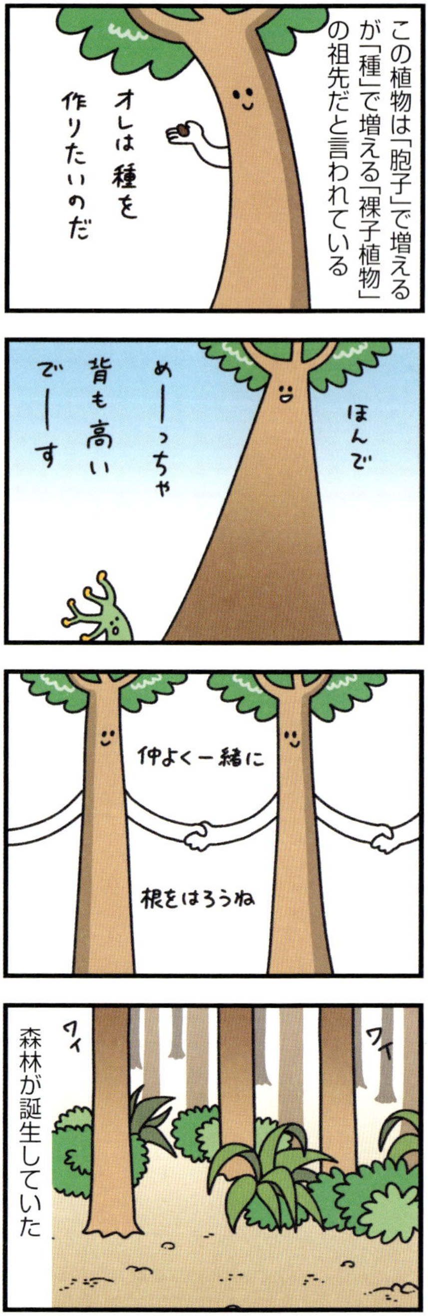
この植物は「胞子」で増えるが「種」で増える「裸子植物」の祖先だと言われている
オレは種を作りたいのだ
ほんで
めーっちゃ背も高いでーす
仲よく一緒に
根をはろうね
森林が誕生していた
ワイ
ワイ

条き類と肉き類

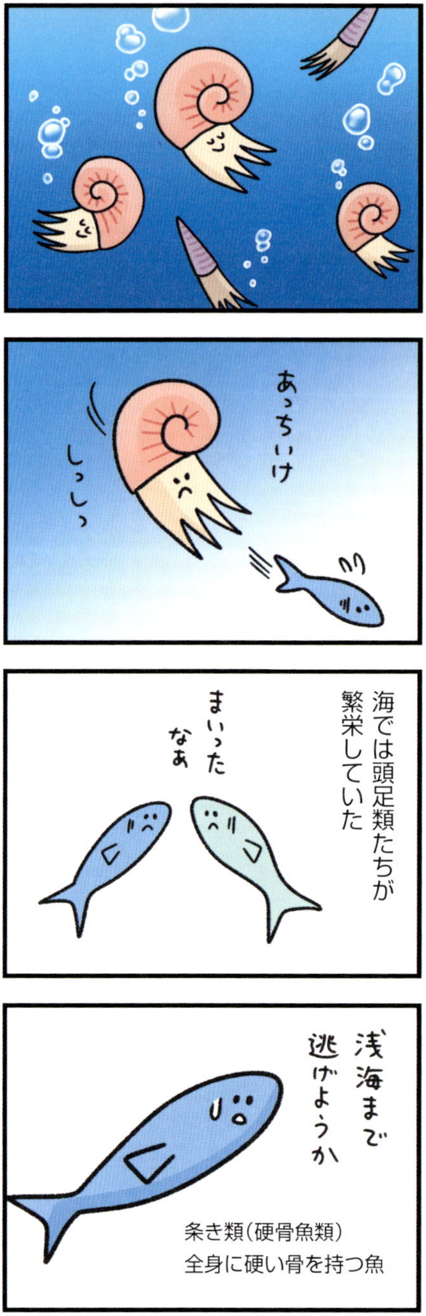
あっちいけ
しっしっ
海では頭足類たちが繁栄していた
まいったなあ
浅海まで逃げようか
条き類(硬骨魚類)
全身に硬い骨を持つ魚

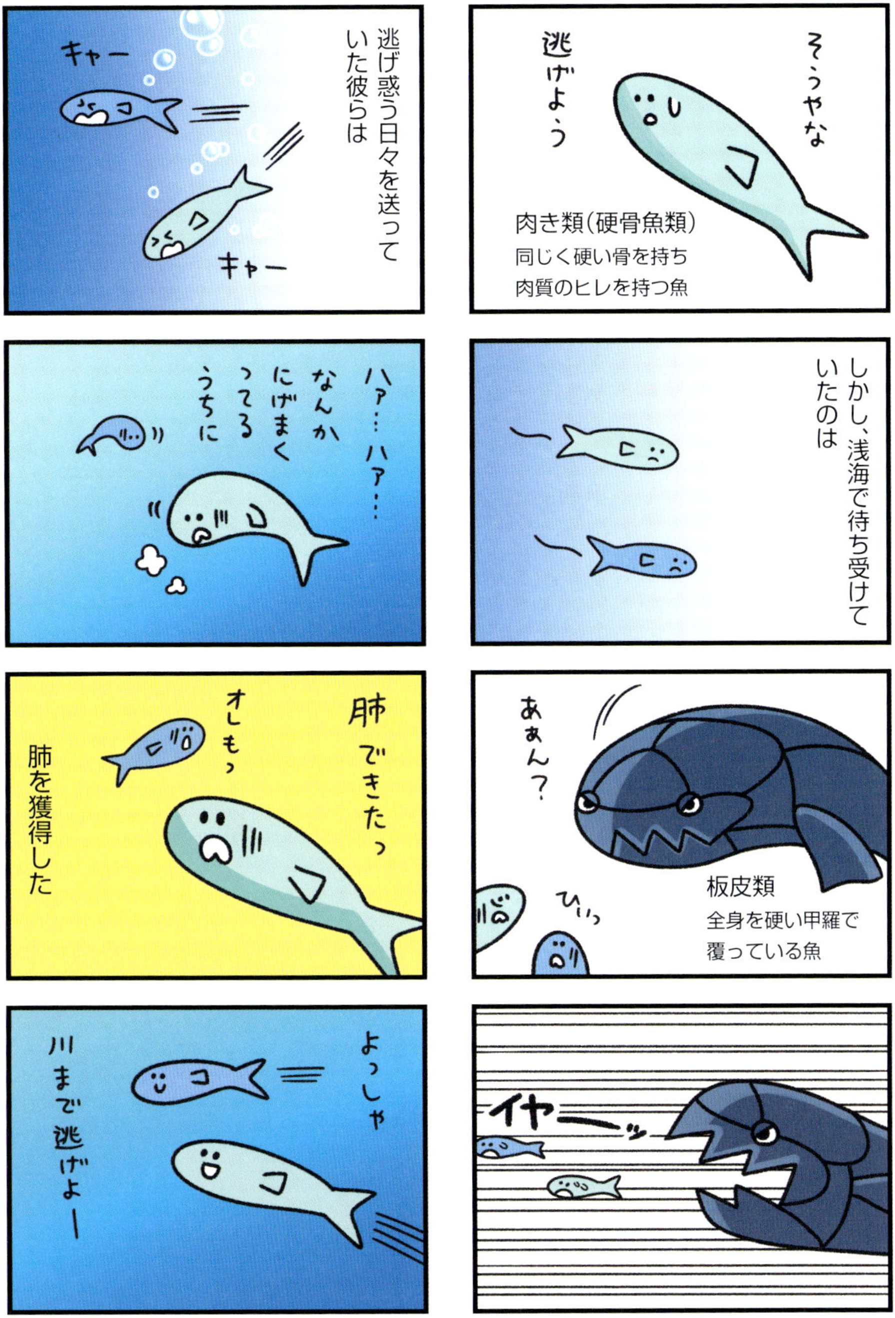
そうやな
逃げよう
肉き類(硬骨魚類)
同じく硬い骨を持ち
肉質のヒレを持つ魚
しかし、浅海で待ち受けていたのは
あぁん?
ひぃっ
板皮類
全身を硬い甲羅で
覆っている魚
イヤーーッ
逃げ惑う日々を送っていた彼らは
キャー
キャー
ハァ…ハァ…
なんかにげまくってるうちに
肺できたっ
オレもっ
肺を獲得した
よっしゃ
川まで逃げよー

ヒレの発達

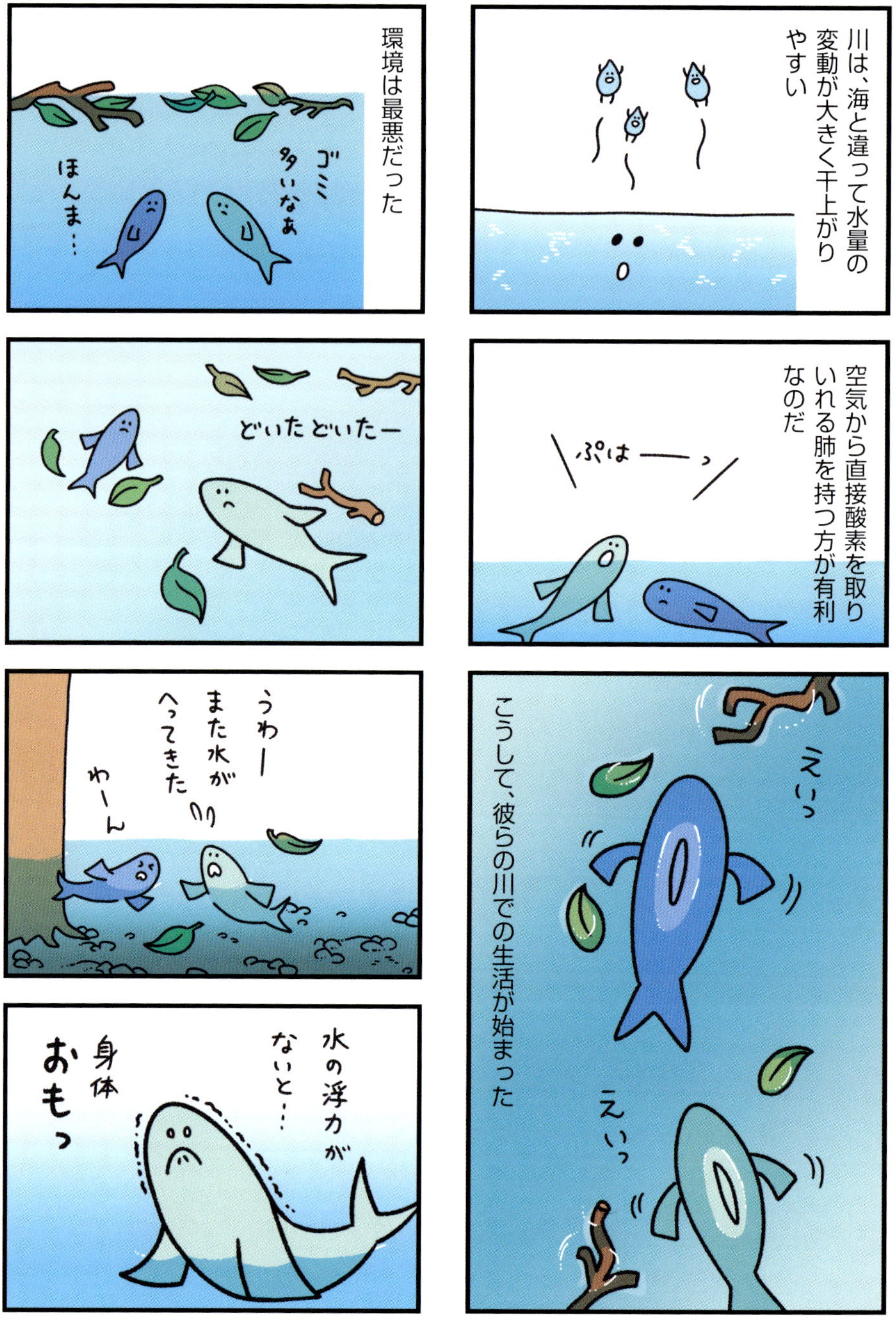
川は、海と違って水量の変動が大きく干上がりやすい
空気から直接酸素を取りいれる肺を持つ方が有利なのだ
ぷはーっ
こうして、彼らの川での生活が始まった
えいっ
えいっ
環境は最悪だった
ゴミ多いなぁ
ほんま…
どいたどいたー
うわー また水がへってきた!!
わーん
水の浮力がないと…
身体おもっ

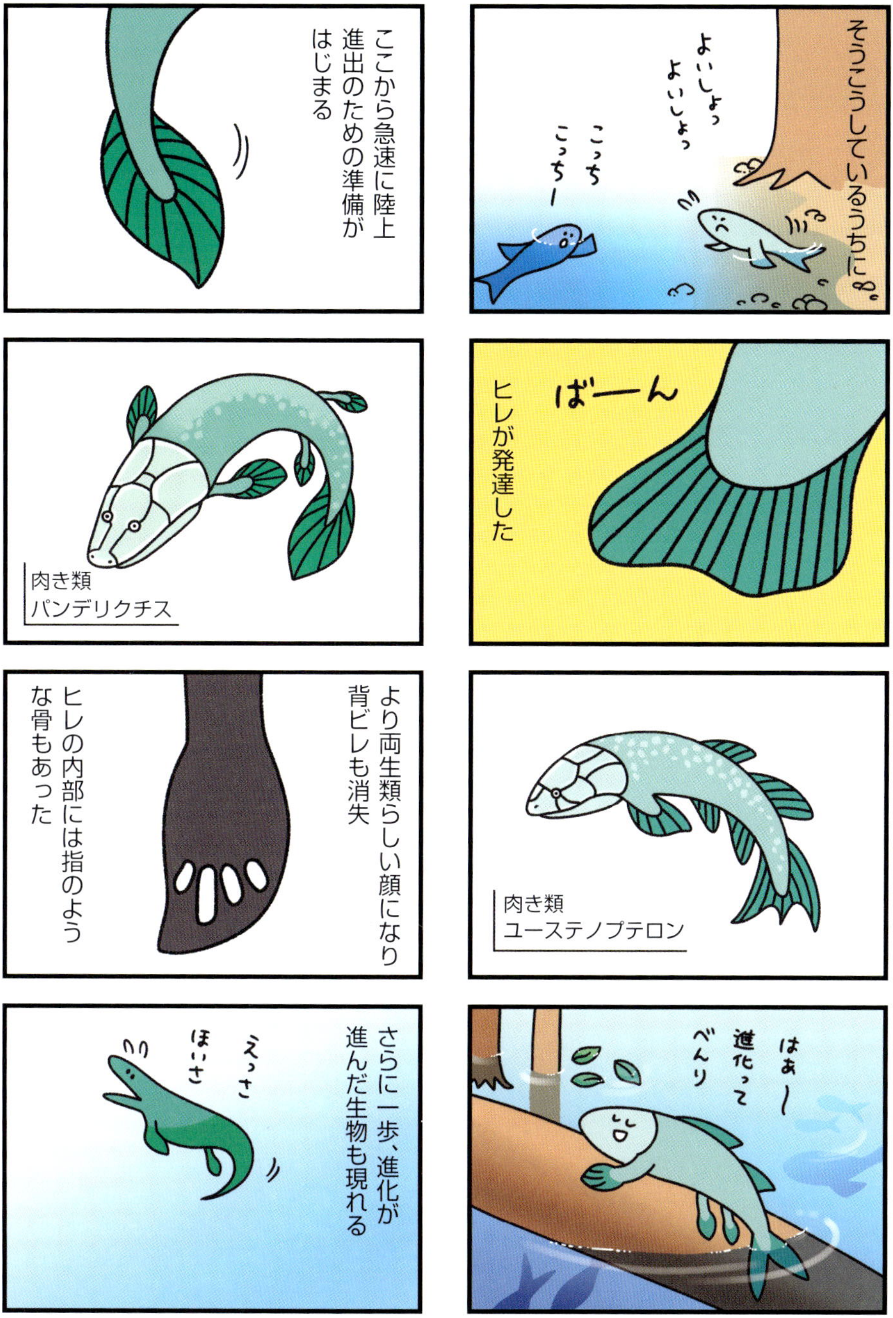
そうこうしているうちに
よいしょっ
よいしょっ
こっち
こっちー
ヒレが発達した
ばーん
肉き類
ユーステノプテロン
はぁ〜
進化って
べんり
ここから急速に陸上
進出のための準備が
はじまる
肉き類
パンデリクチス
より両生類らしい顔になり
背ビレも消失
ヒレの内部には指のよう
な骨もあった
さらに一歩、進化が
進んだ生物も現れる
えっさ
ほいさ

陸上進出

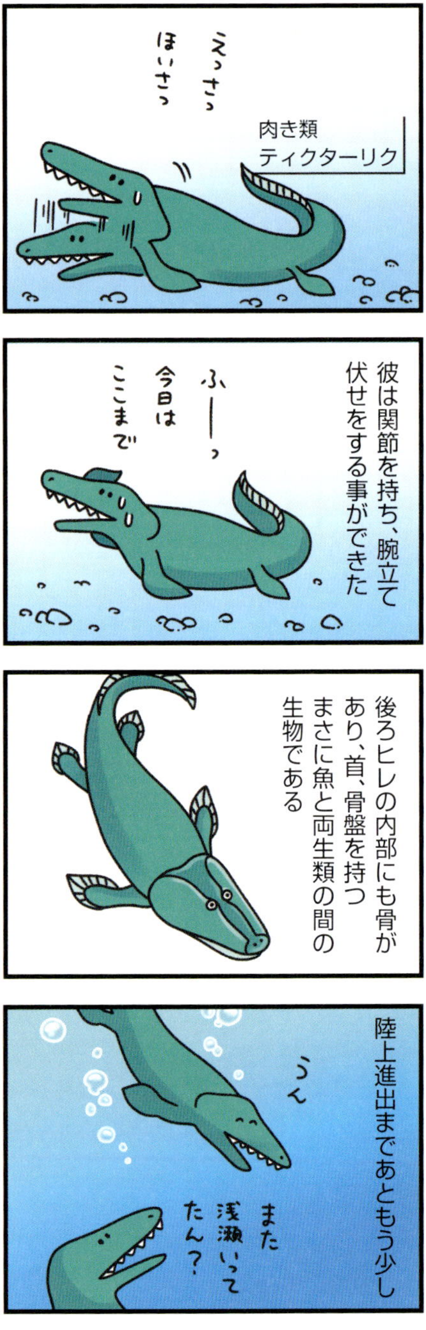

二度目の大量絶滅

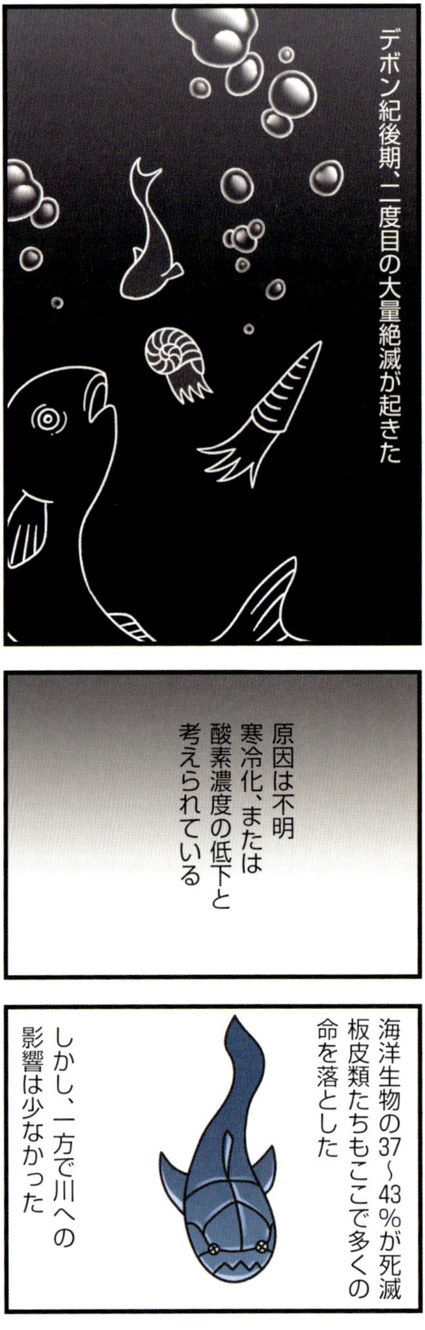

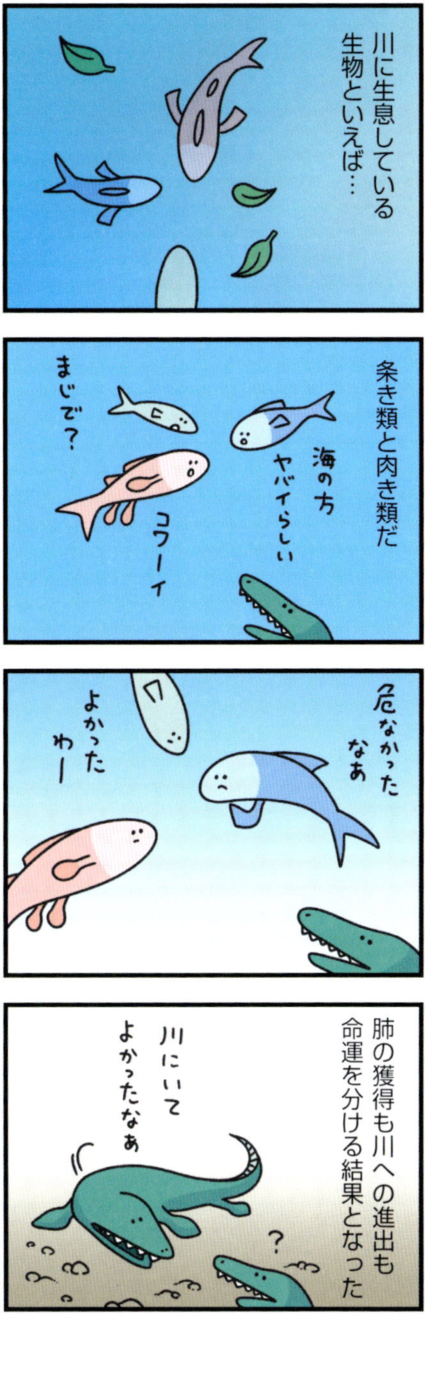
川に生息している
生物といえば…
条き類と肉き類だ
海の方ヤバイらしい
コワーイ
まじで？
危なかったなあ
よかったわー
肺の獲得も川への進出も
命運を分ける結果となった
川にいて
よかったなあ
？

絶滅後

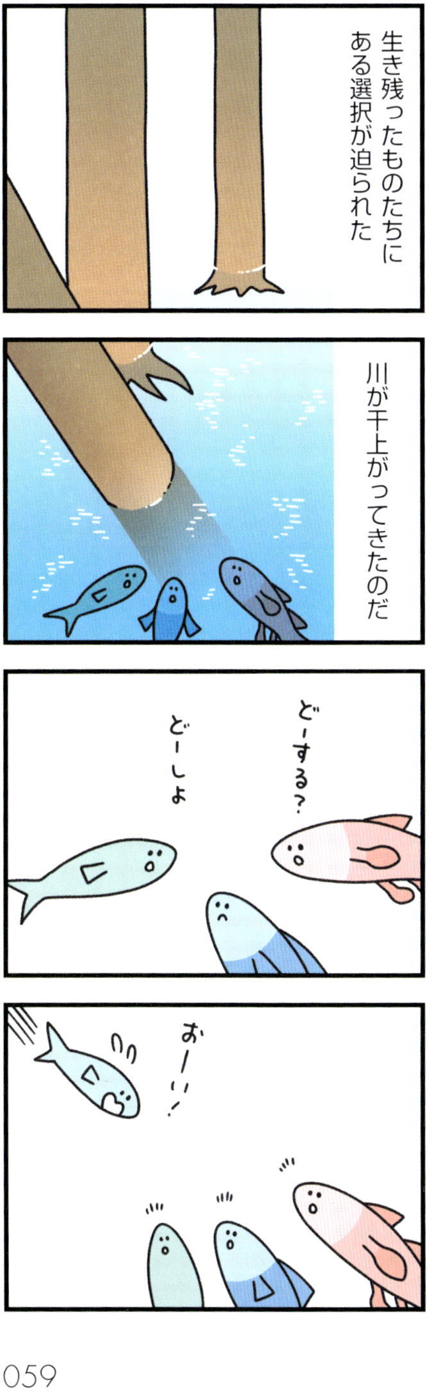
生き残ったものたちに
ある選択が迫られた
川が干上がってきたのだ
どーする？
どーしよ
おーい！

条き類

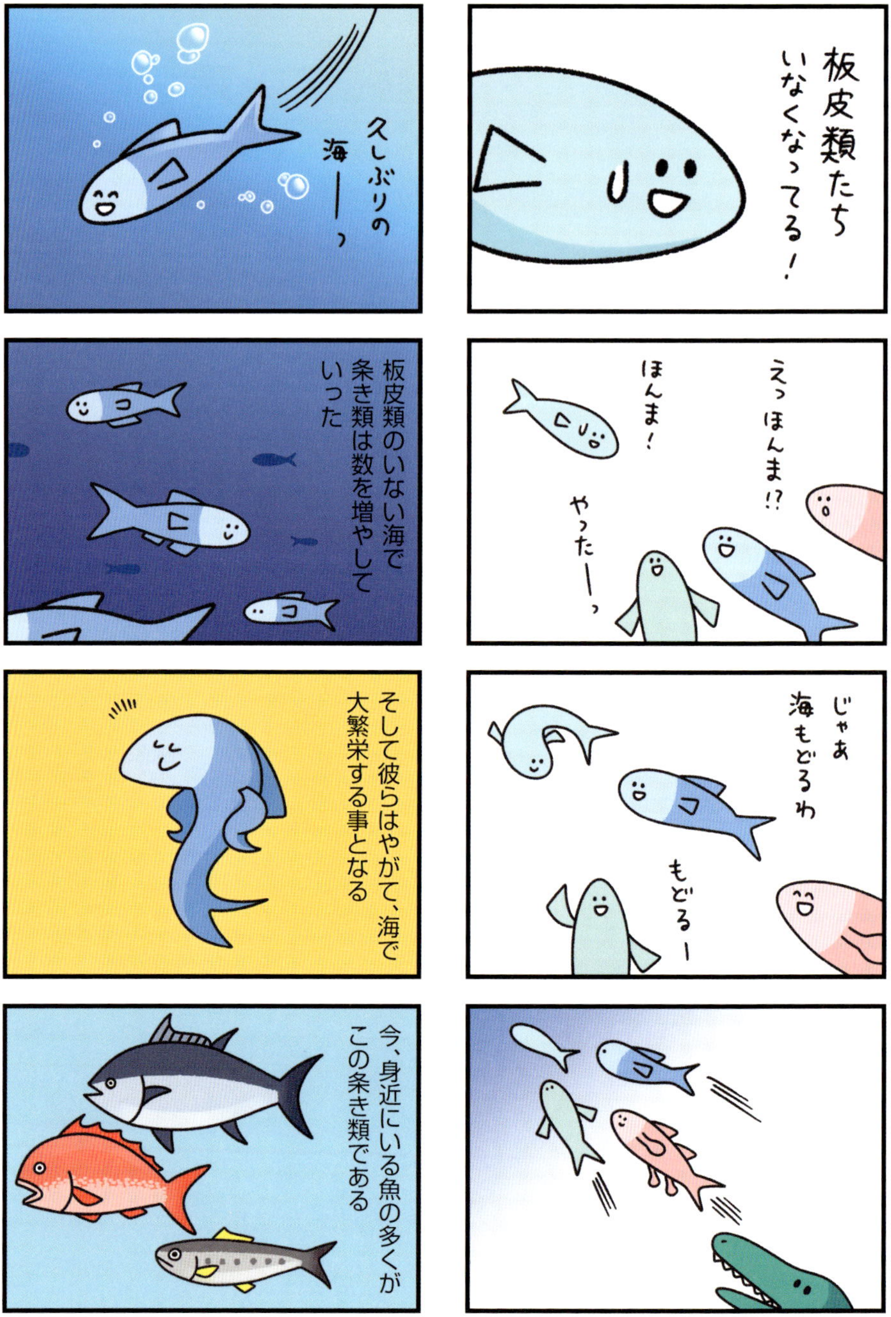

板皮類たちいなくなってる!
えっほんま!?
ほんま!
やったーーっ
じゃあ海もどるわ
もどるー
久しぶりの海ーーっ
板皮類のいない海で条き類は数を増やしていった
そして彼らはやがて、海で大繁栄する事となる
今、身近にいる魚の多くがこの条き類である

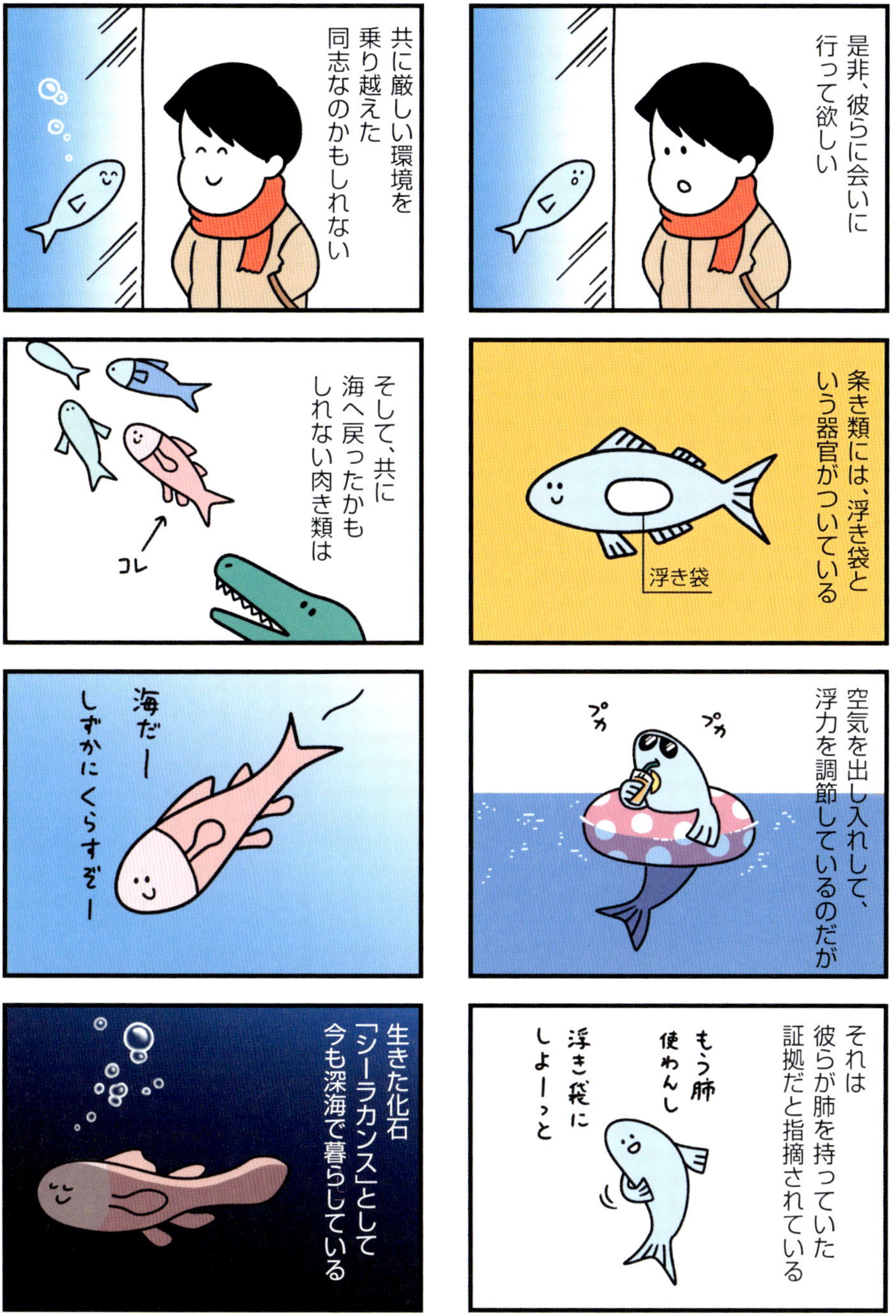
是非、彼らに会いに
行って欲しい
条き類には、浮き袋と
いう器官がついている
浮き袋
空気を出し入れして、
浮力を調節しているのだが
プカ
プカ
それは
彼らが肺を持っていた
証拠だと指摘されている
もう肺
使わんし
浮き袋に
しよーっと
共に厳しい環境を
乗り越えた
同志なのかもしれない
そして、共に
海へ戻ったかも
しれない肉き類は
コレ
海だー
しずかにくらすぞー
生きた化石
「シーラカンス」として
今も深海で暮らしている

陸上進出

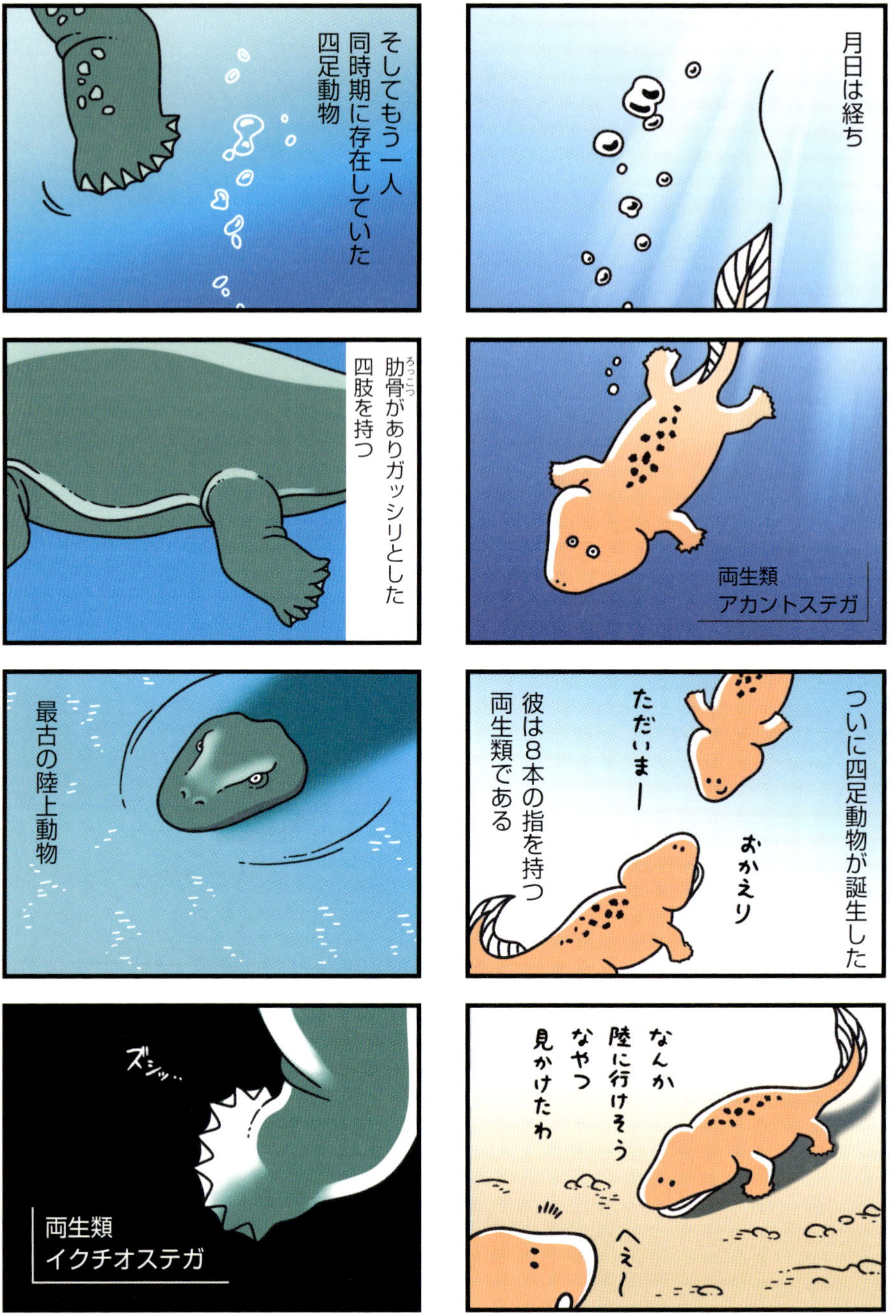
月日は経ち
両生類
アカントステガ
ついに四足動物が誕生した
おかえり
ただいまー
彼は8本の指を持つ
両生類である
なんか
陸に行けそう
なやつ
見かけたわ
へぇ〜
そしてもう一人
同時期に存在していた
四足動物
肋骨《ろっこつ》がありガッシリとした
四肢を持つ
最古の陸上動物
ズシッ…
両生類
イクチオステガ

進化過程

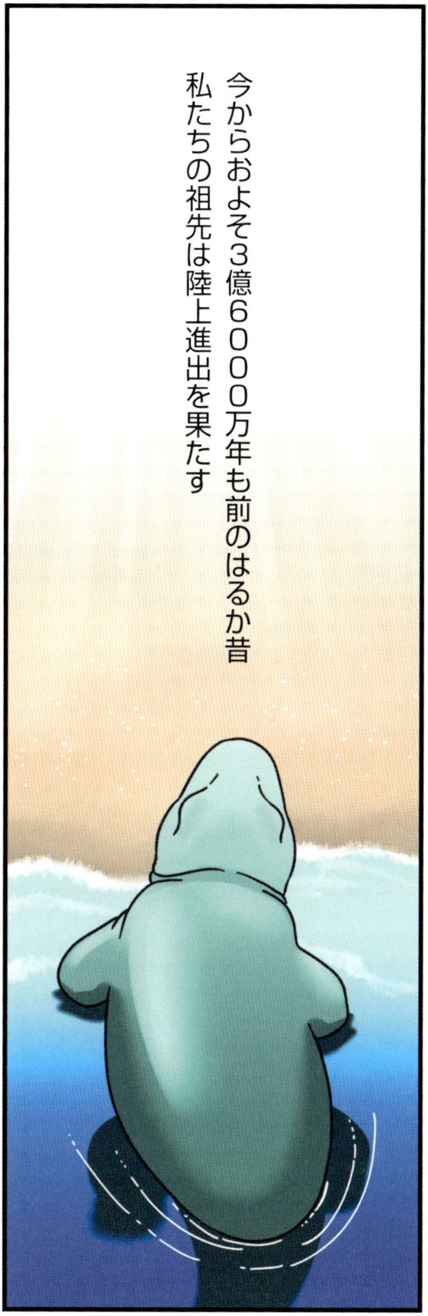
今からおよそ3億6000万年も前のはるか昔
私たちの祖先は陸上進出を果たす

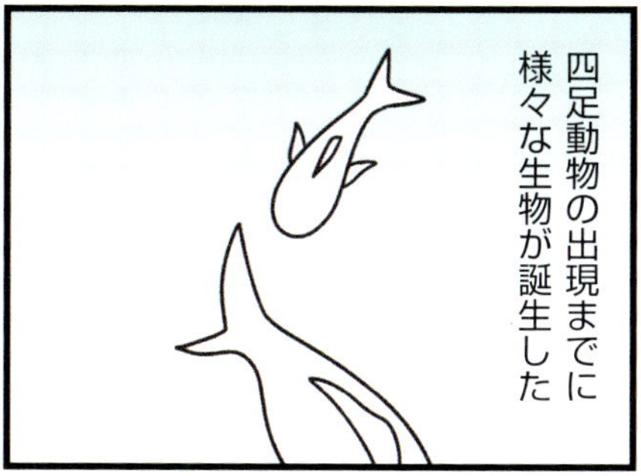
四足動物の出現までに
様々な生物が誕生した

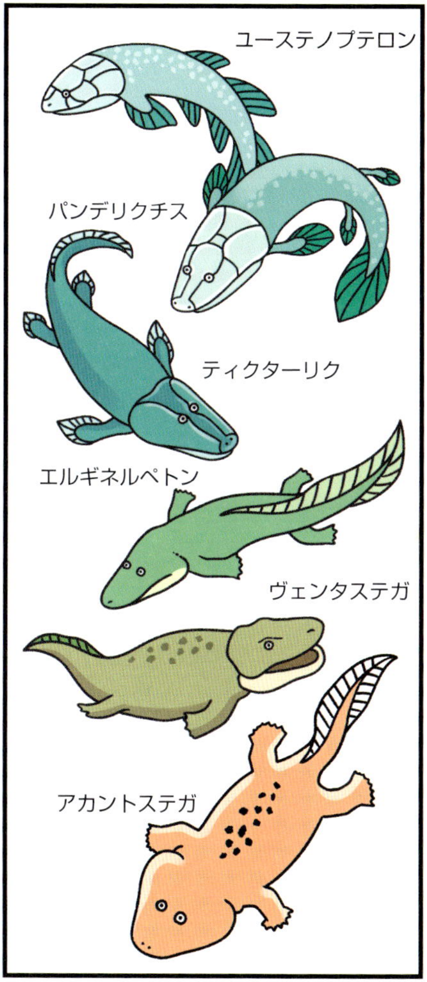
ユーステノプテロン
パンデリクチス
ティクターリク
エルギネルペトン
ヴェンタステガ
アカントステガ

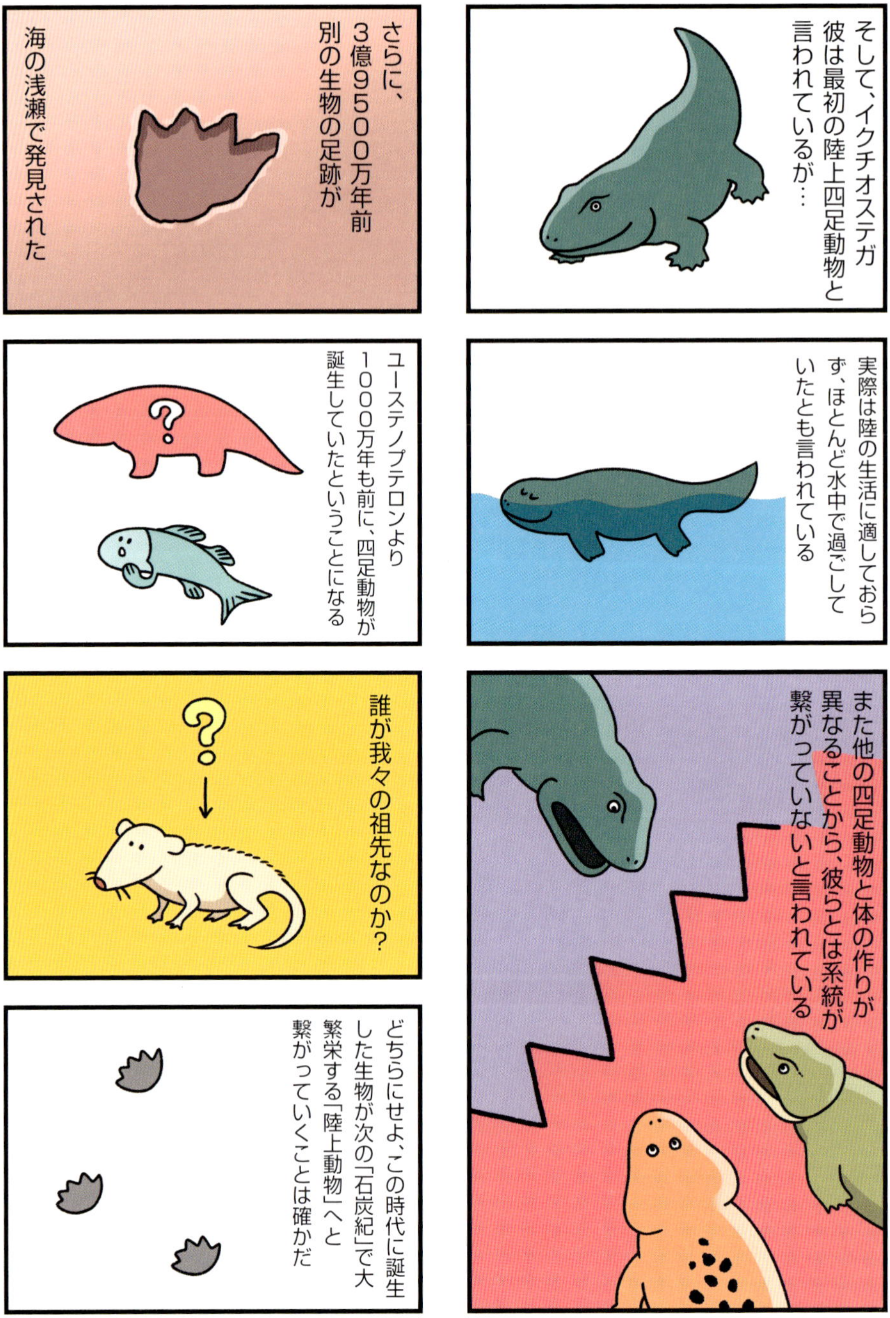
そして、イクチオステガ
彼は最初の陸上四足動物と
言われているが…
実際は陸の生活に適しておら
ず、ほとんど水中で過ごして
いたとも言われている
また他の四足動物と体の作りが
異なることから、彼らとは系統が
繋がっていないと言われている
さらに、
３億９５００万年前
別の生物の足跡が
海の浅瀬で発見された
ユーステノプテロンより
１０００万年も前に、四足動物が
誕生していたということになる
誰が我々の祖先なのか？
どちらにせよ、この時代に誕生
した生物が次の「石炭紀」で大
繁栄する「陸上動物」へと
繋がっていくことは確かだ

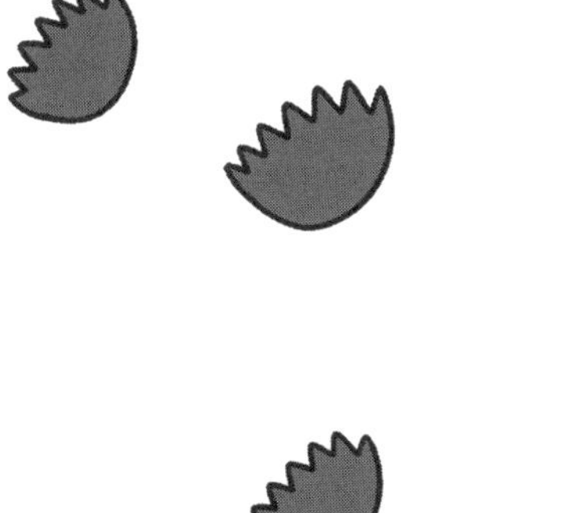

Carboniferous period

3億5900万年前 〜 2億9900万年前

石《せき》炭《たん》紀《き》

両生類からは虫類が誕生するよ

先カンブリア時代
46億年前〜
5億4100万年前
エディアカラ紀
6億3500万年前〜
5億4100万年前
カンブリア紀
5億4100万年前〜
4億8500万年前
オルドビス紀
4億8500万年前〜
4億4400万年前
シルル紀
4億4400万年前〜
4億1900万年前
デボン紀
4億1900万年前〜
3億5900万年前
ペルム紀
2億9900万年前〜
2億5200万年前
三畳紀
2億5200万年前〜
2億100万年前
ジュラ紀
2億100万年前〜
1億4500万年前
白亜紀
1億4500万年前〜
6600万年前

両生類

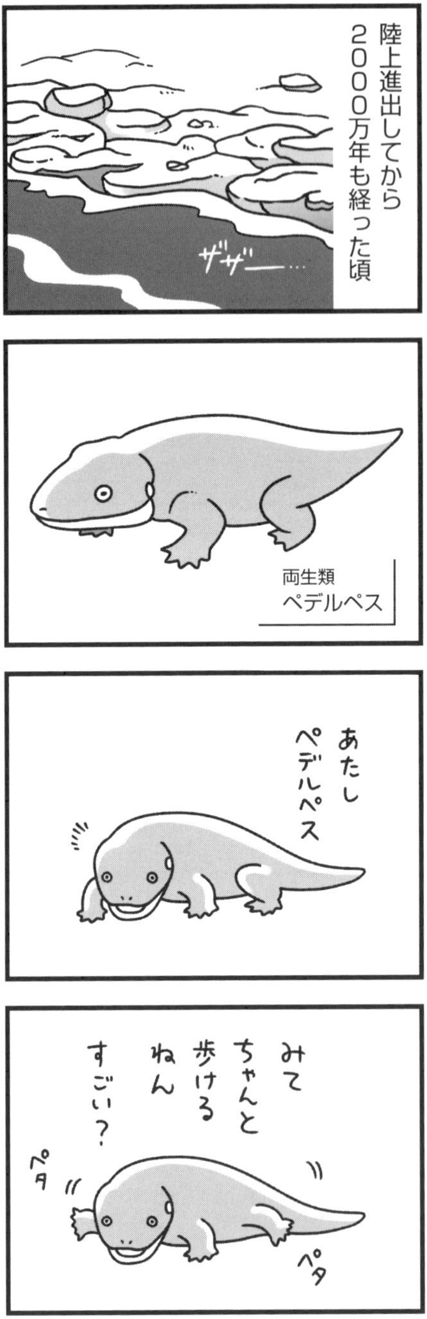

陸上進出してから2000万年も経った頃
ザザー…
両生類
ペデルペス
あたしペデルペス
みてちゃんと歩けるねんすごい？
ペタ
ペタ

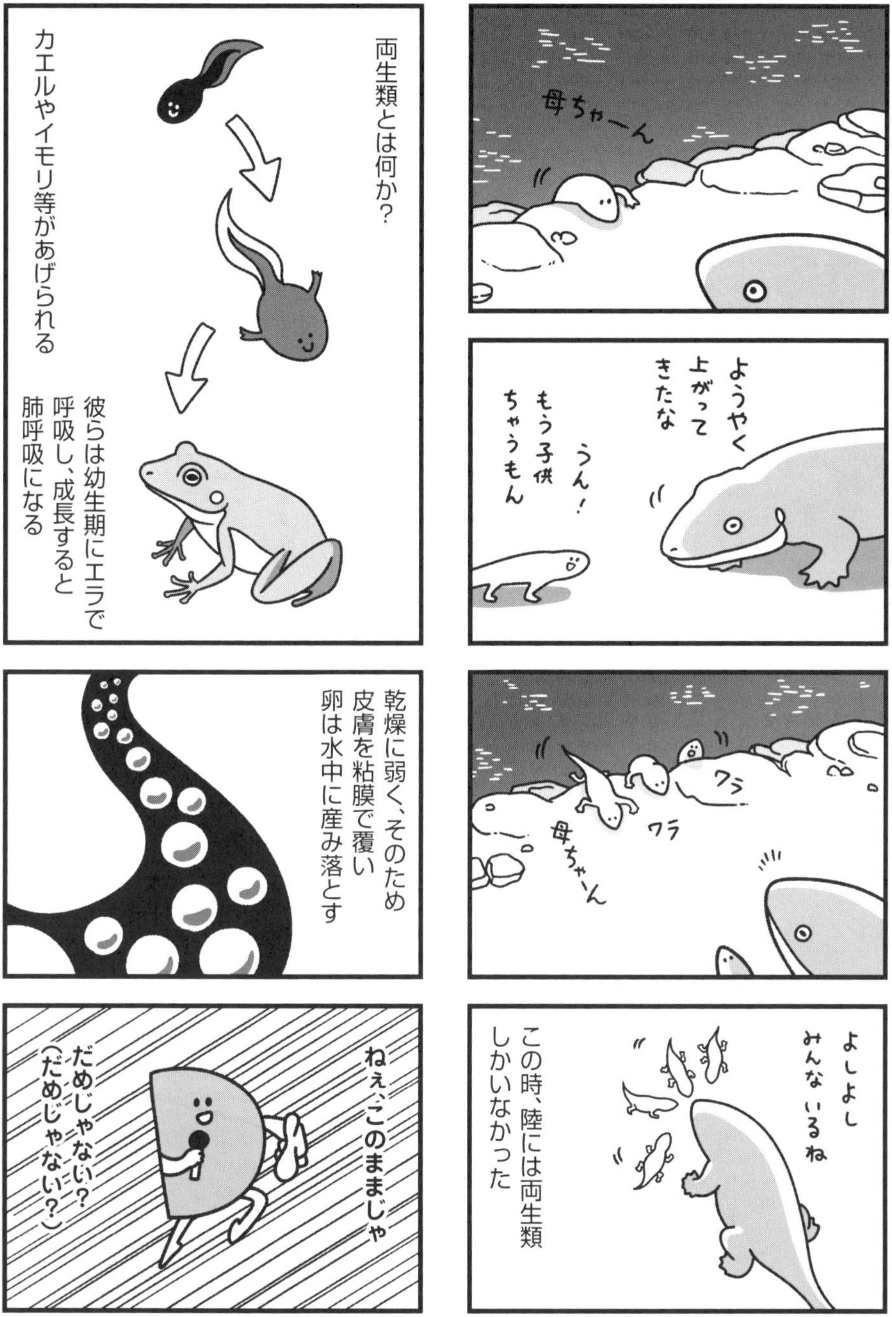
母ちゃーん
ようやく上がってきたな
うん!
もう子供ちゃうもん
母ちゃーん
ワラ
ワラ
よしよしみんないるね
この時、陸には両生類しかいなかった
両生類とは何か?
カエルやイモリ等があげられる
彼らは幼生期にエラで呼吸し、成長すると肺呼吸になる
乾燥に弱く、そのため皮膚を粘膜で覆い卵は水中に産み落とす
ねぇ、このままじゃ
だめじゃない?
(だめじゃない?)

爬虫類

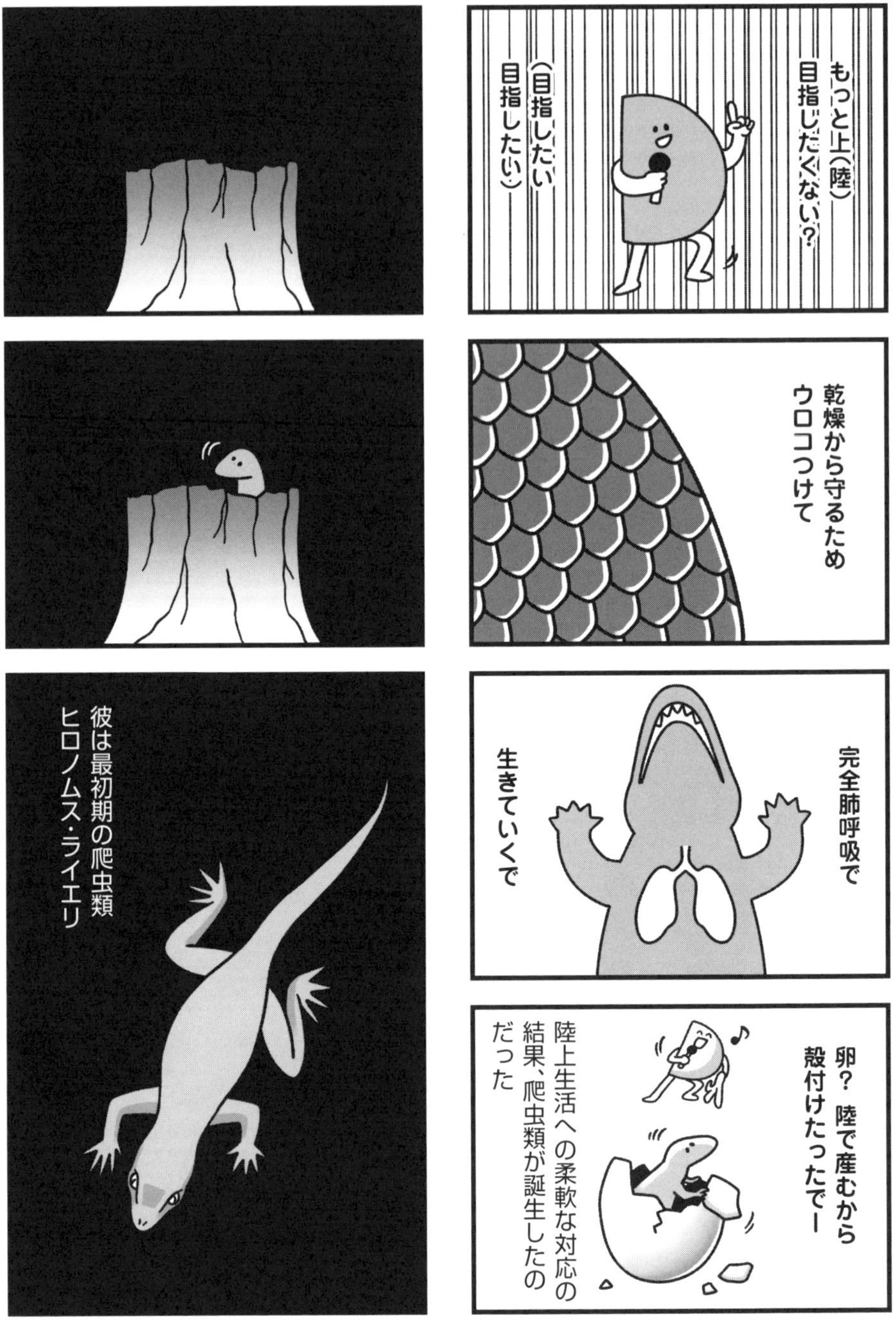

もっと上（陸）目指したくない？
（目指したい 目指したい）
乾燥から守るため ウロコつけて
完全肺呼吸で 生きていくで
卵？ 陸で産むから 殻付けたったでー
陸上生活への柔軟な対応の結果、爬虫類が誕生したのだった
彼は最初期の爬虫類 ヒロノムス・ライエリ

変わり者

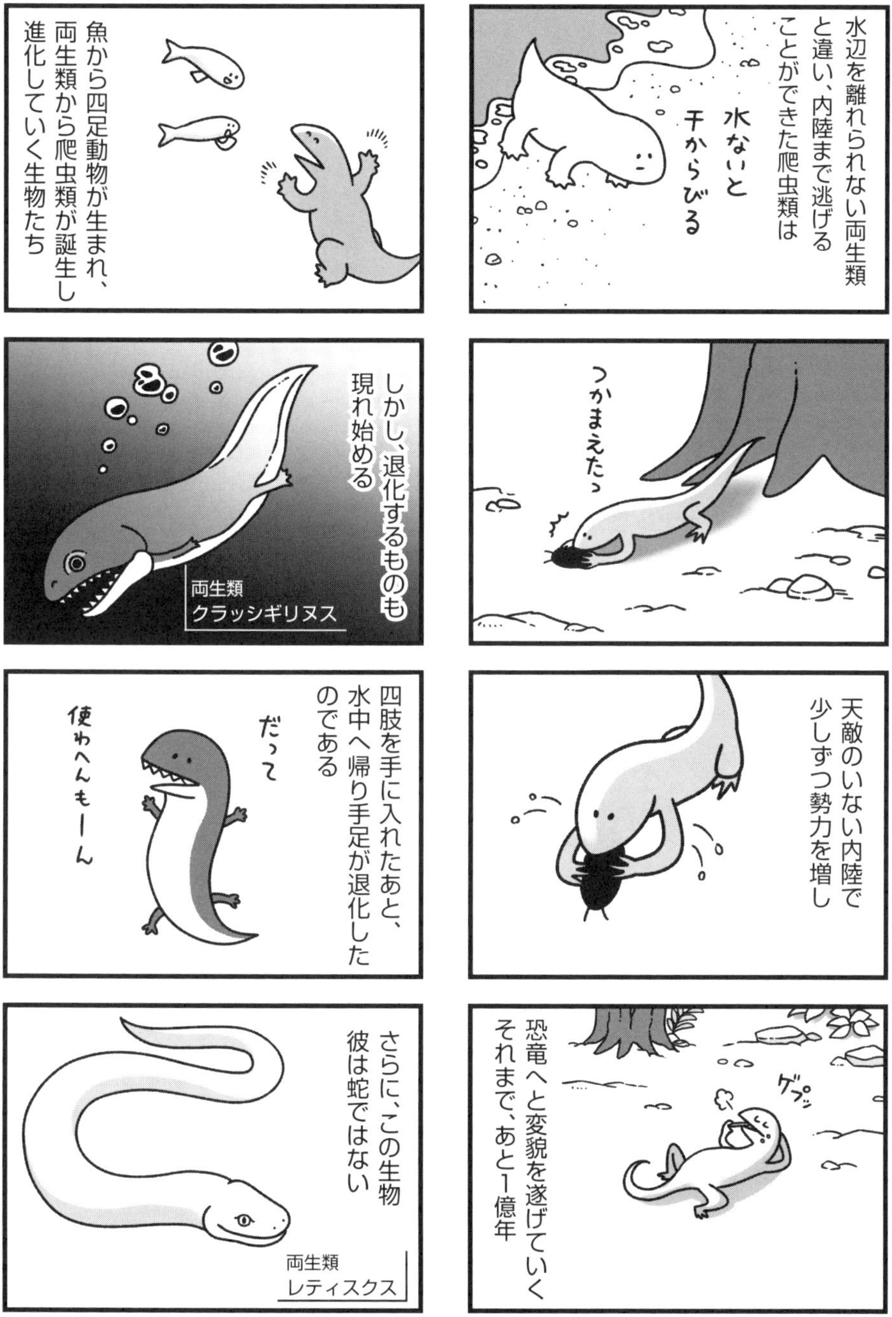

魚から四足動物が生まれ、両生類から爬虫類が誕生し進化していく生物たち
しかし、退化するものも現れ始める
両生類
クラッシギリヌス
四肢を手に入れたあと、水中へ帰り手足が退化したのである
だって
使わへんもーん
さらに、この生物彼は蛇ではない
両生類
レティスクス
水辺を離れられない両生類と違い、内陸まで逃げることができた爬虫類は
水ないと干からびる
つかまえたっ
天敵のいない内陸で少しずつ勢力を増し
恐竜へと変貌を遂げていく
それまで、あと1億年
ゲプッ

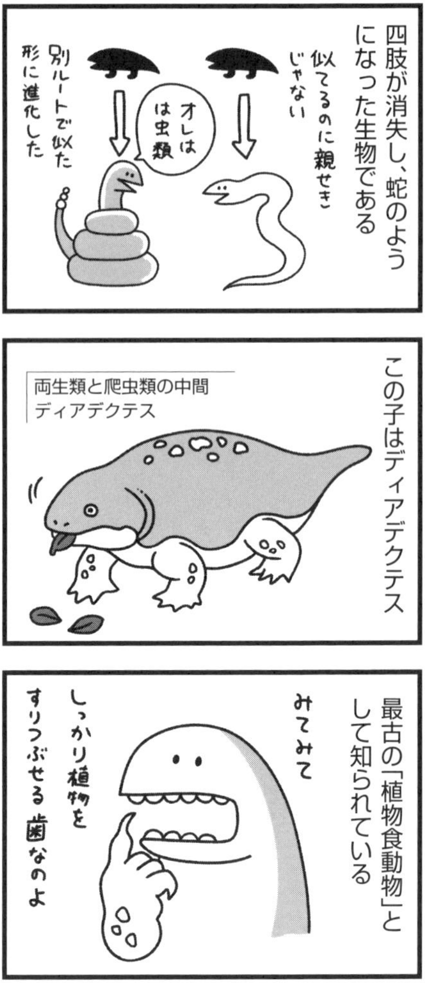
四肢が消失し、蛇のようになった生物である
似てるのに親せきじゃない
オレはは虫類
別ルートで似た形に進化した
この子はディアデクテス
両生類と爬虫類の中間
ディアデクテス
最古の「植物食動物」として知られている
みてみて
しっかり植物をすりつぶせる歯なのよ
好き放題やなおまえら…
手足なくすわ帰ってくるわ…

大森林

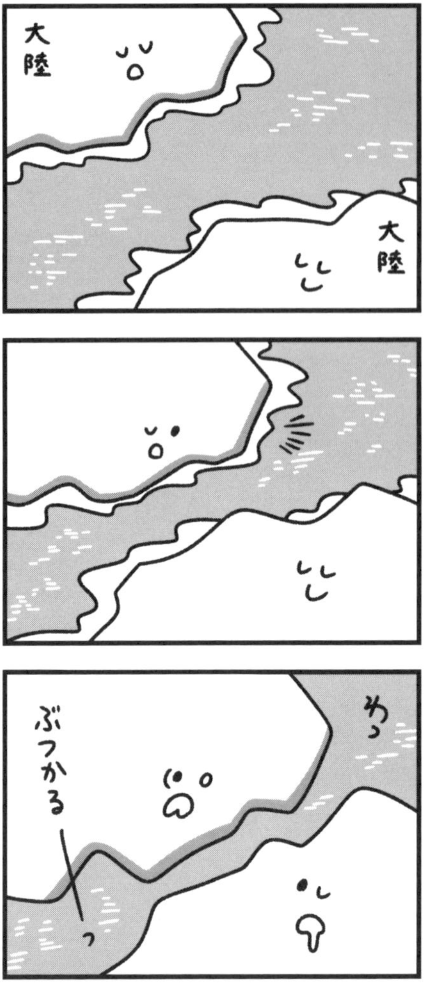
大陸
大陸
わっ
ぶつかる
きゃーっっ

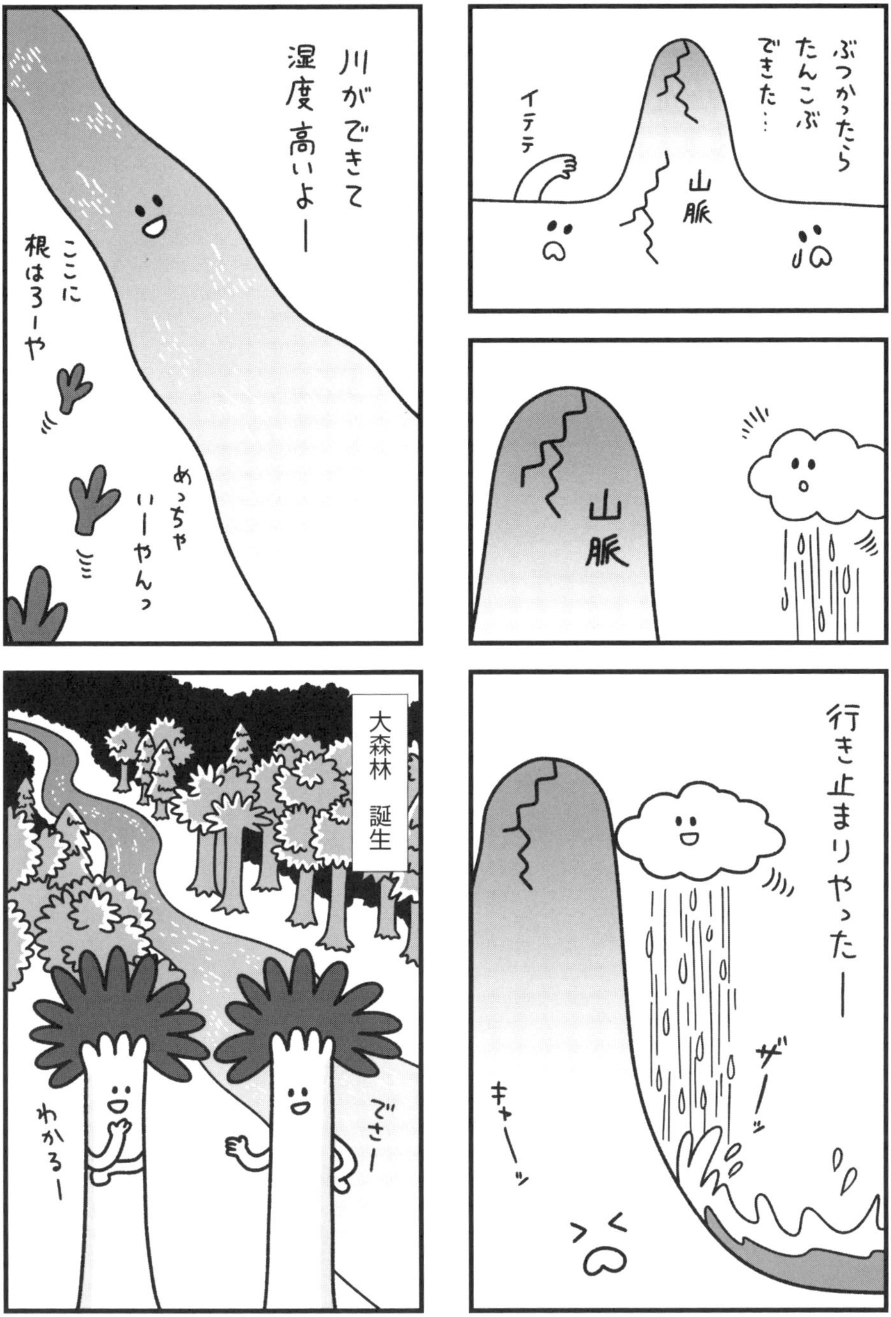

ぶつかったら
たんこぶ
できた…
イテテ
山脈
山脈
行き止まりやったー
ザーッ
キャーッ
川ができて
湿度高いよー
ここに
根はろーや
めっちゃ
いーやんっ
大森林　誕生
わかるー
でさー

石炭

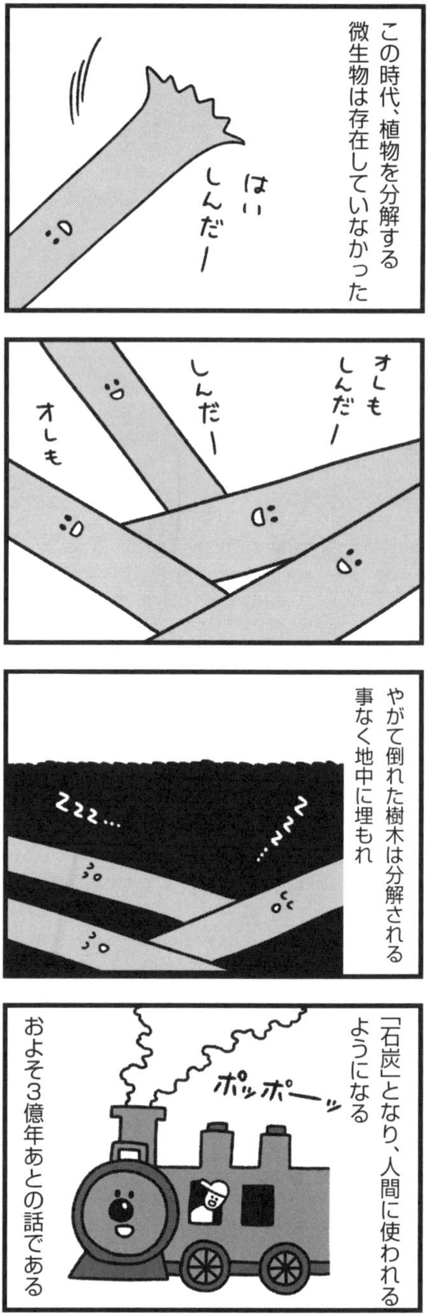
この時代、植物を分解する微生物は存在していなかった
はい しんだー
オレも しんだー
しんだー
オレも
やがて倒れた樹木は分解される事なく地中に埋もれ
zzz…
zzz…
「石炭」となり、人間に使われるようになる
ポッポーーッ
およそ3億年あとの話である

昆虫

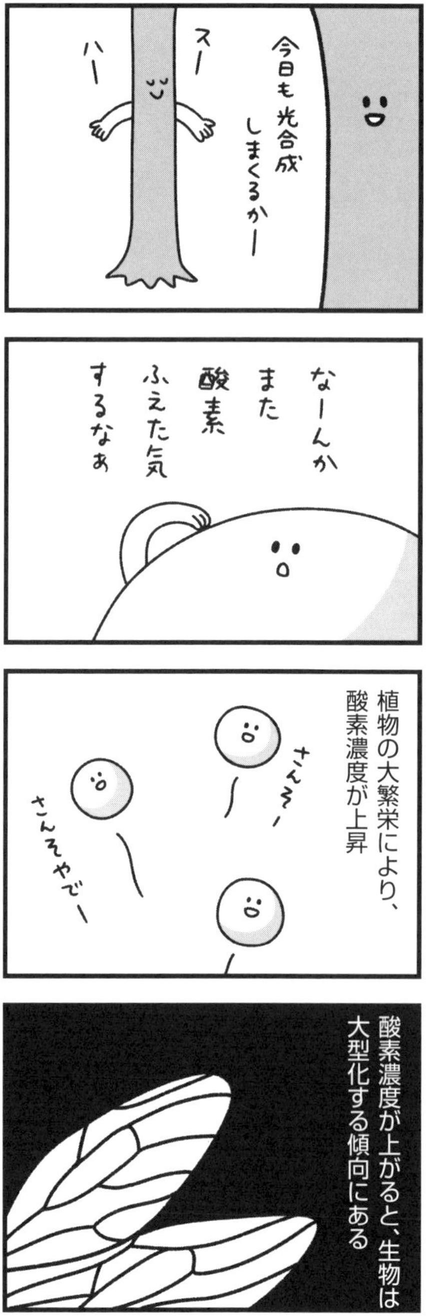
今日も光合成しまくるかー
スー
ハー
なーんかまた酸素ふえた気するなぁ
植物の大繁栄により、酸素濃度が上昇
さんそ～
さんそやでー
酸素濃度が上がると、生物は大型化する傾向にある

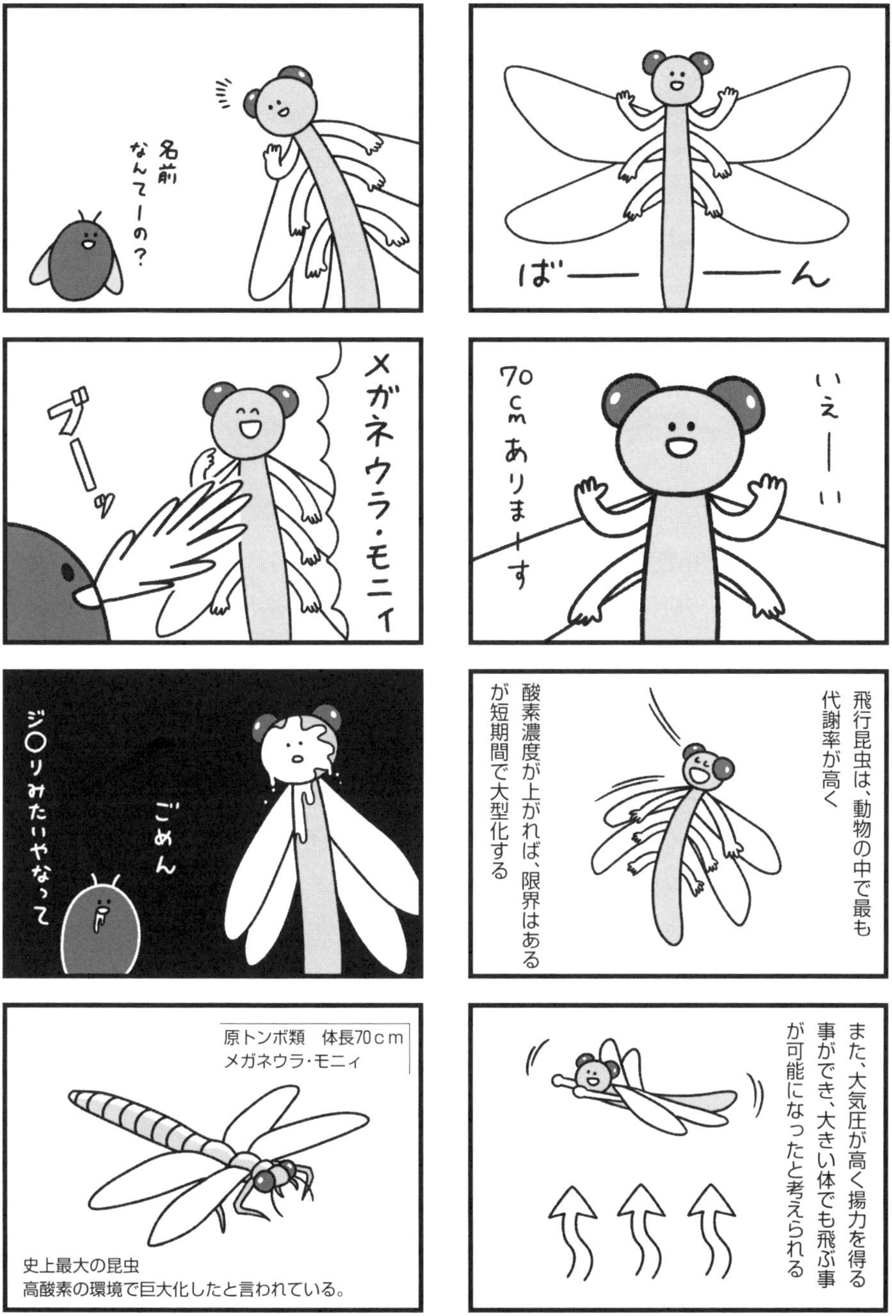

ばーーーーん
いえーーい
70cm ありまーす
飛行昆虫は、動物の中で最も代謝率が高く
酸素濃度が上がれば、限界はあるが短期間で大型化する
また、大気圧が高く揚力を得る事ができ、大きい体でも飛ぶ事が可能になったと考えられる
名前なんてーの?
メガネウラ・モニィ
ブーッ
ごめん
ジ○リみたいやなって
原トンボ類　体長70ｃｍ
メガネウラ・モニィ
史上最大の昆虫
高酸素の環境で巨大化したと言われている。

大氷河時代

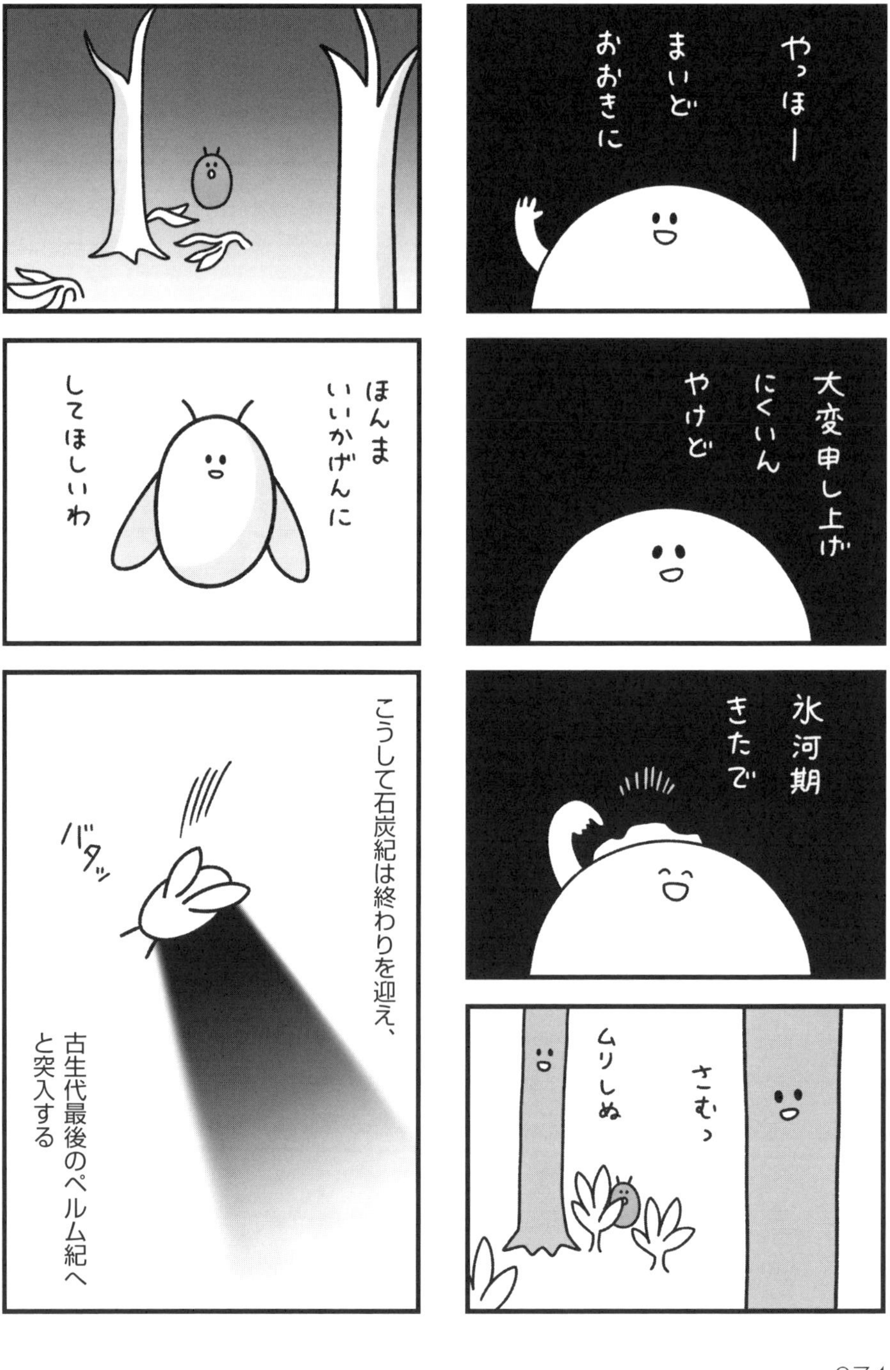
やっほー
まいど
おおきに
大変申し上げにくいんやけど
氷河期きたで
さむっ
ムリしぬ
ほんま
いいかげんに
してほしいわ
こうして石炭紀は終わりを迎え、
古生代最後のペルム紀へ
と突入する
バタッ

ちょっと
休けい

怒りの鉄拳

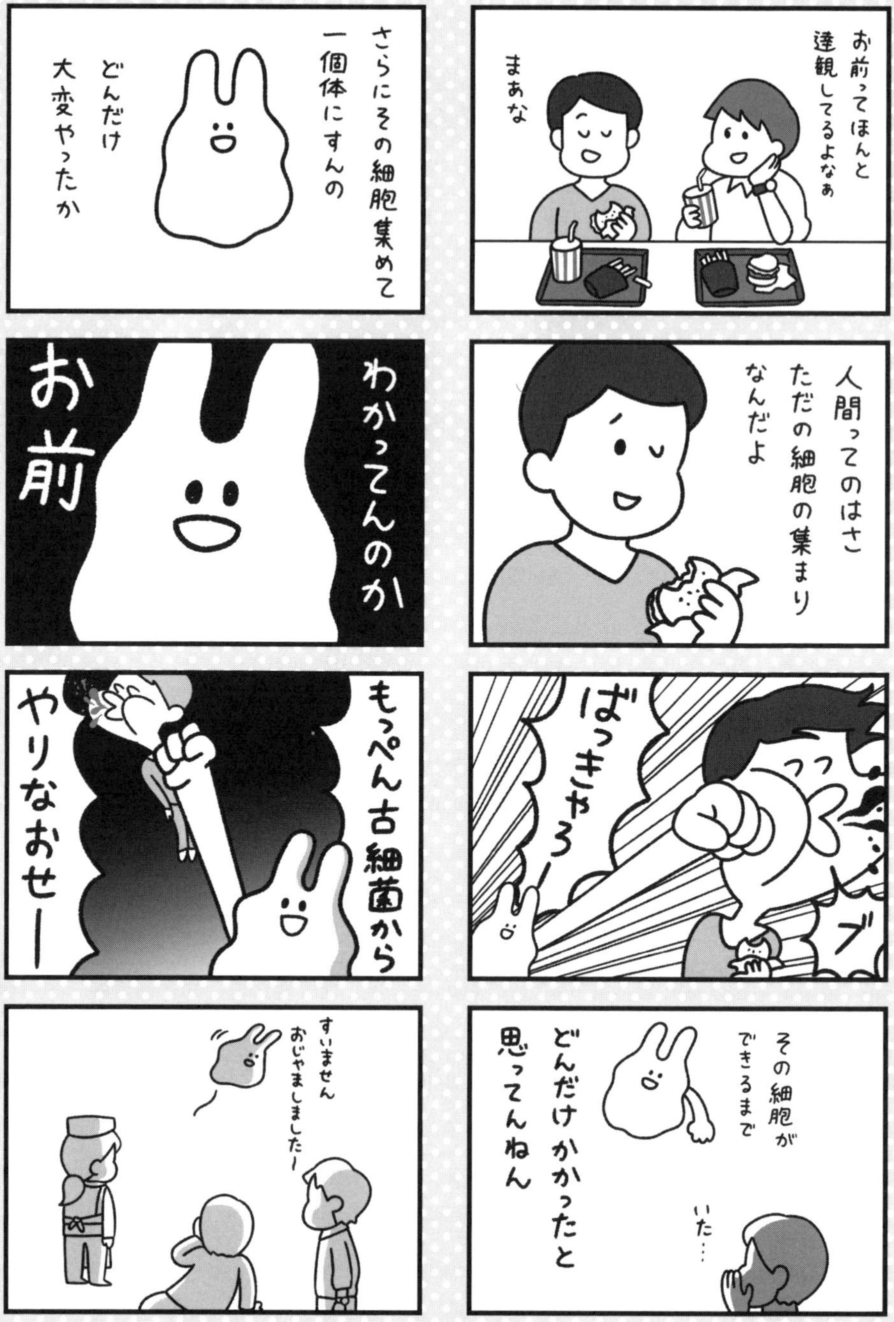
お前ってほんと達観してるよなぁ
まぁな
人間ってのはさ ただの細胞の集まりなんだよ
ばっきゃろー
ブ
その細胞ができるまで
どんだけかかったと思ってんねん
いた…
さらにその細胞集めて一個体にすんの
どんだけ大変やったか
わかってんのか
お前
もっぺん古細菌から
やりなおせー
すいません おじゃましました-

優しさに包まれたなら

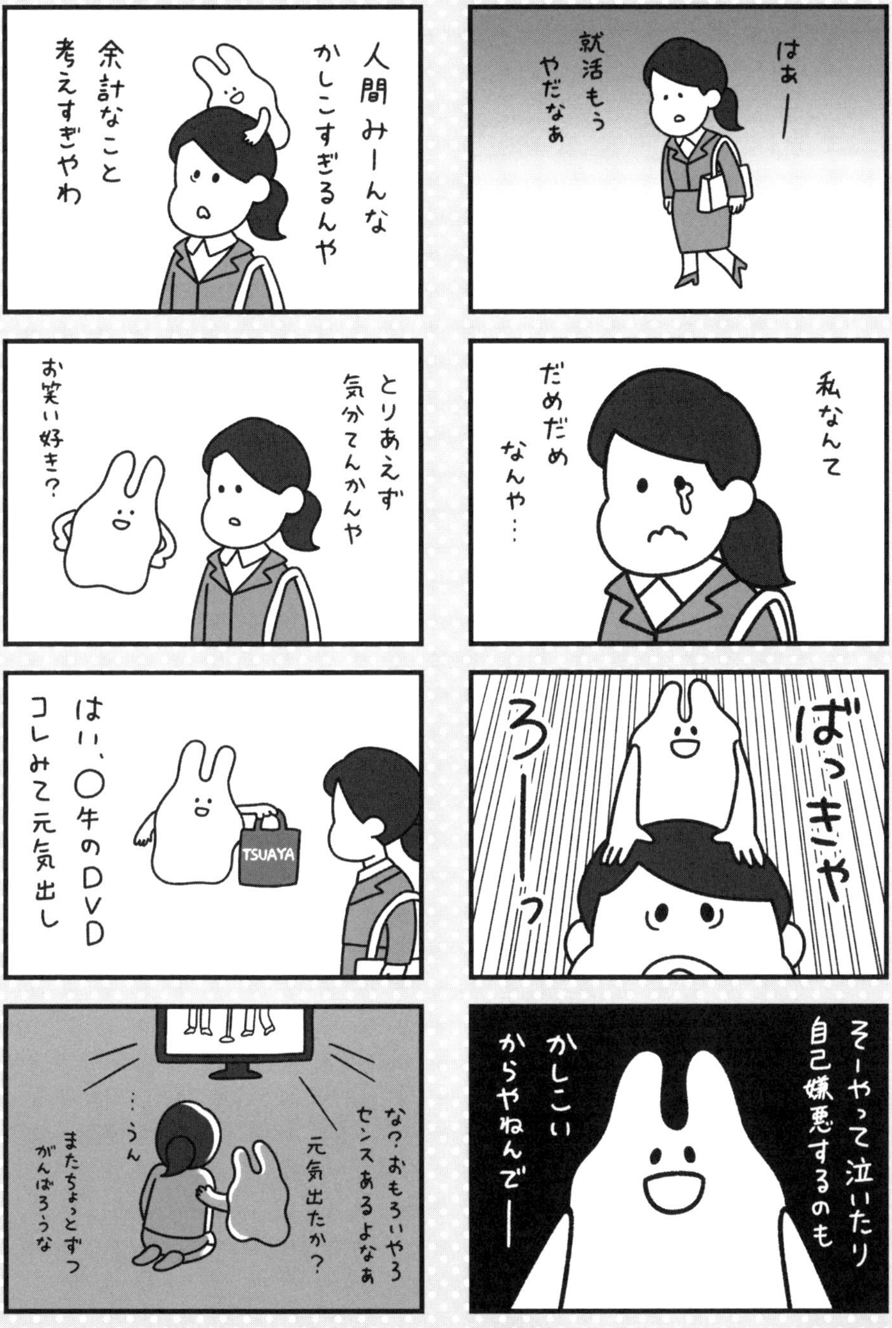

はぁー
就活もう
やだなぁ
私なんて
だめだめ
なんや…
ばっきゃろーっ
そーやって泣いたり
自己嫌悪するのも
かしこい
からやねんでー
人間みーんな
かしこすぎるんや
余計なこと
考えすぎやわ
とりあえず
気分てんかんや
お笑い好き?
はい、○牛のDVD
コレみて元気出し
TSUAYA
な?おもろいやろ
センスあるよなぁ
元気出たか?
…うん
またちょっとずつ
がんばろうな

番外編

怒りの鉄拳2

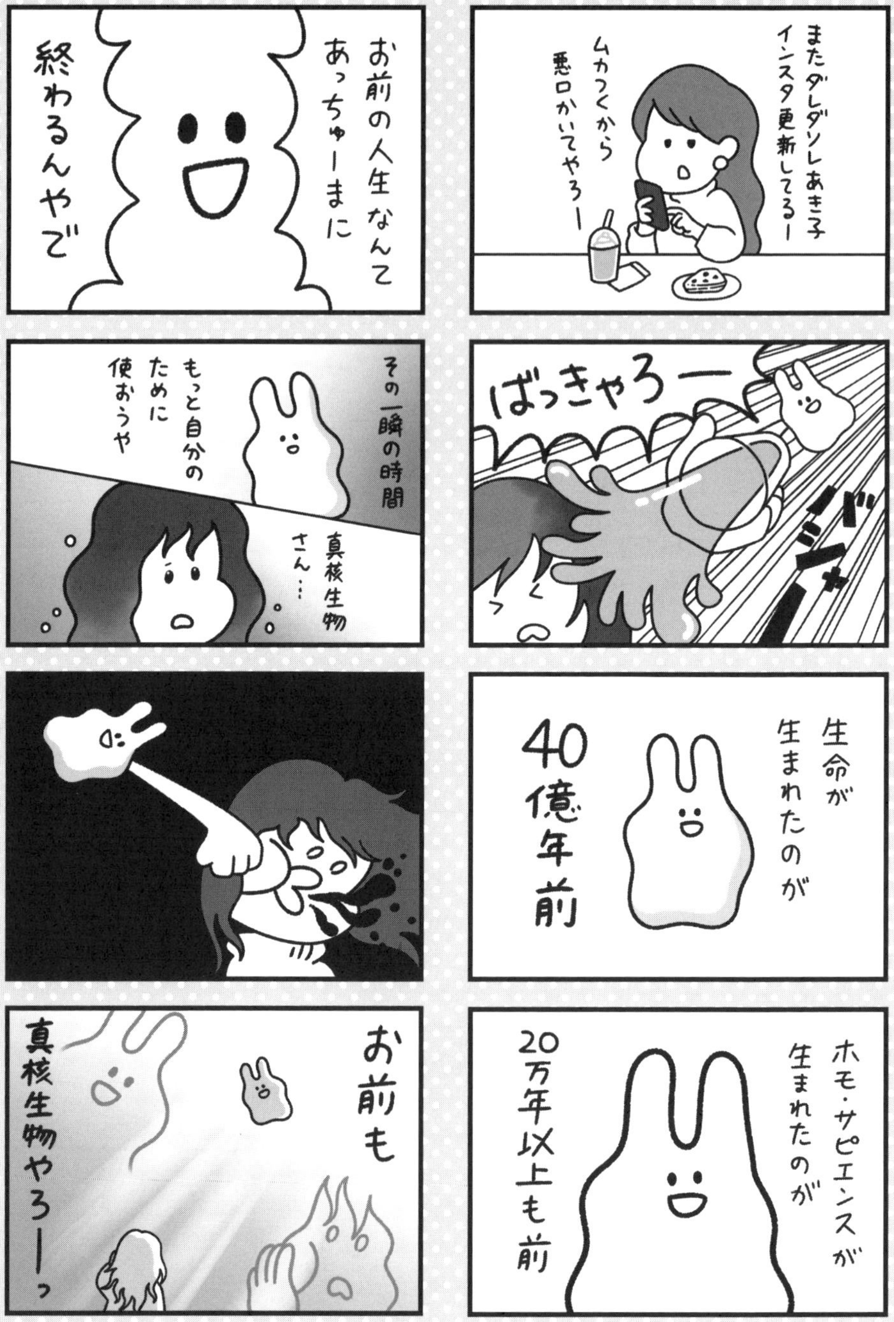
またダレダソレあき子
インスタ更新してるー
ムカつくから
悪口かいてやろー
ばっきゃろー
バシャ
生命が
生まれたのが
40億年前
ホモ・サピエンスが
生まれたのが
20万年以上も前
お前の人生なんて
あっちゅーまに
終わるんやで
その一瞬の時間
もっと自分の
ために
使おうや
真核生物
さん…
お前も
真核生物やろーーっ

優しさに包まれたなら2

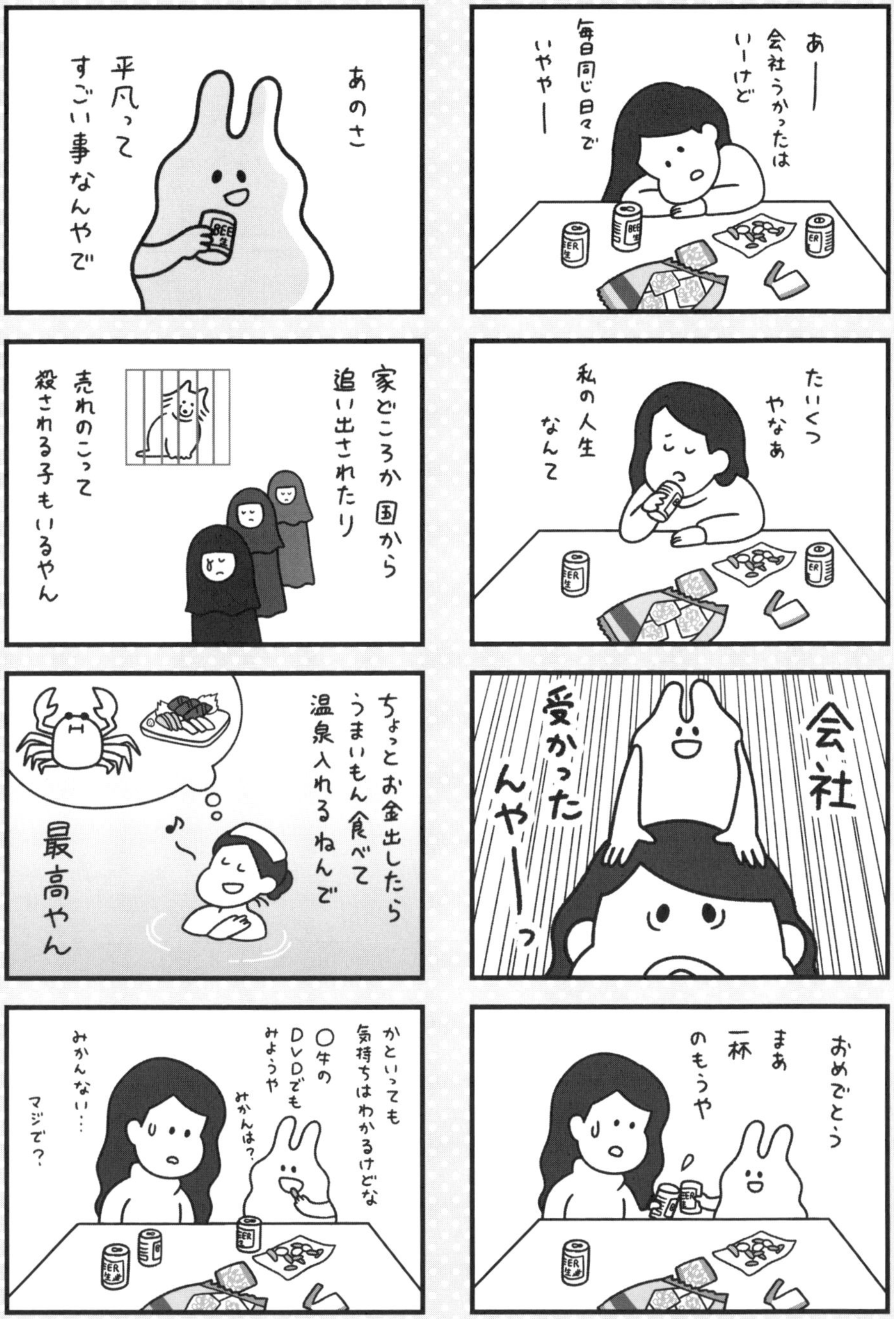

真核細胞

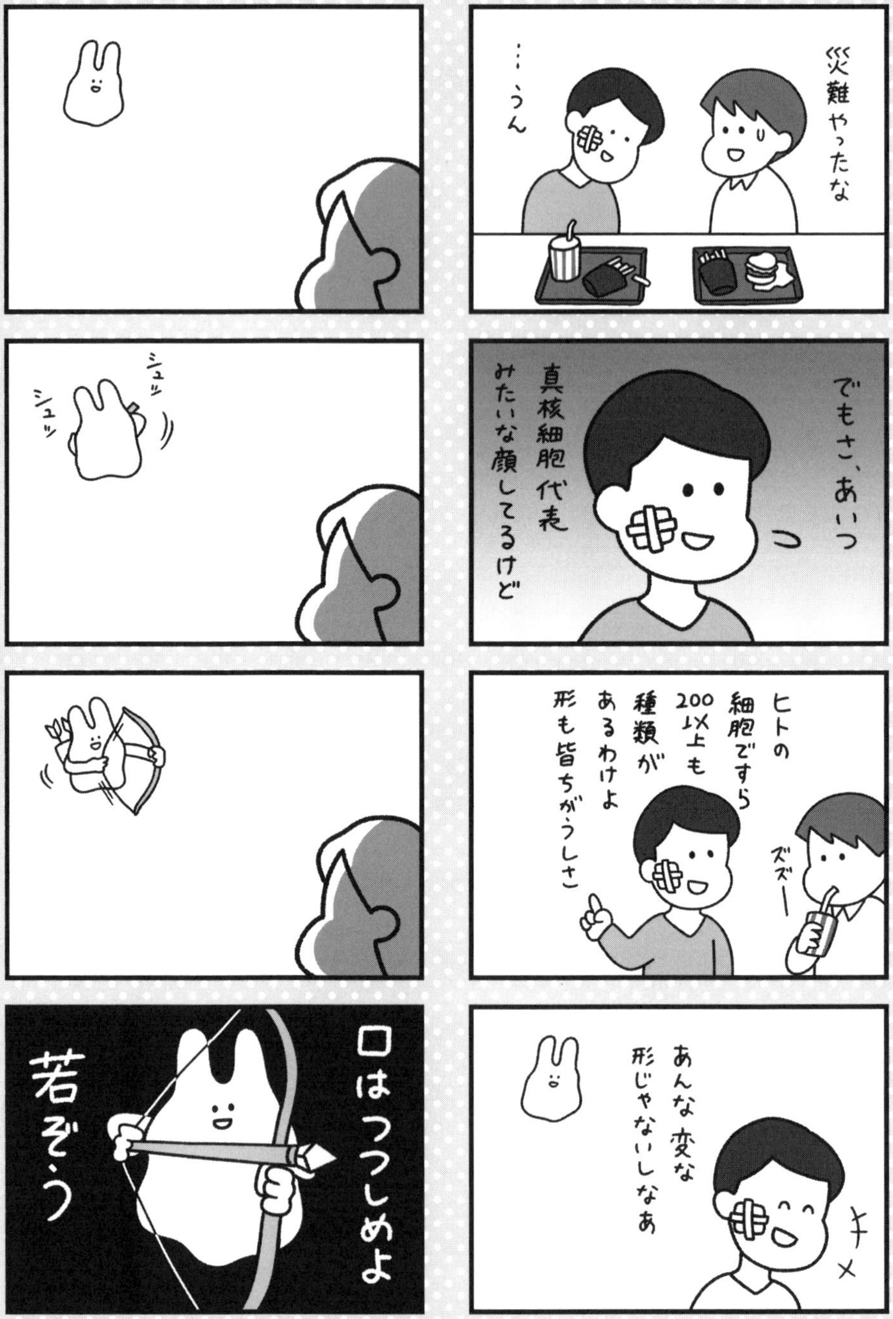
災難やったな
…うん
でもさ、あいつ
真核細胞代表みたいな顔してるけど
ヒトの細胞ですら200以上も種類があるわけよ
形も皆ちがうしさ
ズズー
あんな変な形じゃないしなあ
キメ
シュッ
シュッ
口はつつしめよ
若ぞう

個性

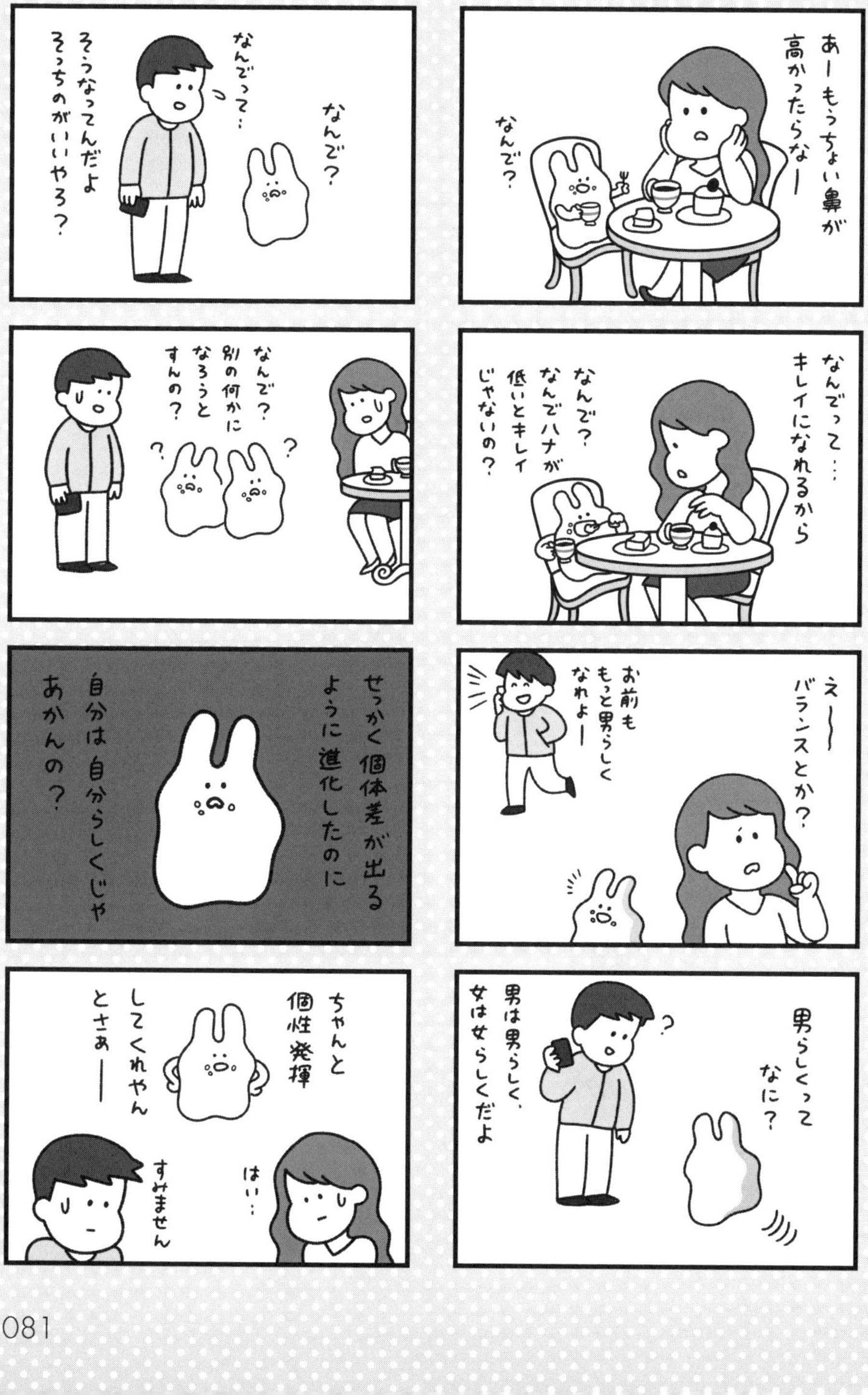
あーもうちょい鼻が高かったらなー
なんで？
なんでって…キレイになれるから
なんで？なんでハナが低いとキレイじゃないの？
え〜〜バランスとか？
お前ももっと男らしくなれよー
男らしくってなに？
男は男らしく、女は女らしくだよ
なんで？
なんでって…
そうなってんだよ
そっちのがいいやろ？
なんで？別の何かになろうとすんの？
？
？
せっかく個体差が出るように進化したのに
自分は自分らしくじゃあかんの？
ちゃんと個性発揮してくれやんとさぁ——
はい…
すみません

ペルム紀《き》

Permian period

2億9900万年前〜2億5600万年前

単弓類が登場
でも、大きな絶滅
が起きてしまって…

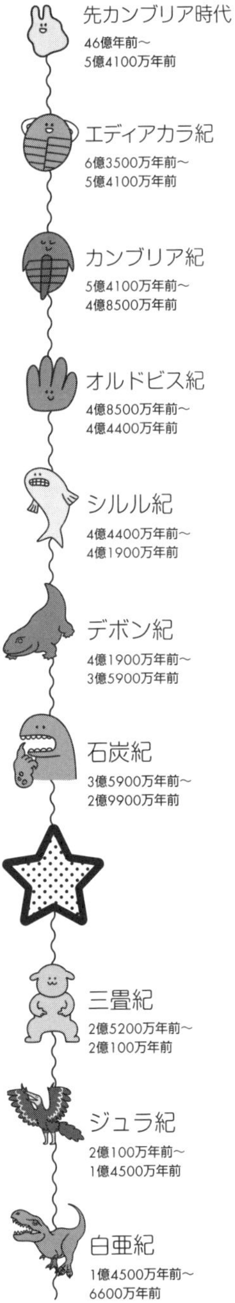
先カンブリア時代
46億年前〜
5億4100万年前
エディアカラ紀
6億3500万年前〜
5億4100万年前
カンブリア紀
5億4100万年前〜
4億8500万年前
オルドビス紀
4億8500万年前〜
4億4400万年前
シルル紀
4億4400万年前〜
4億1900万年前
デボン紀
4億1900万年前〜
3億5900万年前
石炭紀
3億5900万年前〜
2億9900万年前
三畳紀
2億5200万年前〜
2億100万年前
ジュラ紀
2億100万年前〜
1億4500万年前
白亜紀
1億4500万年前〜
6600万年前

エリオプス

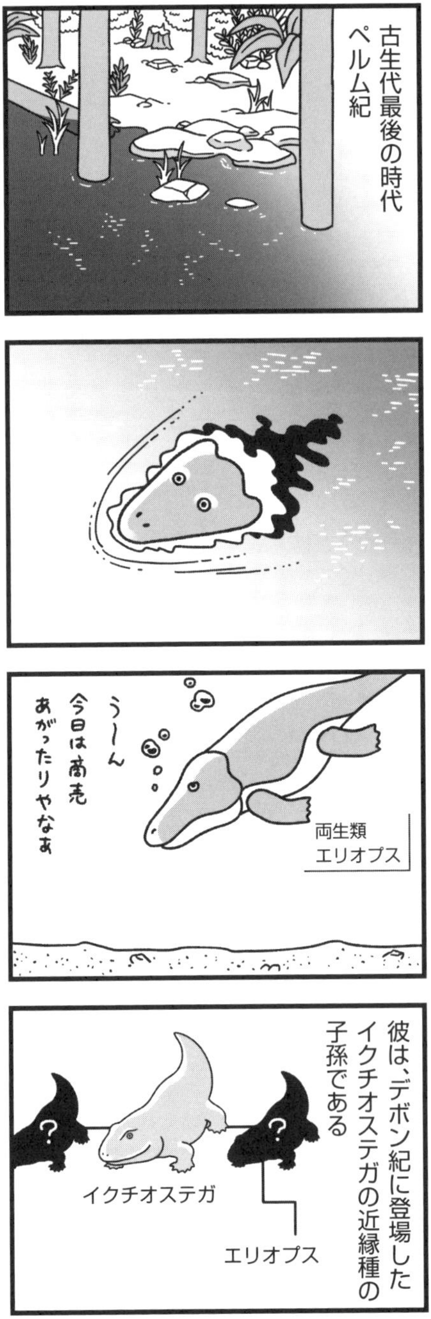
古生代最後の時代
ペルム紀
うーん
今日は商売
あがったりやなあ
両生類
エリオプス
彼は、デボン紀に登場した
イクチオステガの近縁種の
子孫である
イクチオステガ
エリオプス

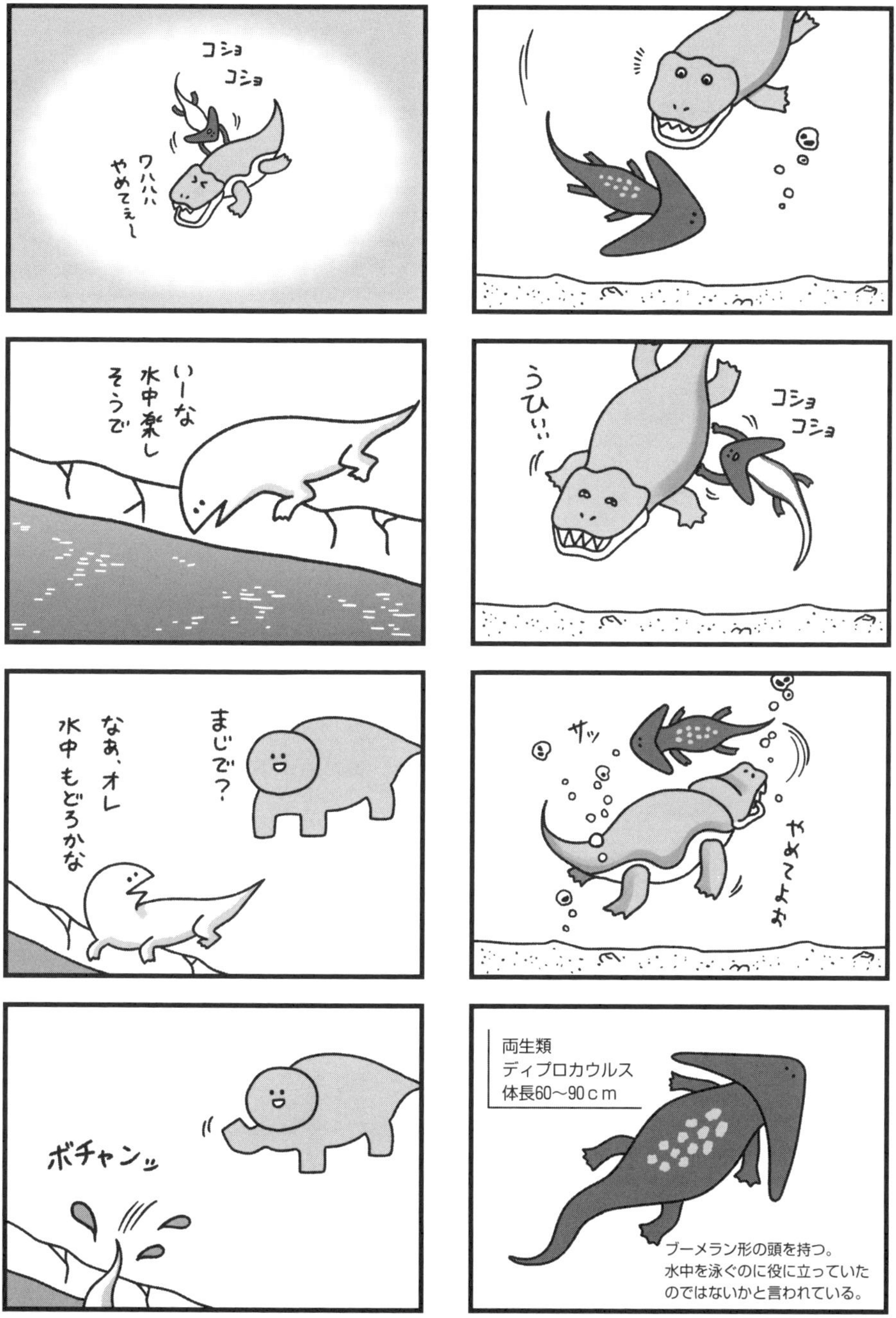
コショ コショ
ワハハハ
やめてぇ〜
いーな
水中楽し
そうで
まじで?
なぁ、オレ
水中もどろかな
ボチャンッ
うひぃぃ
コショ コショ
サッ
やめてよぉ
両生類
ディプロカウルス
体長60〜90ｃｍ
ブーメラン形の頭を持つ。
水中を泳ぐのに役に立っていたのではないかと言われている。

回帰

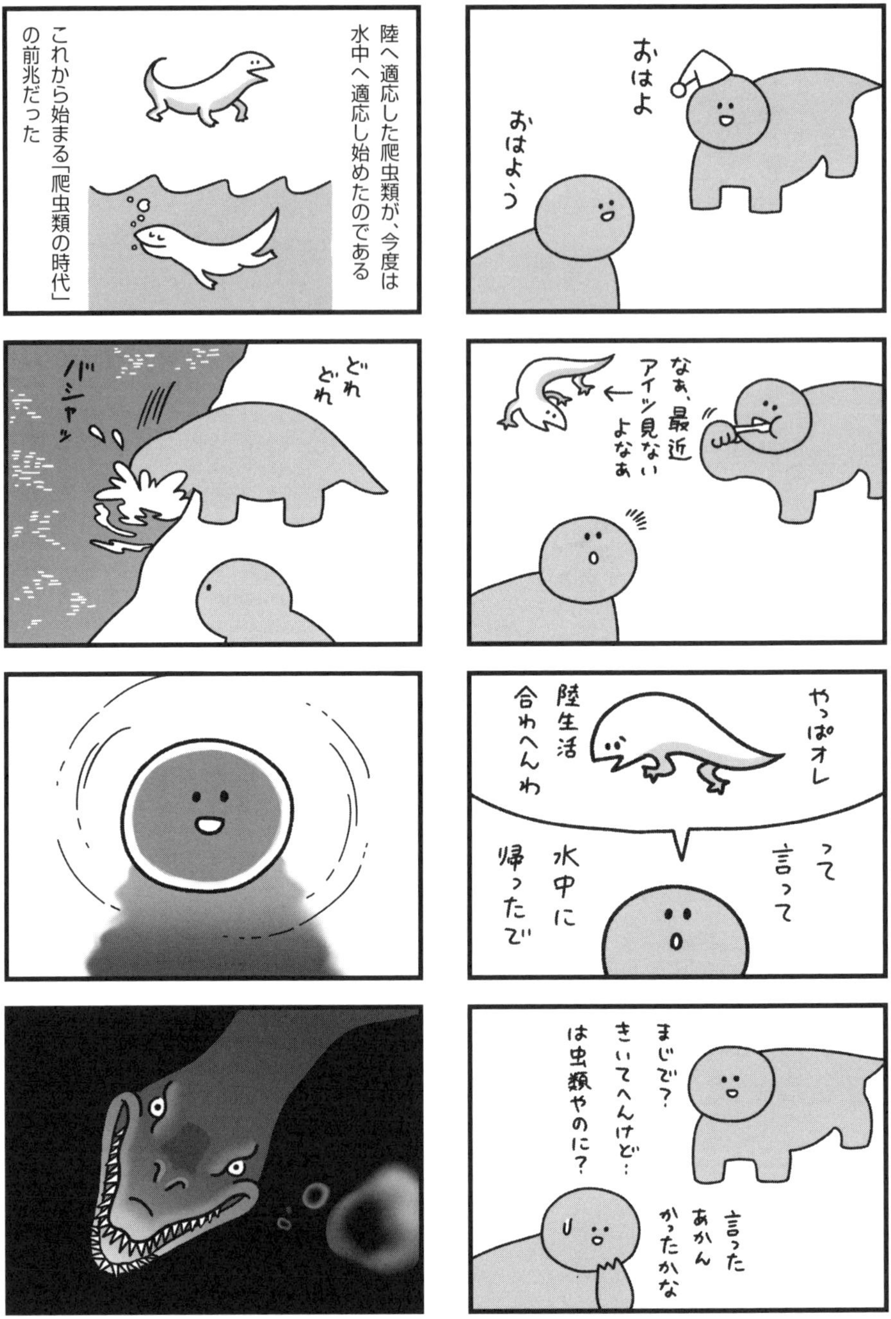

おはよ
おはよう
なあ、最近
アイツ見ない
よなあ
やっぱオレ
陸生活
合わへんわ
って
言って
水中に
帰ったで
まじで？
きいてへんけど‥
は虫類やのに？
言った
あかん
かったかな
陸へ適応した爬虫類が、今度は
水中へ適応し始めたのである
これから始まる「爬虫類の時代」
の前兆だった
どれ
どれ
バシャッ

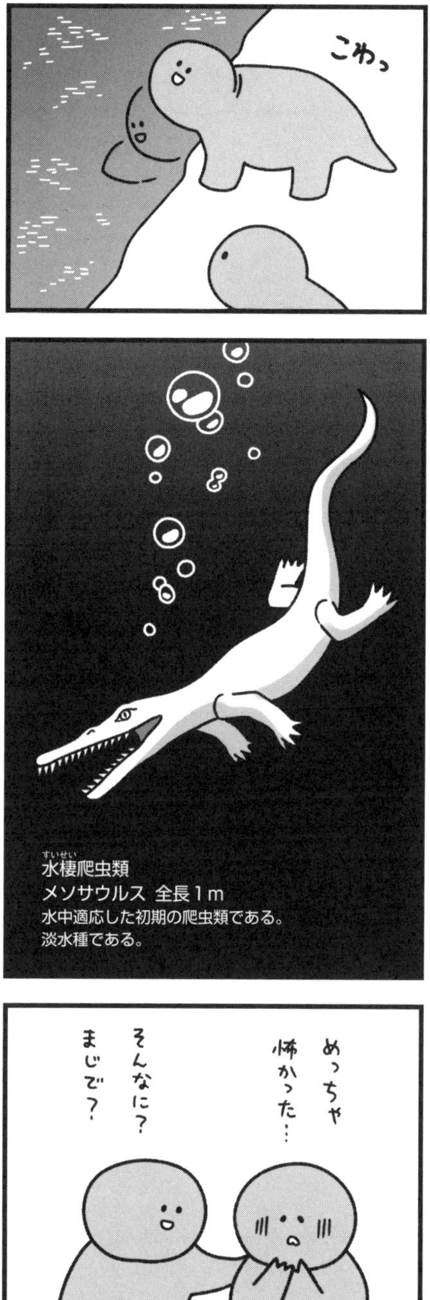
こわっ
水棲《すいせい》爬虫類
メソサウルス 全長1m
水中適応した初期の爬虫類である。
淡水種である。
めっちゃ怖かった…
そんなに？
まじで？

空進出

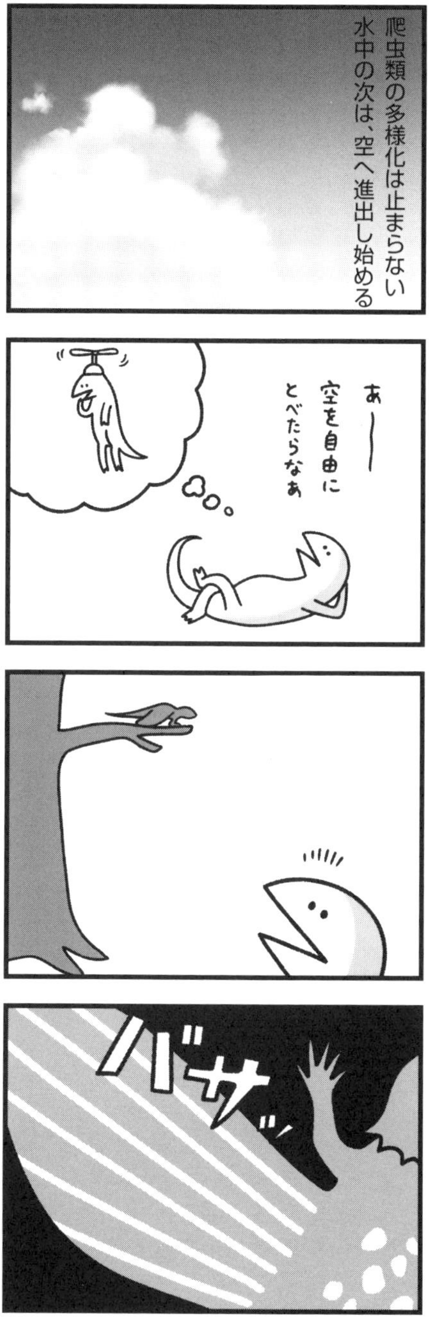
爬虫類の多様化は止まらない
水中の次は、空へ進出し始める
あ〜
空を自由にとべたらなぁ
バサッ

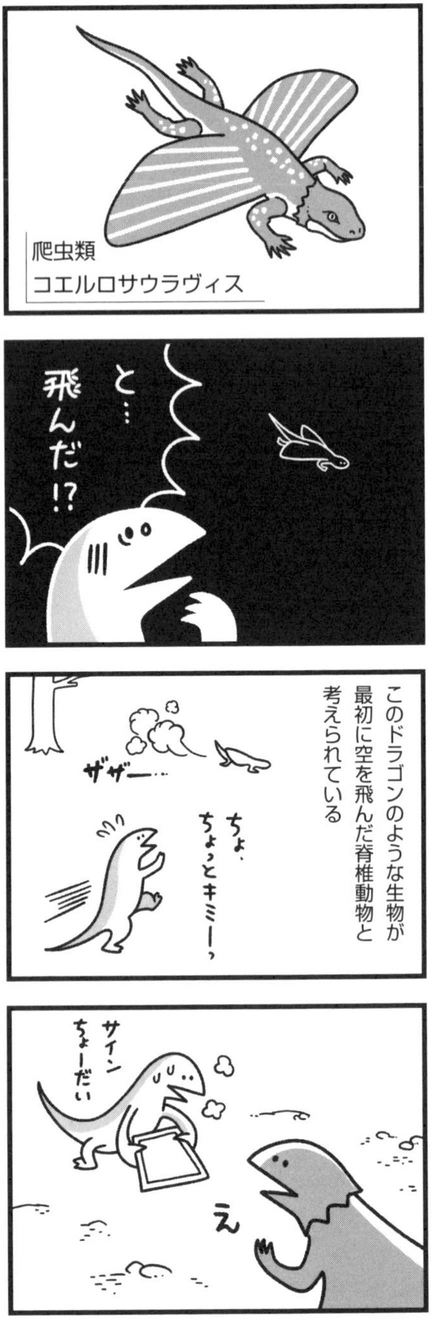

爬虫類
コエルロサウラヴィス
と…
飛んだ!?
このドラゴンのような生物が最初に空を飛んだ脊椎動物と考えられている
ザザー…
ちょ、ちょっとキミー!
サインちょーだい
え

単弓類誕生《たんきゅうるいたんじょう》

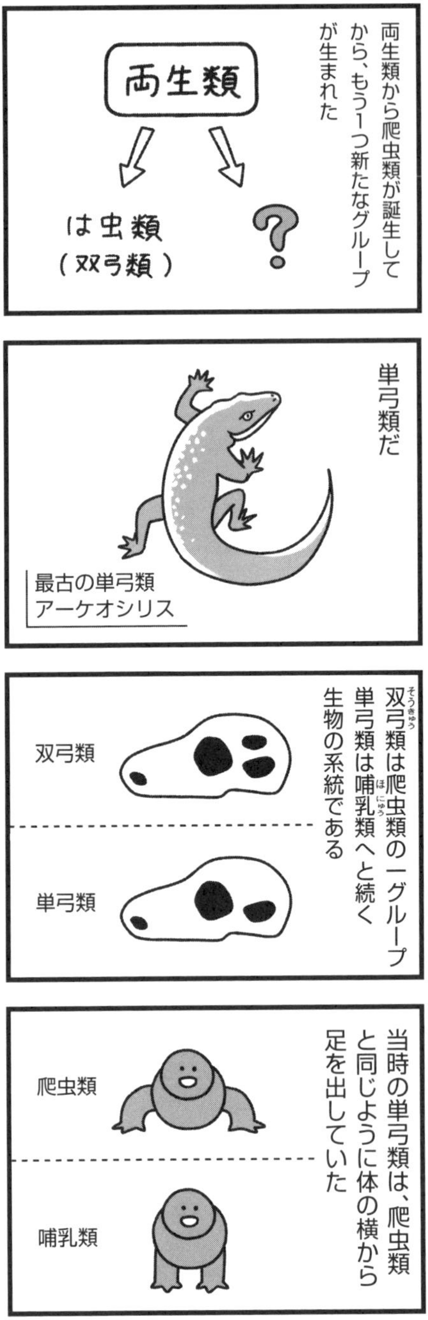

両生類から爬虫類が誕生してから、もう1つ新たなグループが生まれた
両生類
は虫類
（双弓類）
?
単弓類だ
最古の単弓類
アーケオシリス
双弓類《そうきゅう》は爬虫類の一グループ
単弓類は哺乳類《ほにゅう》へと続く生物の系統である
双弓類
単弓類
当時の単弓類は、爬虫類と同じように体の横から足を出していた
爬虫類
哺乳類

様々な単弓類たち

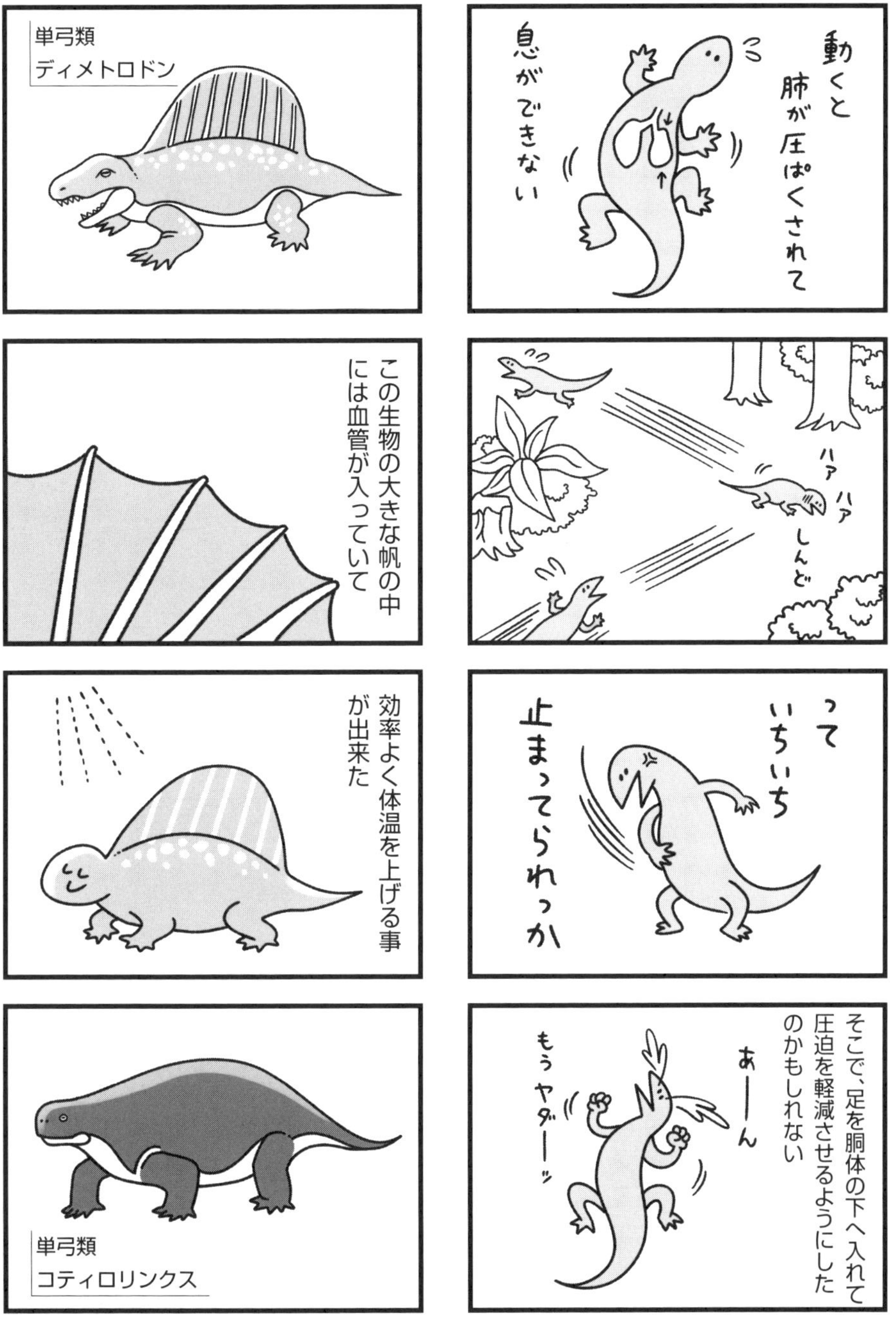

動くと
肺が圧ぱくされて
息ができない
ハァ
ハァ
しんど
っていちいち
止まってられっか
そこで、足を胴体の下へ入れて
圧迫を軽減させるようにした
のかもしれない
あーーん
もうヤダーーッ
単弓類
ディメトロドン
この生物の大きな帆の中
には血管が入っていて
効率よく体温を上げる事
が出来た
単弓類
コティロリンクス

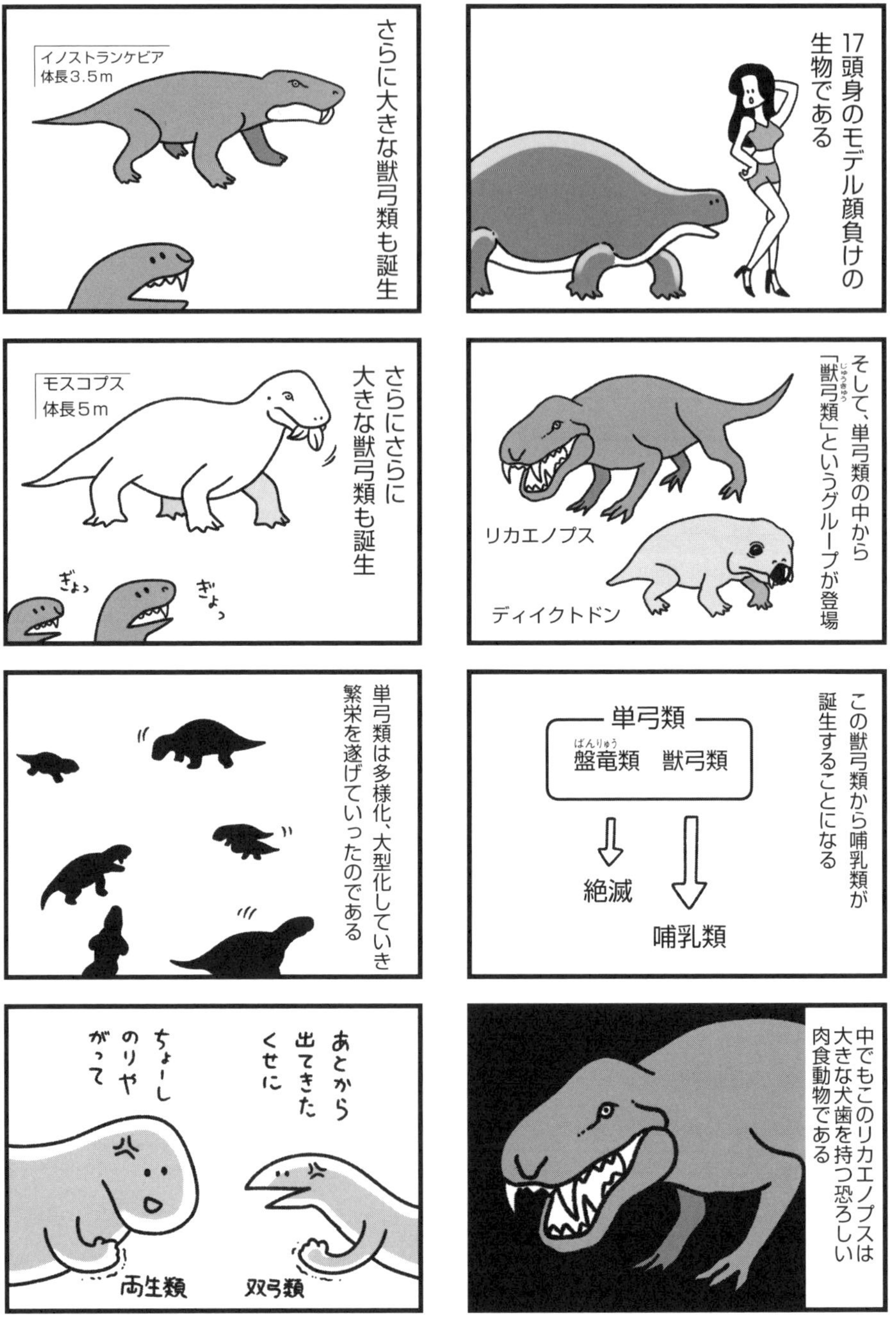
17頭身のモデル顔負けの
生物である
そして、単弓類の中から
「獣弓類《じゅうきゅう》」というグループが登場
リカエノプス
ディイクトドン
この獣弓類から哺乳類が
誕生することになる
単弓類
盤竜類《ばんりゅう》
獣弓類
絶滅
哺乳類
中でもこのリカエノプスは
大きな犬歯を持つ恐ろしい
肉食動物である
さらに大きな獣弓類も誕生
イノストランケビア
体長3.5m
さらにさらに
大きな獣弓類も誕生
モスコプス
体長5m
ぎょっ
ぎょっ
単弓類は多様化、大型化していき
繁栄を遂げていったのである
あとから
出てきた
くせに
ちょーし
のりや
がって
両生類
双弓類

トップ争い

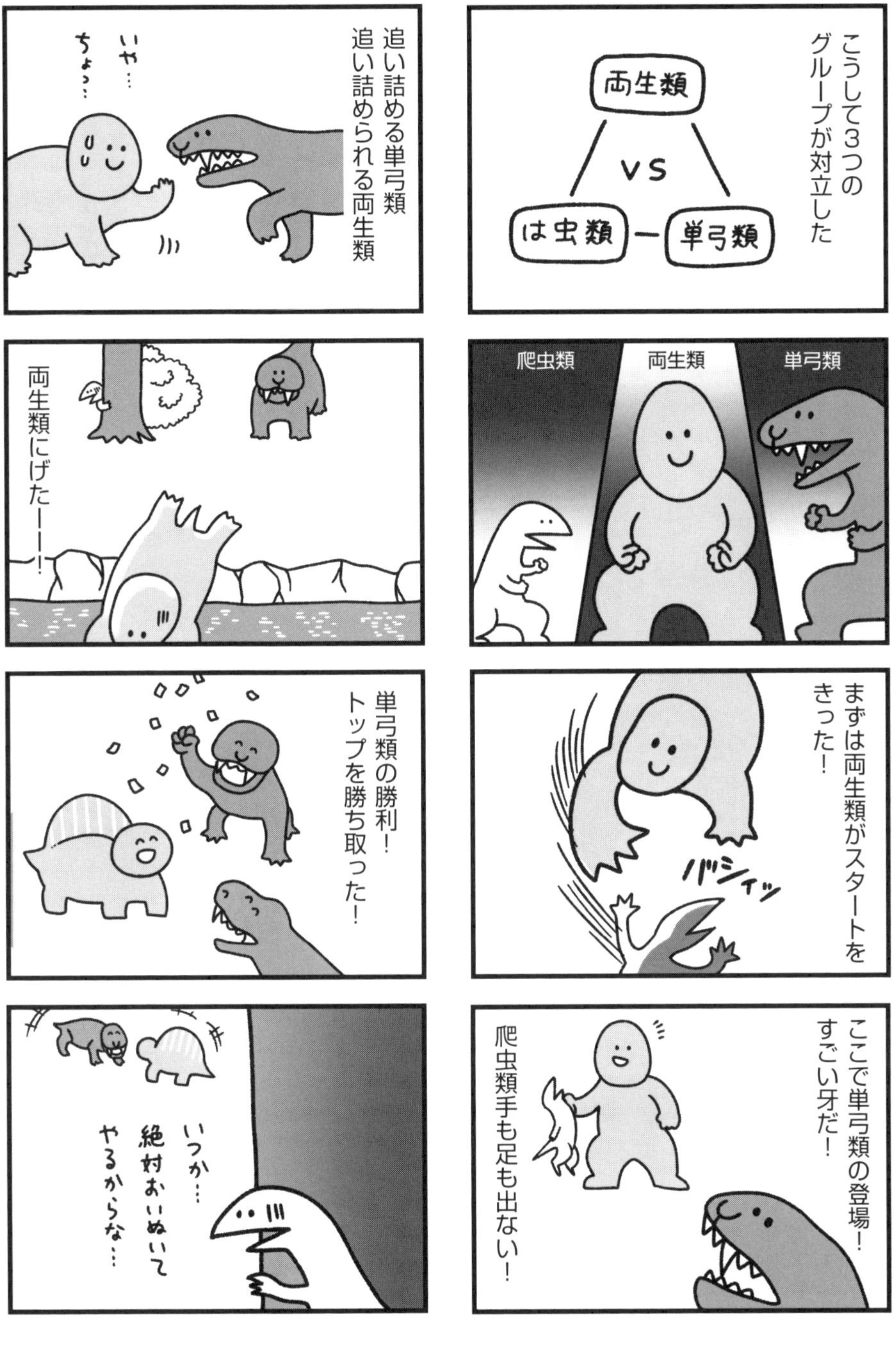
こうして3つのグループが対立した
両生類
VS
は虫類
単弓類
爬虫類
両生類
単弓類
まずは両生類がスタートをきった!
バシィッ
ここで単弓類の登場!
すごい牙だ!
爬虫類手も足も出ない!
追い詰める単弓類
追い詰められる両生類
いや…
ちょっ…
両生類にげたーーー!
単弓類の勝利!
トップを勝ち取った!
いつか…
絶対おいぬいてやるからな…

三度目の大量絶滅

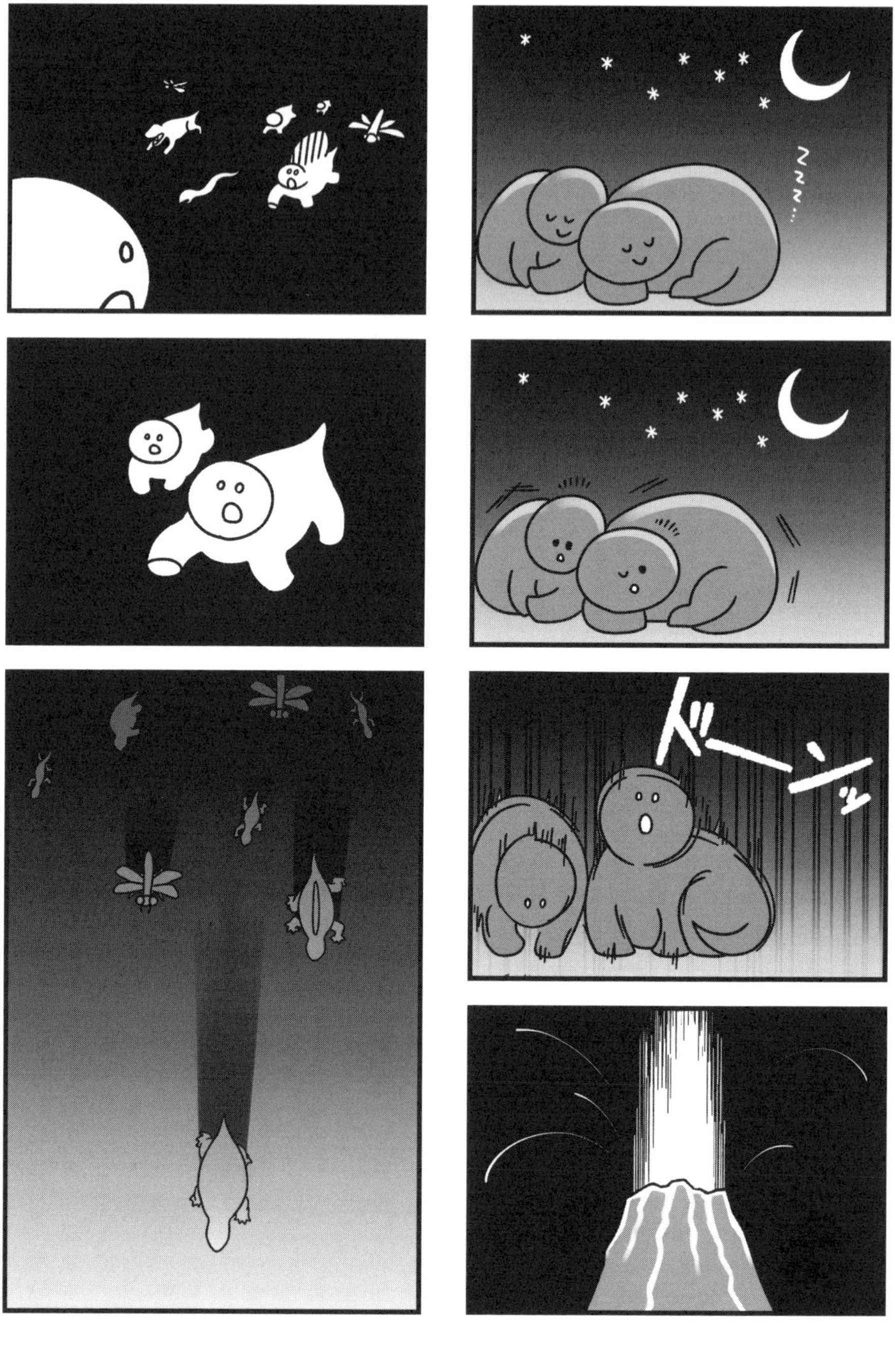

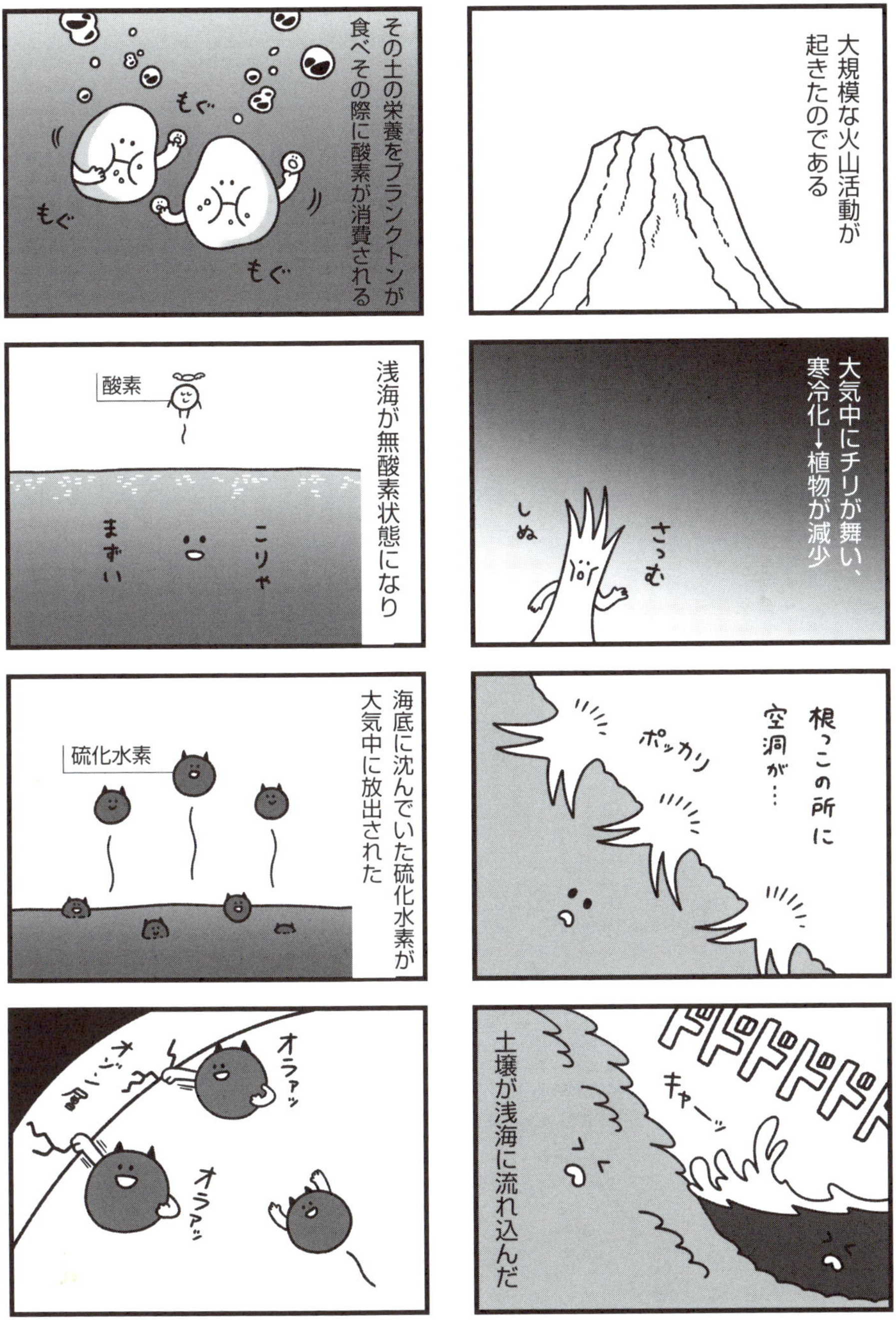
大規模な火山活動が起きたのである
大気中にチリが舞い、寒冷化→植物が減少
さっむ
しぬ
根っこの所に空洞が…
ポッカリ
土壌が浅海に流れ込んだ
ドドドドドド
キャーッ
その土の栄養をプランクトンが食べその際に酸素が消費される
もぐ
もぐ
もぐ
浅海が無酸素状態になり
酸素
こりゃ
まずい
海底に沈んでいた硫化水素が大気中に放出された
硫化水素
オゾン層
オラァッ
オラァッ

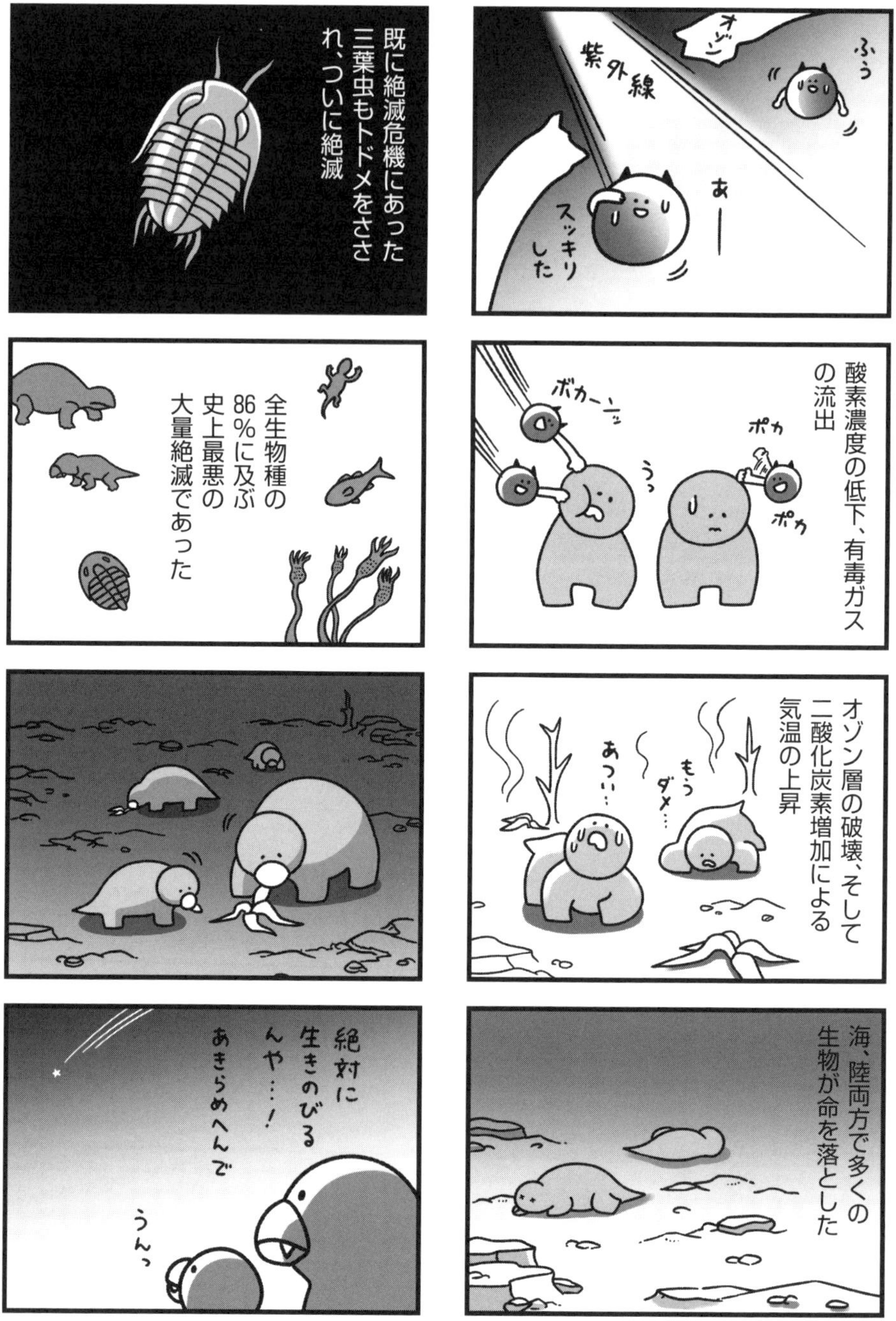
ふう
オゾン
紫外線
あー
スッキリした
酸素濃度の低下、有毒ガスの流出
ボカーンッ
ポカ
うっ
ポカ
オゾン層の破壊、そして二酸化炭素増加による気温の上昇
もうダメ…
あつい…
海、陸両方で多くの生物が命を落とした
既に絶滅危機にあった三葉虫もトドメをさされ、ついに絶滅
全生物種の86%に及ぶ史上最悪の大量絶滅であった
絶対に生きのびるんや…!
あきらめへんで
うんっ

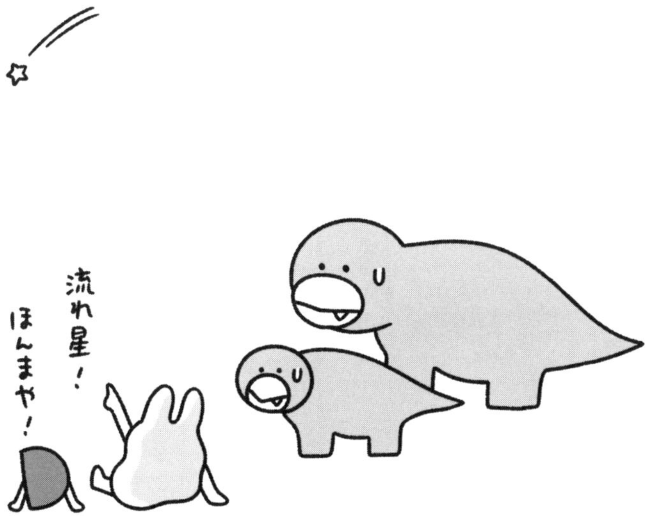
流れ星！
ほんまや！

Triassic period

2億5200万年前 〜 2億100万年前

三畳紀《さんじょうき》

は虫類が大活躍
そしてついに、
哺乳類が生まれる

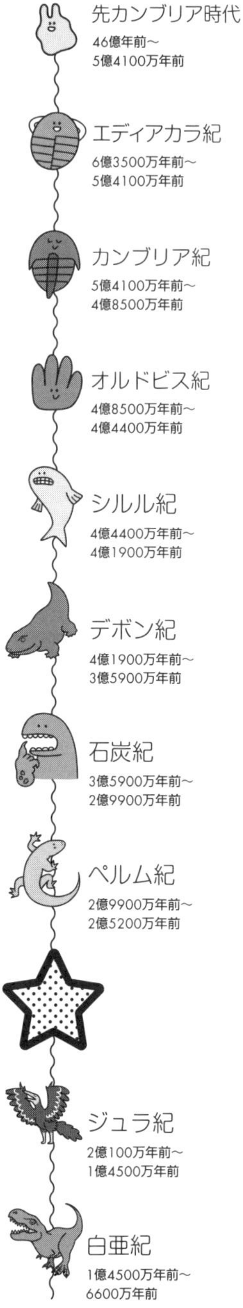

水中へ帰る者

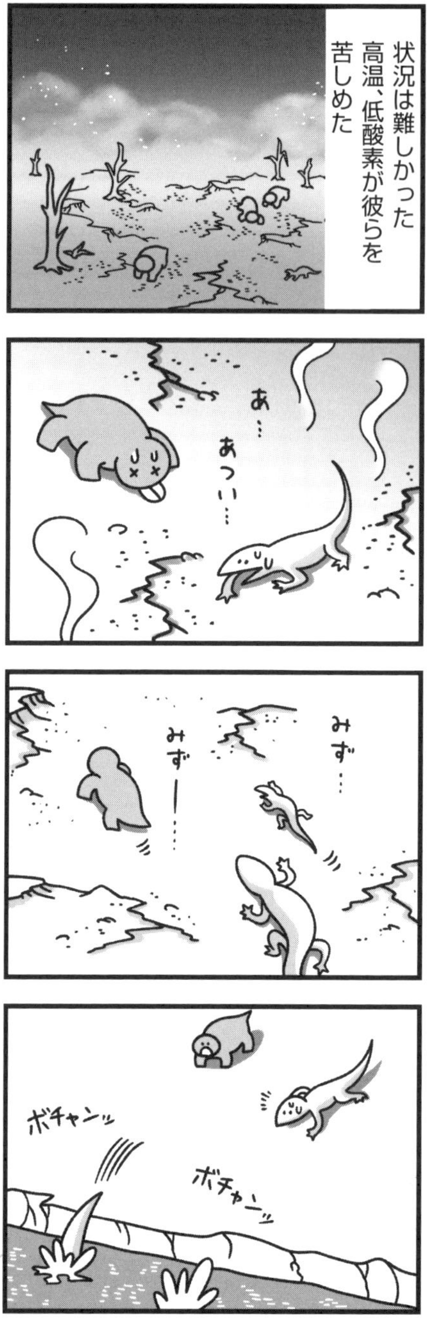

リストロサウルス

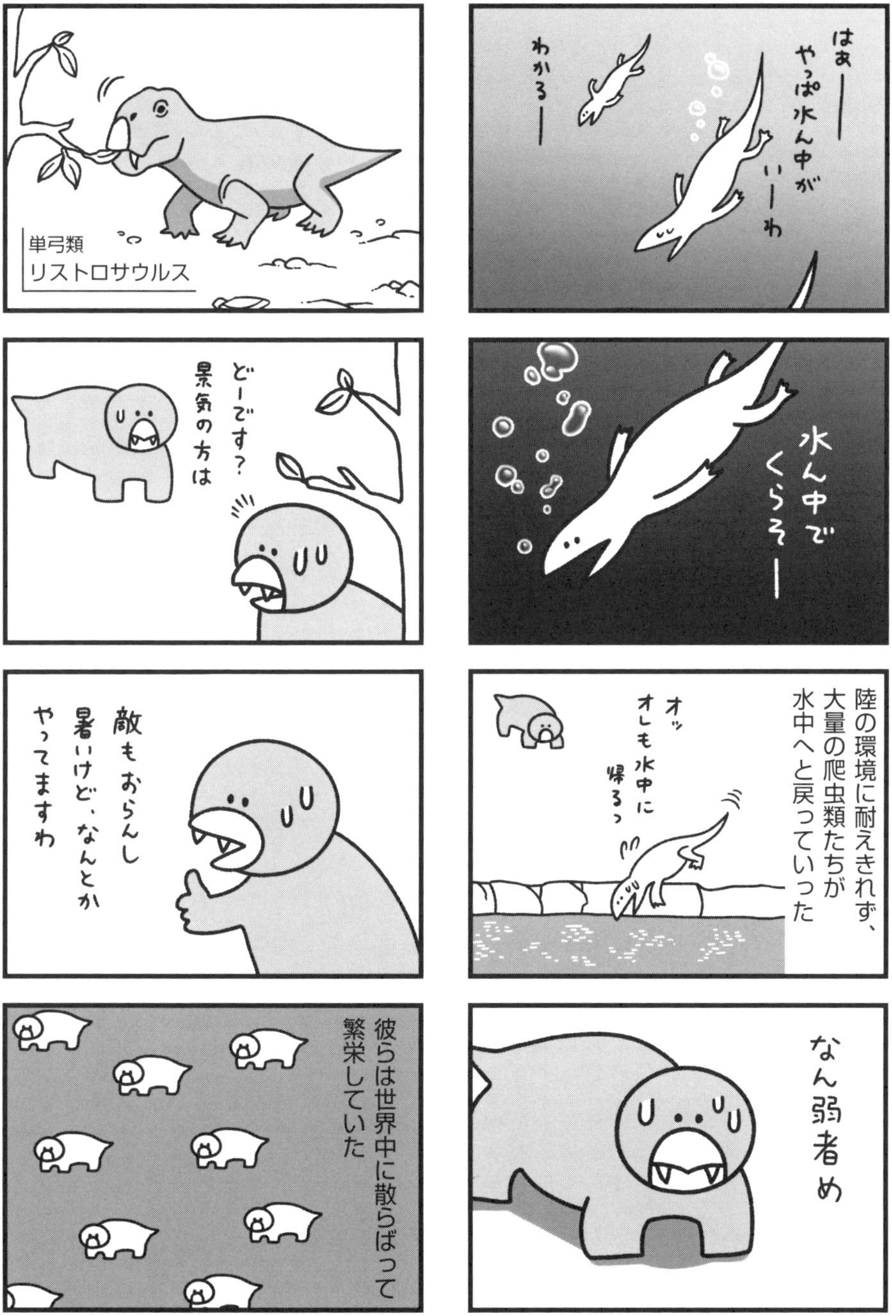
単弓類
リストロサウルス
どーです？
景気の方は
敵もおらんし
暑いけど、なんとか
やってますわ
彼らは世界中に散らばって
繁栄していた
はぁ――
やっぱ水ん中がいーわ
わかる――
水ん中で
くらそー
陸の環境に耐えきれず、
大量の爬虫類たちが
水中へと戻っていった
オッ
オレも水中に
帰るっ
なん弱者め

主竜類

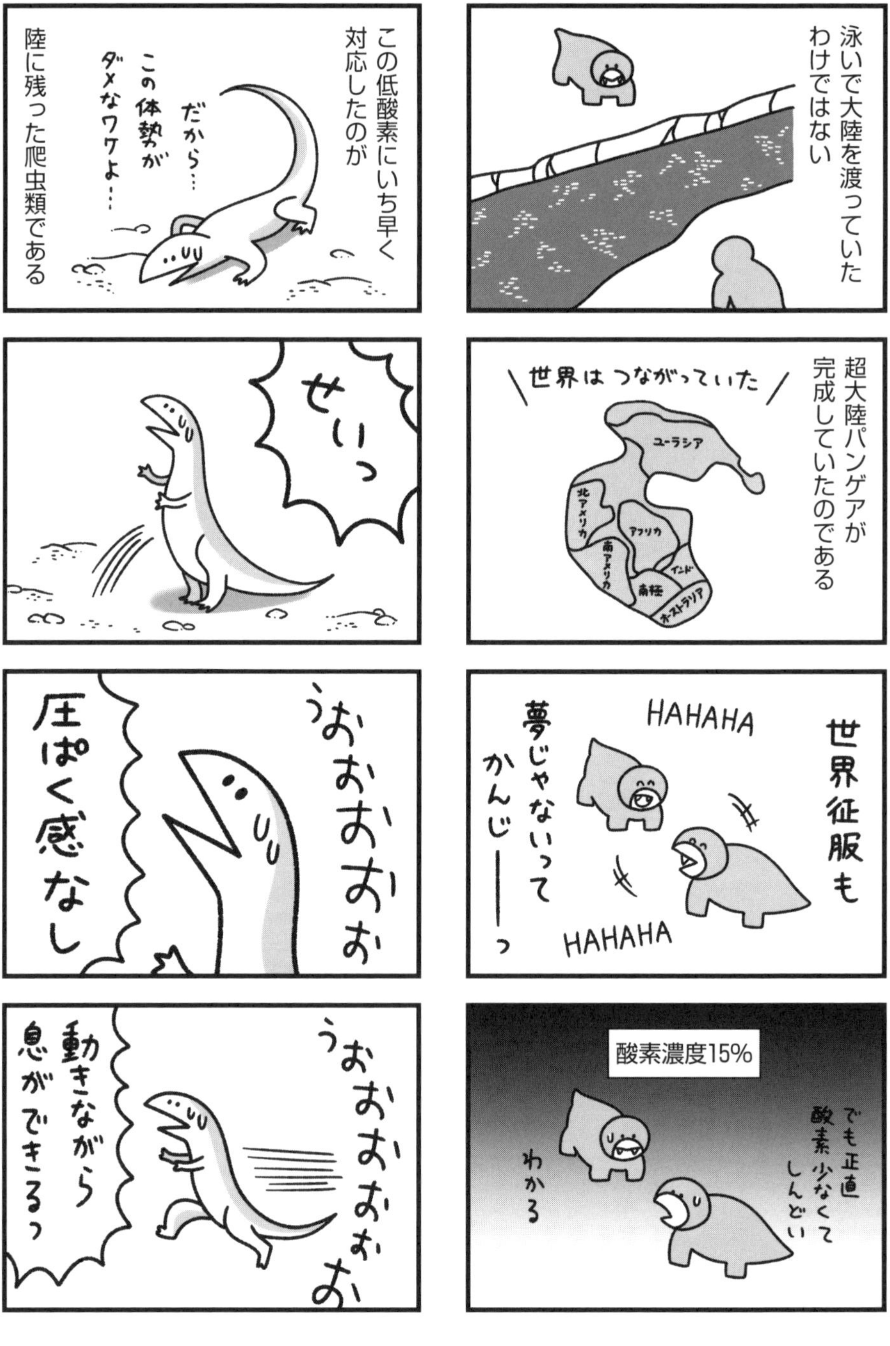

泳いで大陸を渡っていた
わけではない
超大陸パンゲアが
完成していたのである
世界はつながっていた
ユーラシア
北アメリカ
アフリカ
南アメリカ
インド
南極
オーストラリア
世界征服も
夢じゃないって
かんじ――っ
HAHAHA
HAHAHA
酸素濃度15%
でも正直
酸素少なくて
しんどい
わかる
この低酸素にいち早く
対応したのが
だから…
この体勢が
ダメなワケよ…
陸に残った爬虫類である
せいっ
うおおおおお
圧ぱく感なし
うおおおおおお
動きながら
息ができるっ

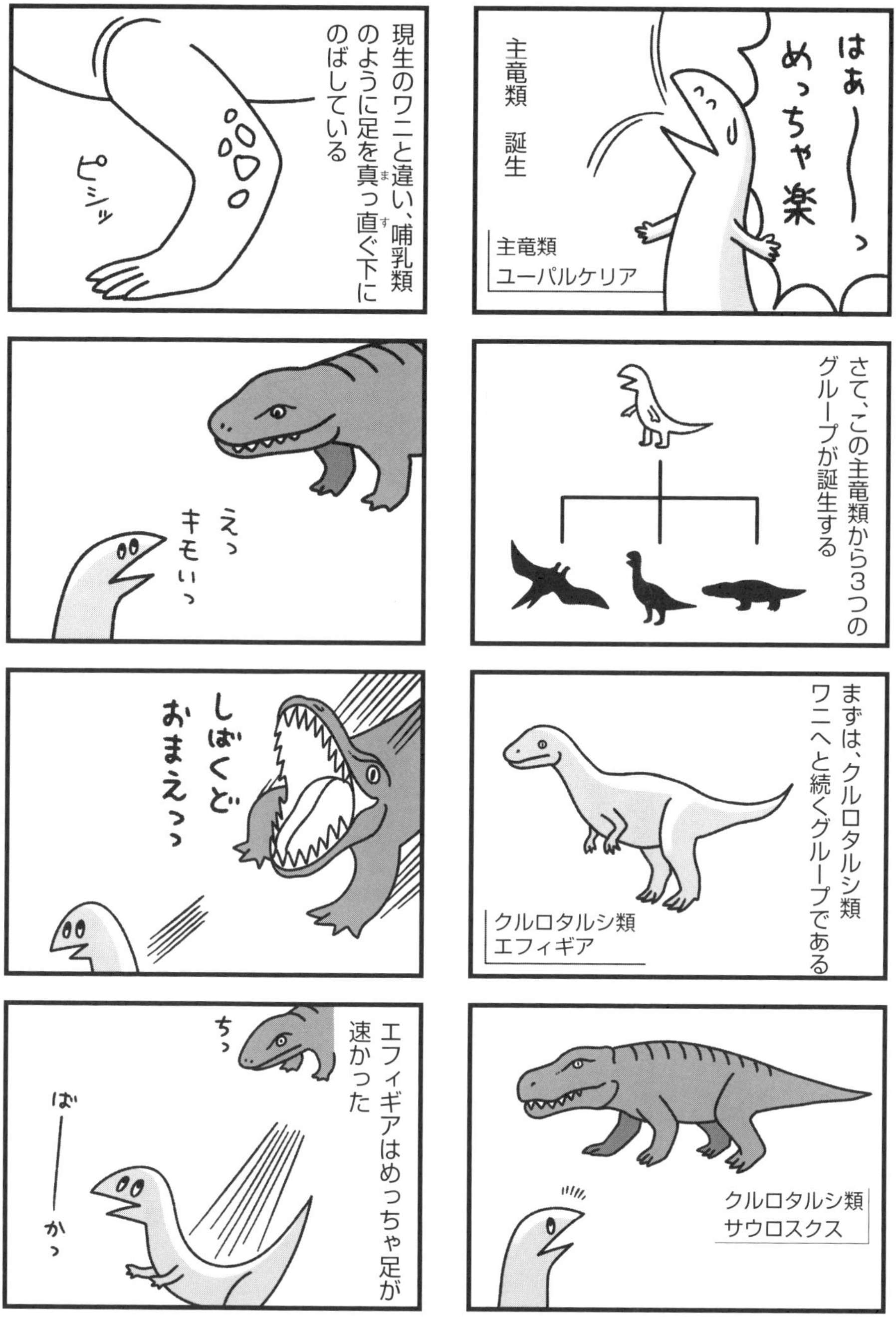
主竜類　誕生
はぁ〜〜〜っ
めっちゃ楽
主竜類
ユーパルケリア
現生のワニと違い、哺乳類のように足を真《ま》っ直《す》ぐ下にのばしている
ピシッ
さて、この主竜類から3つのグループが誕生する
えっ
キモいっ
まずは、クルロタルシ類
ワニへと続くグループである
クルロタルシ類
エフィギア
しばくど
おまえっっ
クルロタルシ類
サウロスクス
エフィギアはめっちゃ足が速かった
ちっ
ばーーかっ

恐竜

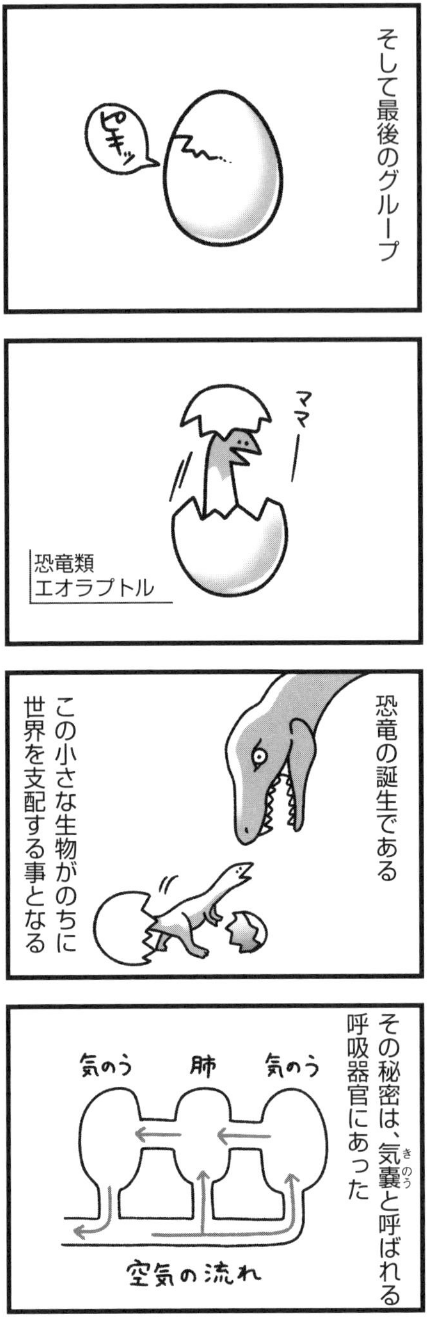
そして最後のグループ
ピキッ
ママーー
恐竜類
エオラプトル
恐竜の誕生である
この小さな生物がのちに
世界を支配する事となる
その秘密は、気嚢《きのう》と呼ばれる
呼吸器官にあった
気のう
肺
気のう
空気の流れ

翼竜

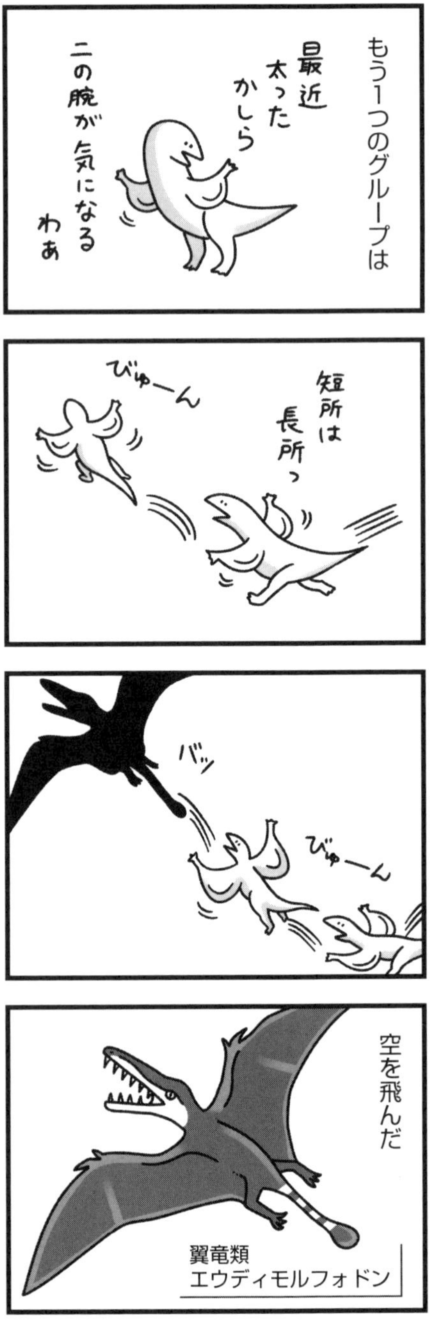
もう1つのグループは
最近太ったかしら
二の腕が気になるわあ
びゅーん
短所は長所っ
バッ
びゅーん
空を飛んだ
翼竜類
エウディモルフォドン

キノドン類

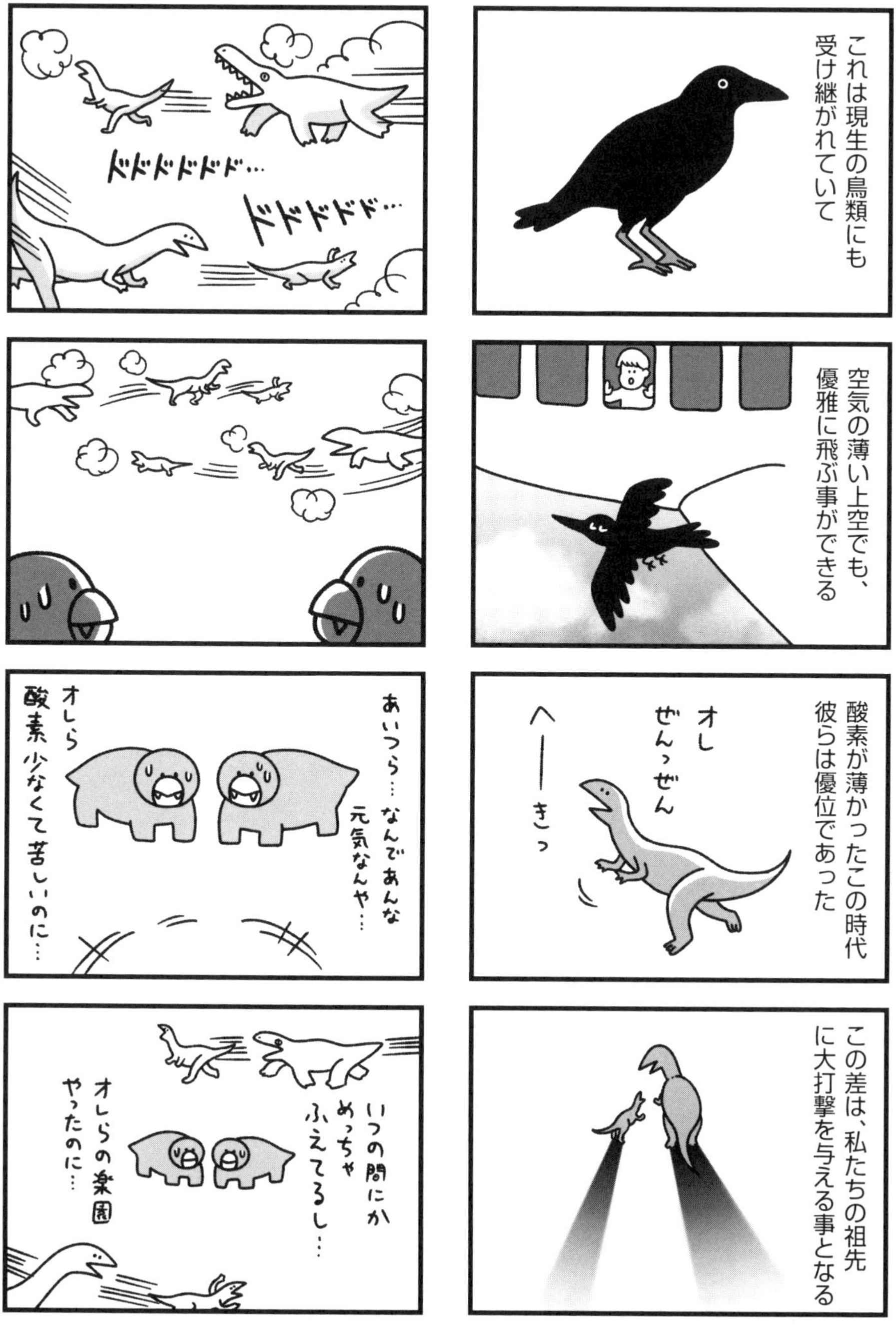
これは現生の鳥類にも
受け継がれていて
空気の薄い上空でも、
優雅に飛ぶ事ができる
酸素が薄かったこの時代
彼らは優位であった
オレ
ぜんっぜん
へーーきっ
この差は、私たちの祖先
に大打撃を与える事となる
ドドドドドド…
ドドドドド…
あいつら… なんであんな
元気なんや…
オレら
酸素 少なくて 苦しいのに…
いつの間にか
めっちゃ
ふえてるし…
オレらの楽園
やったのに…

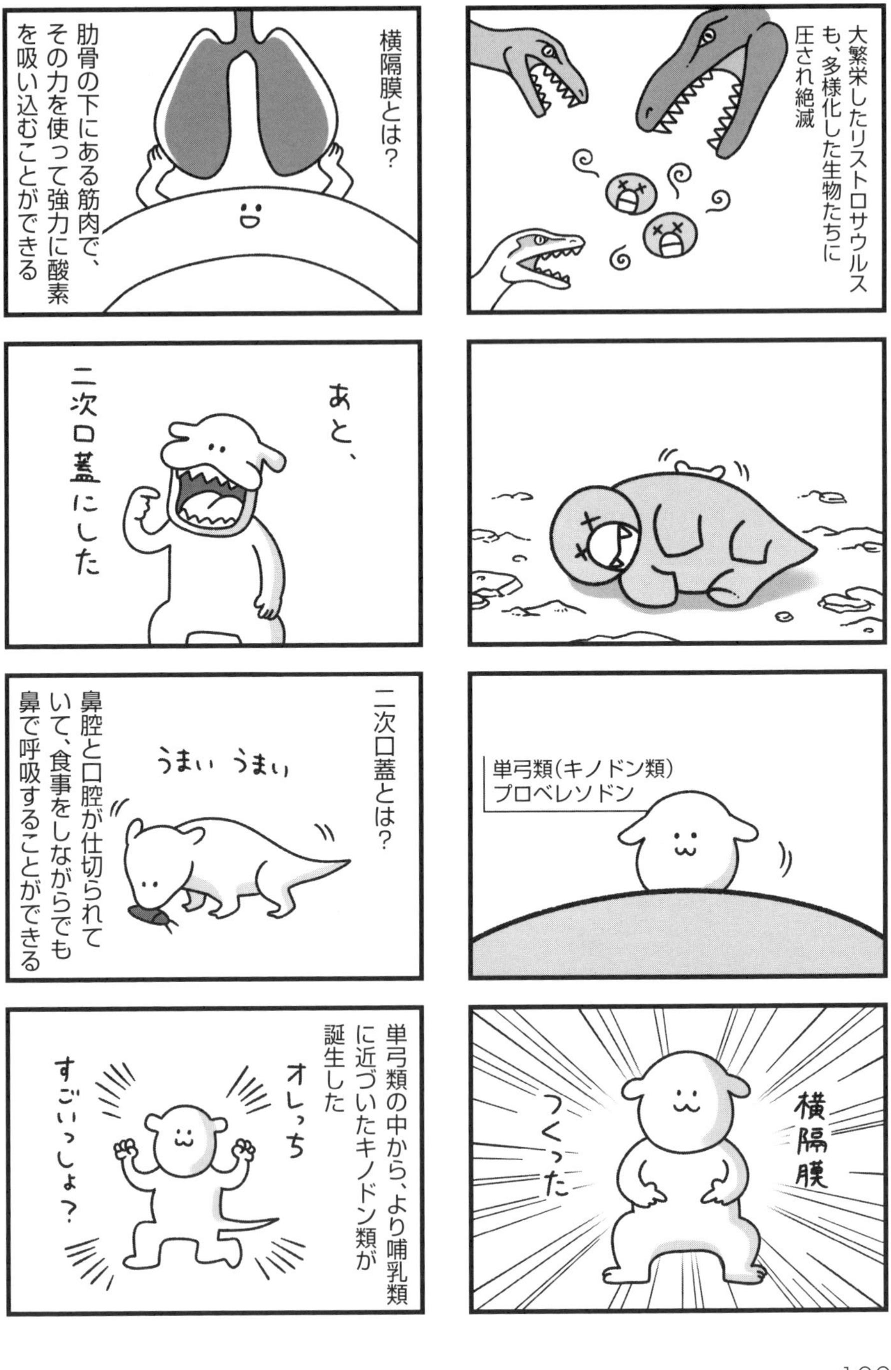
大繁栄したリストロサウルスも、多様化した生物たちに圧され絶滅
単弓類（キノドン類）プロベレソドン
横隔膜
つくった
横隔膜とは？
肋骨の下にある筋肉で、その力を使って強力に酸素を吸い込むことができる
あと、
二次口蓋にした
二次口蓋とは？
鼻腔と口腔が仕切られていて、食事をしながらでも鼻で呼吸することができる
うまい うまい
単弓類の中から、より哺乳類に近づいたキノドン類が誕生した
オレっち
すごいっしょ？

アデロバシレウス

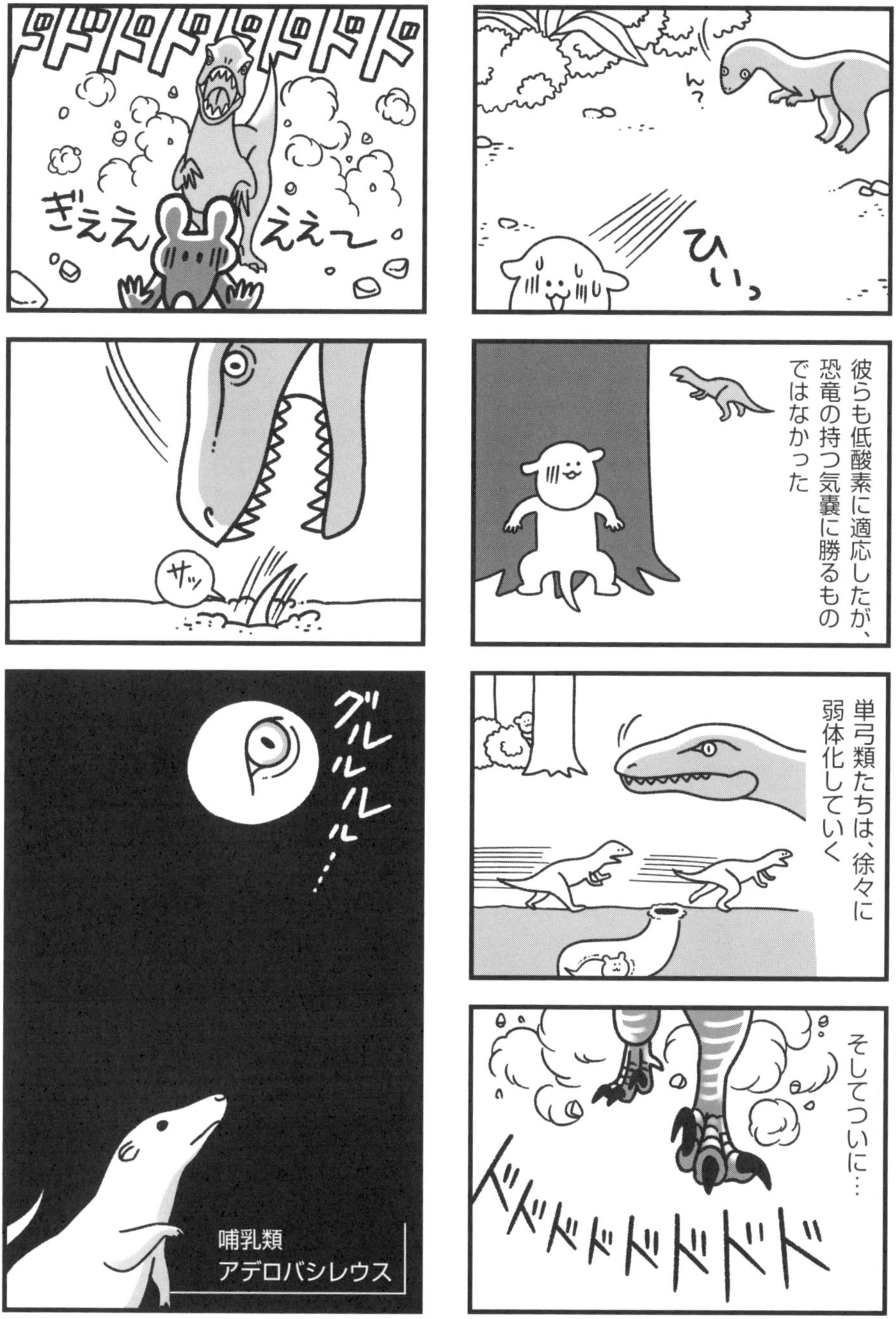
ん？
ひぃっ
彼らも低酸素に適応したが、恐竜の持つ気嚢に勝るものではなかった
単弓類たちは、徐々に弱体化していく
そしてついに…
ドドドドドドドド
ドドドドドドドド
ぎえええええ〜
サッ
グルルルル…
哺乳類
アデロバシレウス

哺乳類への進化

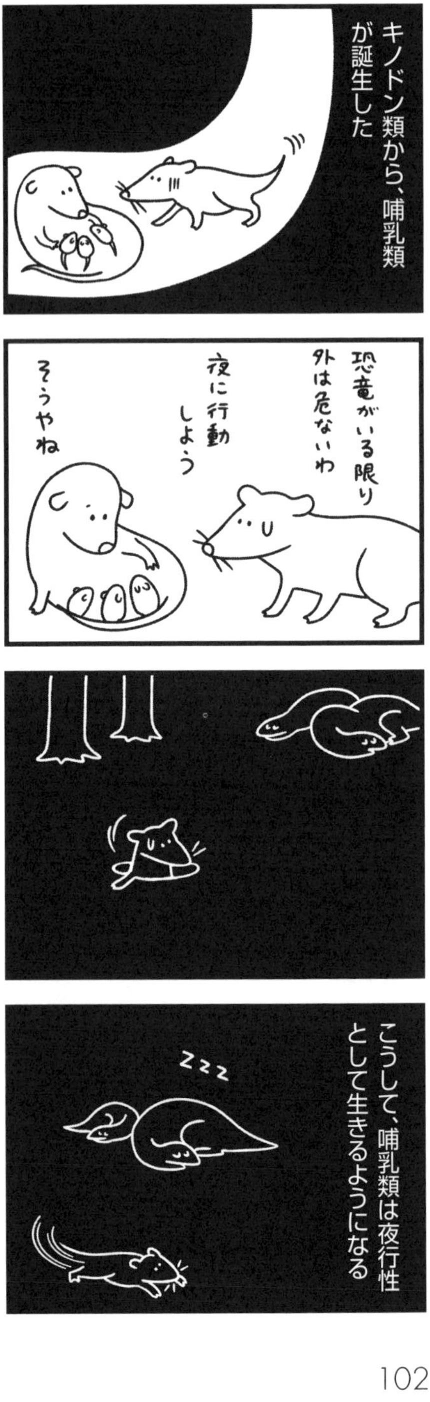
キノドン類から、哺乳類が誕生した
恐竜がいる限り外は危ないわ
夜に行動しよう
そうやね
zzz
こうして、哺乳類は夜行性として生きるようになる

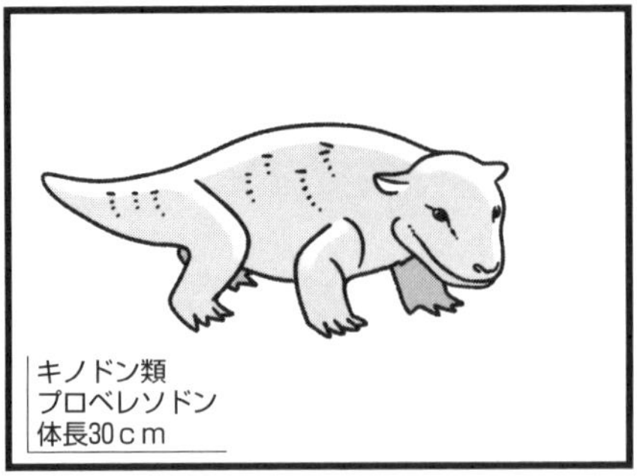
キノドン類
プロベレソドン
体長30cm

キノドン類
エクサエレトドン
体長2m

哺乳類
モルガヌコドン
体長8cm
最初期の哺乳類の特徴をもつ

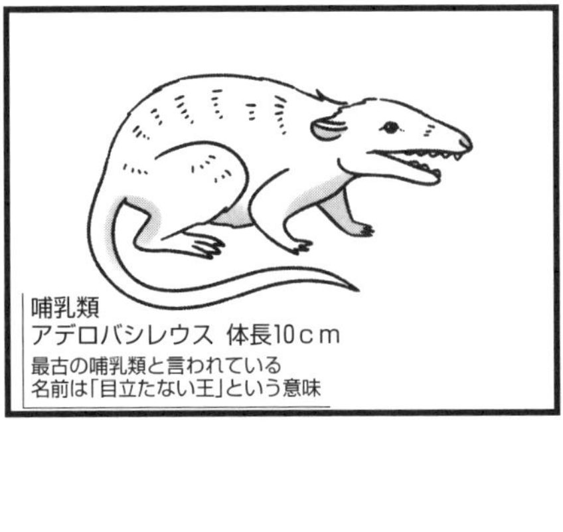
哺乳類
アデロバシレウス　体長10cm
最古の哺乳類と言われている
名前は「目立たない王」という意味

魚竜たち

海の中は一変していた

陸上爬虫類たちが海へ戻り
姿を変え、海を支配して
いたのである
魚竜類の祖先
カートリンカス

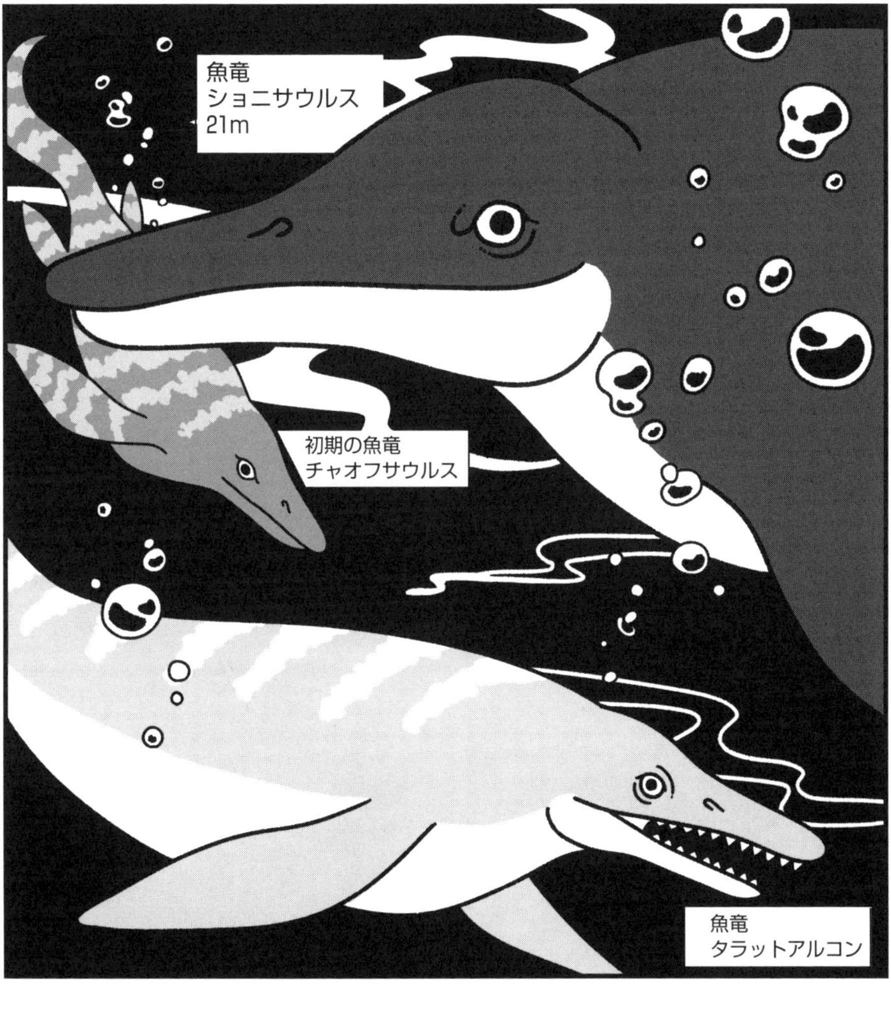
魚竜
ショニサウルス
21m
初期の魚竜
チャオフサウルス
魚竜
タラットアルコン

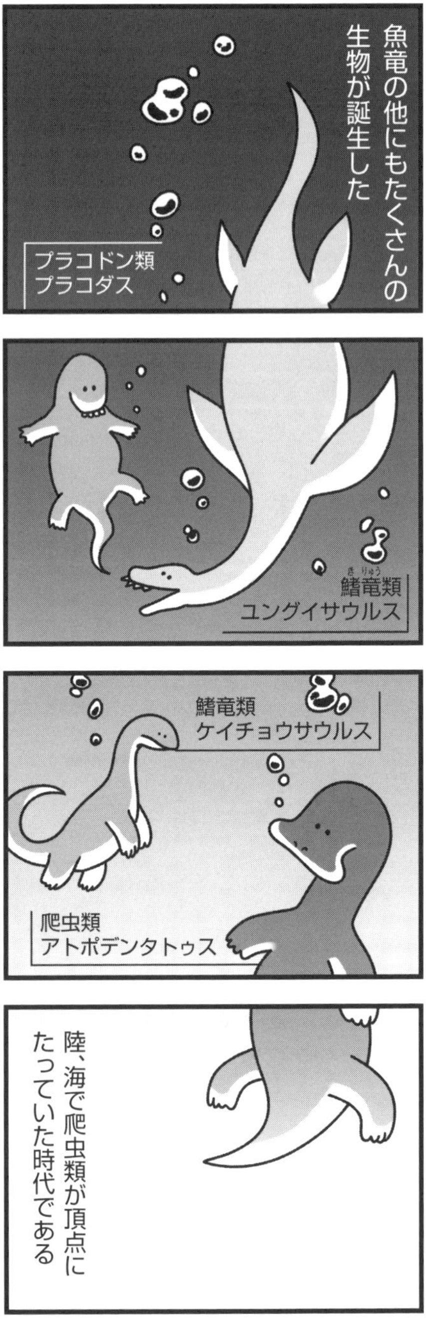
魚竜の他にもたくさんの
生物が誕生した
プラコドン類
プラコダス
鰭竜《きりゅう》類
ユングイサウルス
鰭竜類
ケイチョウサウルス
爬虫類
アトポデンタトゥス
陸、海で爬虫類が頂点に
たっていた時代である

大型恐竜

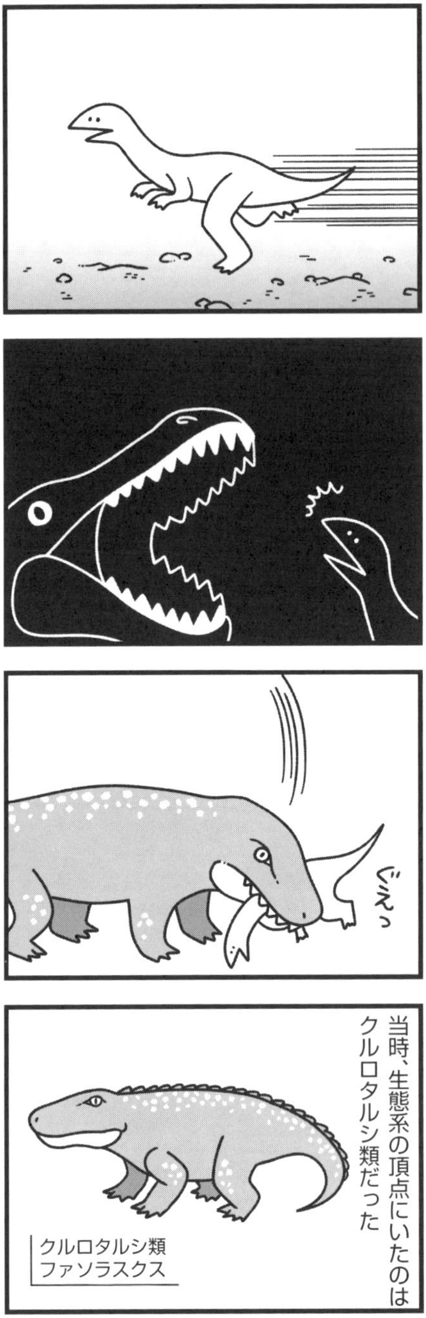
ぐえっ
当時、生態系の頂点にいたのは
クルロタルシ類だった
クルロタルシ類
ファソラスクス

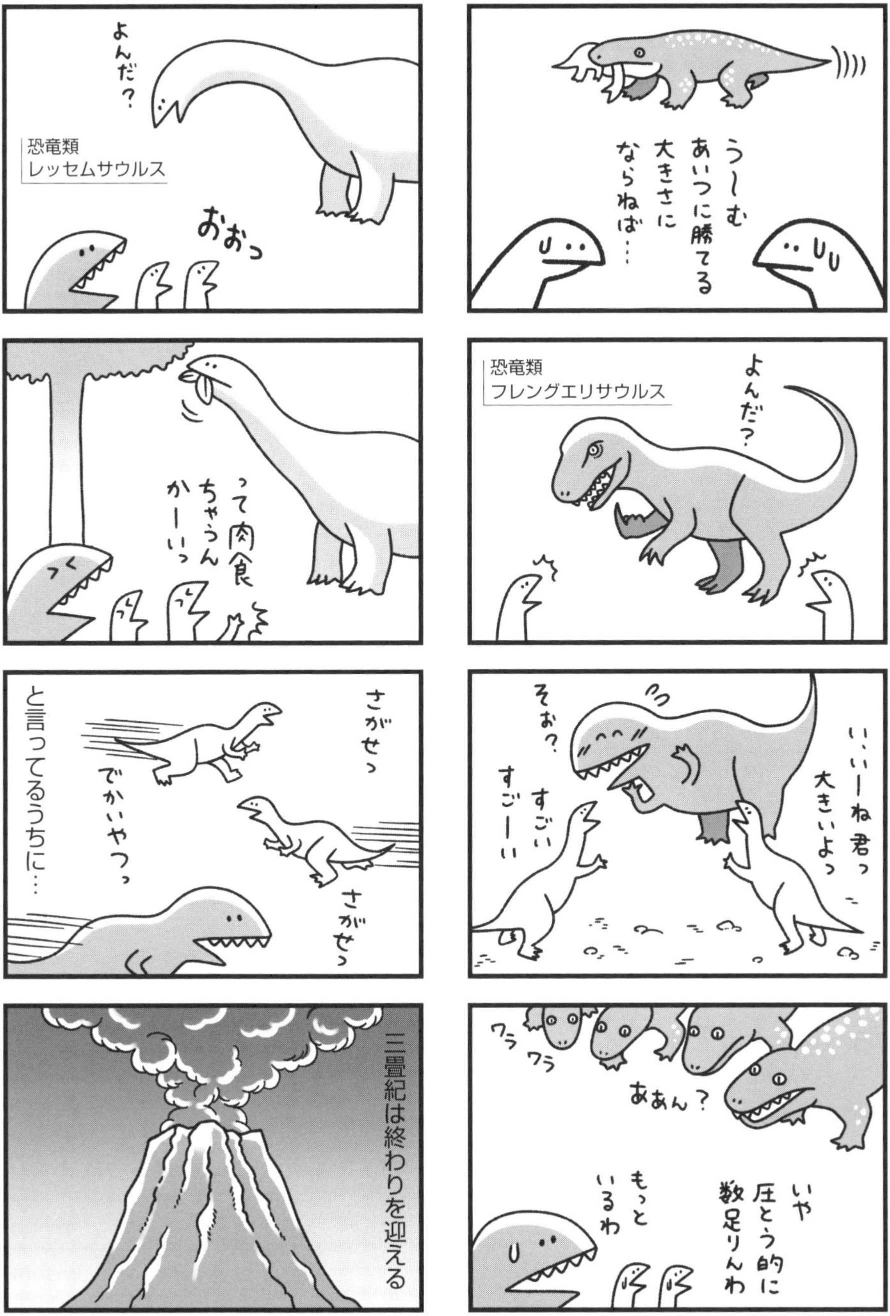

う〜む
あいつに勝てる
大きさに
ならねば…
恐竜類
フレングエリサウルス
よんだ？
い、いーね君っ
大きいよっ
そお？
すごい
すごーい
ワラ
ワラ
ああん？
いや
圧とう的に
数足りんわ
もっと
いるわ
よんだ？
恐竜類
レッセムサウルス
おおっ
って肉食
ちゃうん
かーいっ
さがせっ
でかいやつっ
さがせっ
と言ってるうちに…
三畳紀は終わりを迎える

四度目の大量絶滅

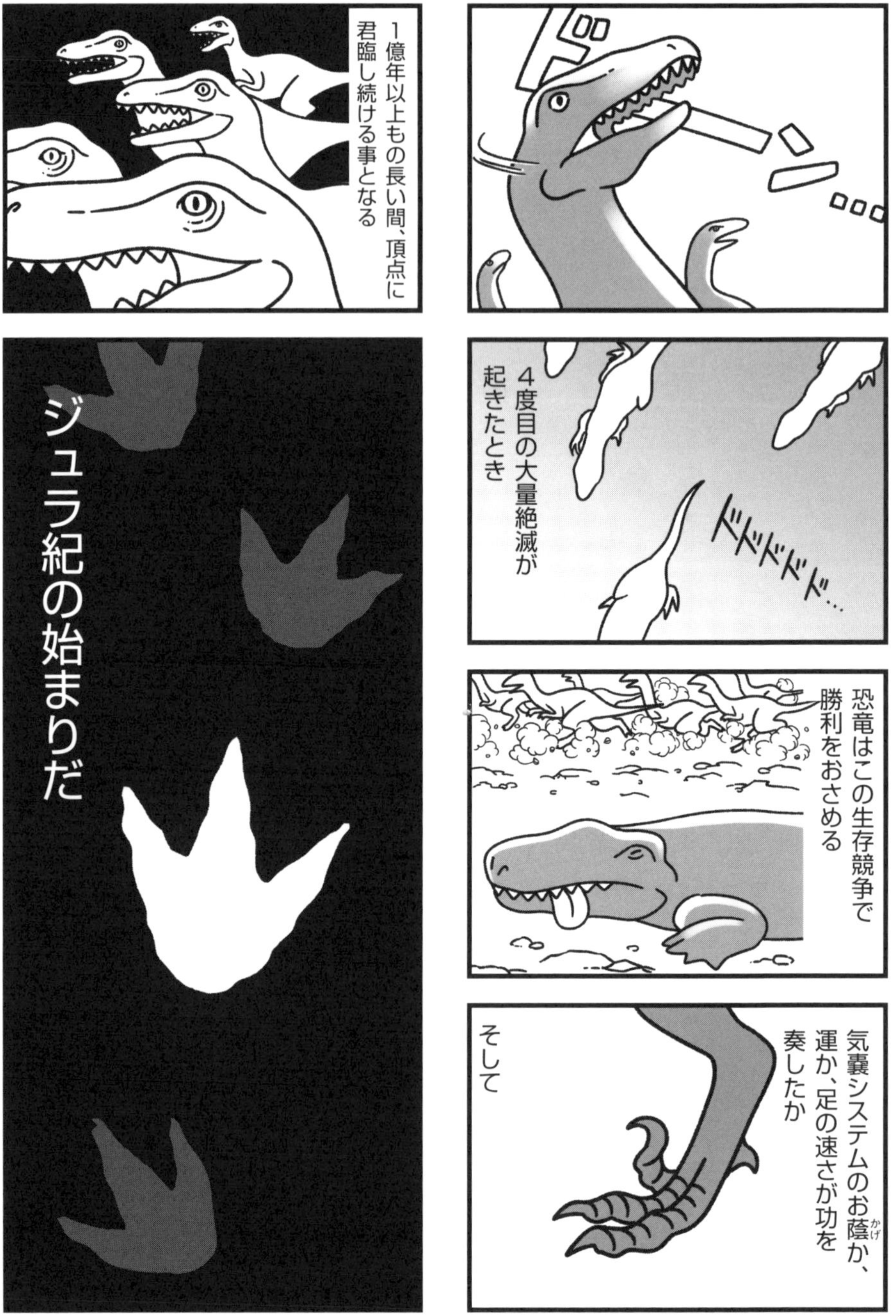
ドーン…
4度目の大量絶滅が起きたとき
ドドドドド…
恐竜はこの生存競争で勝利をおさめる
気嚢システムのお蔭《かげ》か、運か、足の速さが功を奏したか
そして
1億年以上もの長い間、頂点に君臨し続ける事となる
ジュラ紀の始まりだ

恐竜時代

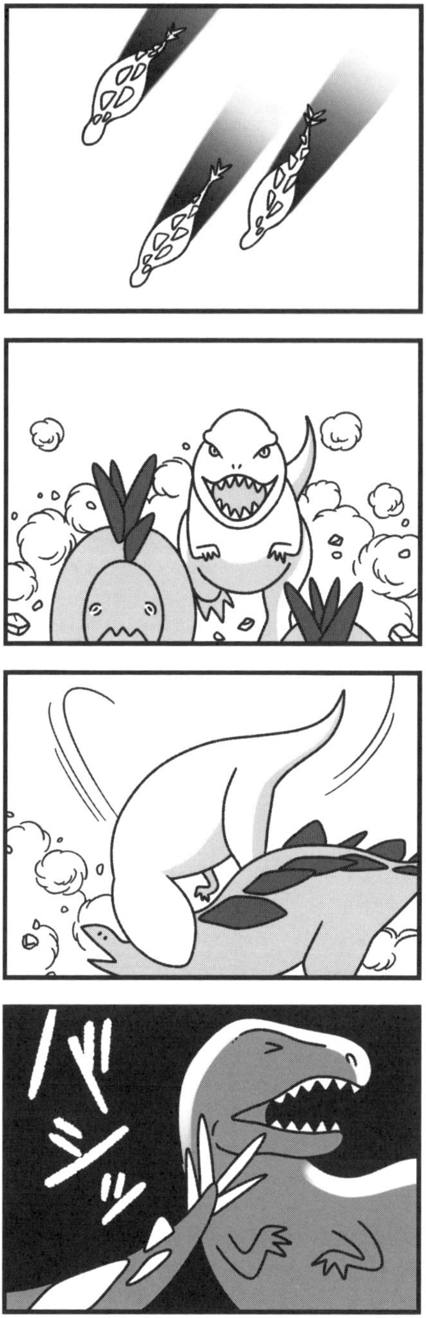

Jurassic period

2億100万年前 〜 1億4500万年前

ジュラ紀《き》

恐竜が支配する
世界で、哺乳類は
おびえて暮らしてたよ

先カンブリア時代
46億年前〜
5億4100万年前

エディアカラ紀
6億3500万年前〜
5億4100万年前

カンブリア紀
5億4100万年前〜
4億8500万年前

オルドビス紀
4億8500万年前〜
4億4400万年前

シルル紀
4億4400万年前〜
4億1900万年前

デボン紀
4億1900万年前〜
3億5900万年前

石炭紀
3億5900万年前〜
2億9900万年前

ペルム紀
2億9900万年前〜
2億5200万年前

三畳紀
2億5200万年前〜
2億100万年前

白亜紀
1億4500万年前〜
6600万年前

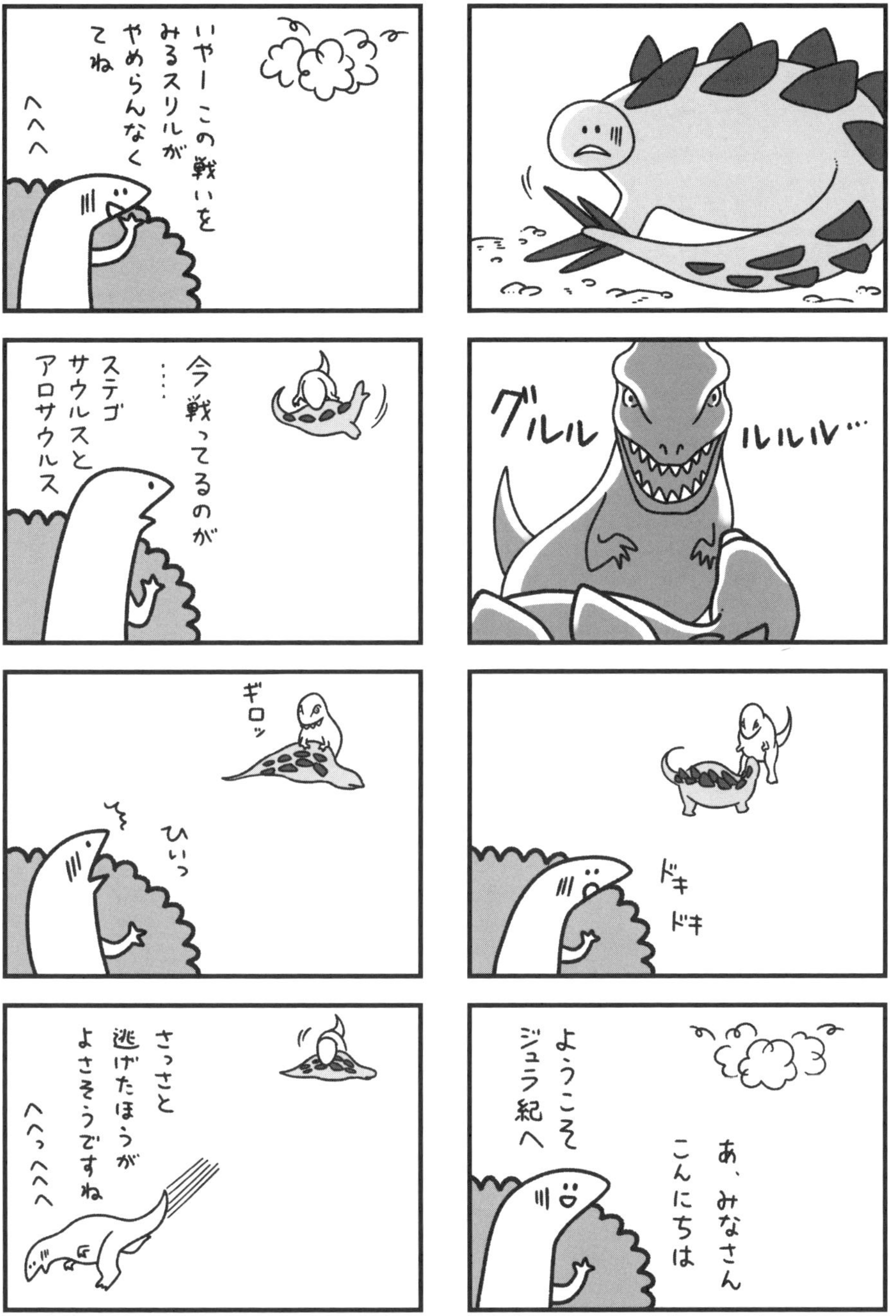
グルル
ルルル‥
ドキ
ドキ
あ、みなさん
こんにちは
ようこそ
ジュラ紀へ
いやーこの戦いを
みるスリルが
やめらんなく
てね
へへへ
今戦ってるのが
……
ステゴ
サウルスと
アロサウルス
ギロッ
ひぃっ
さっさと
逃げたほうが
よさそうですね
へへっへへへ

落とし穴

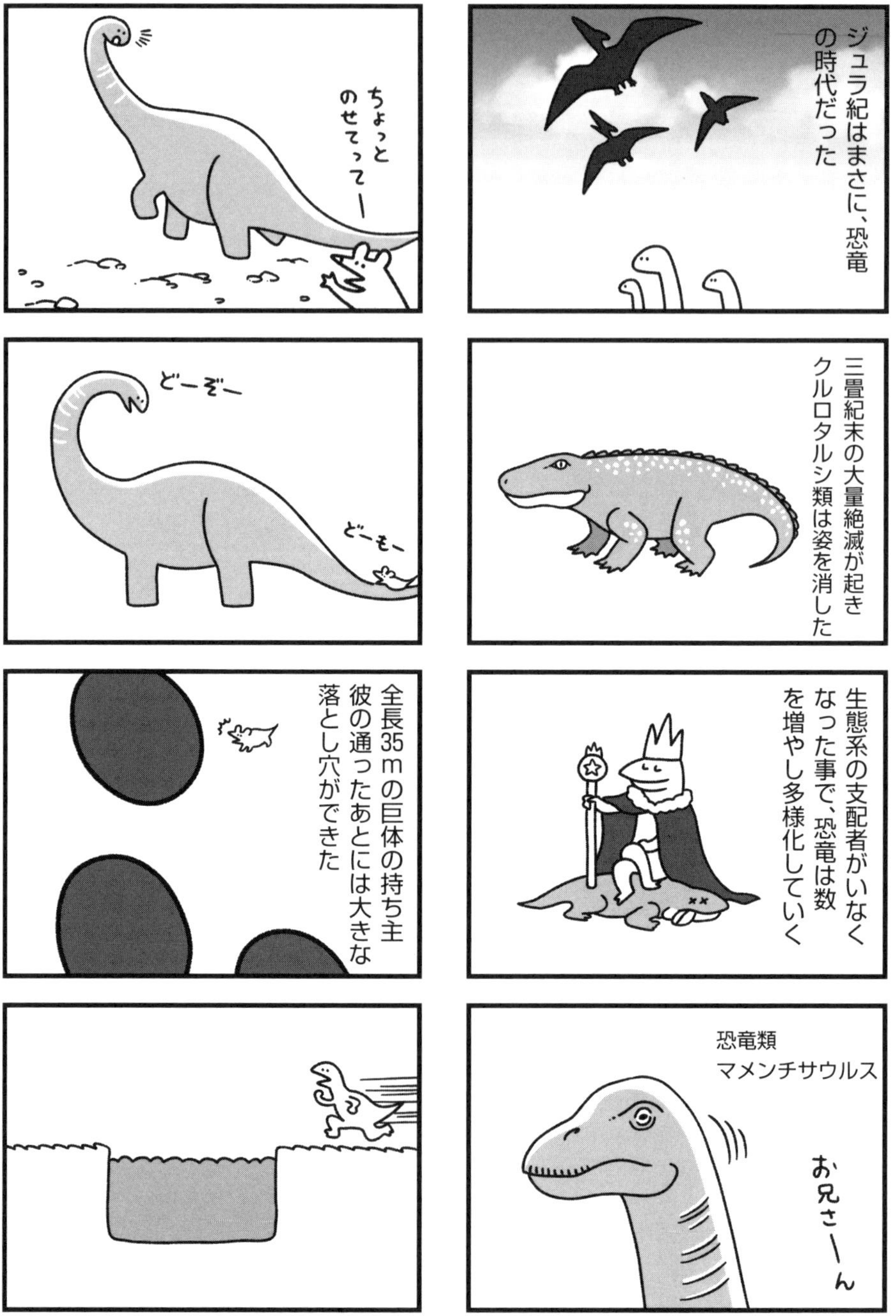
ジュラ紀はまさに、恐竜の時代だった
三畳紀末の大量絶滅が起きクルロタルシ類は姿を消した
生態系の支配者がいなくなった事で、恐竜は数を増やし多様化していく
恐竜類
マメンチサウルス
お兄さーん
ちょっとのせてってー
どーぞー
どーもー
全長35mの巨体の持ち主彼の通ったあとには大きな落とし穴ができた

竜盤《りゅうばん》類と鳥盤《ちょうばん》類

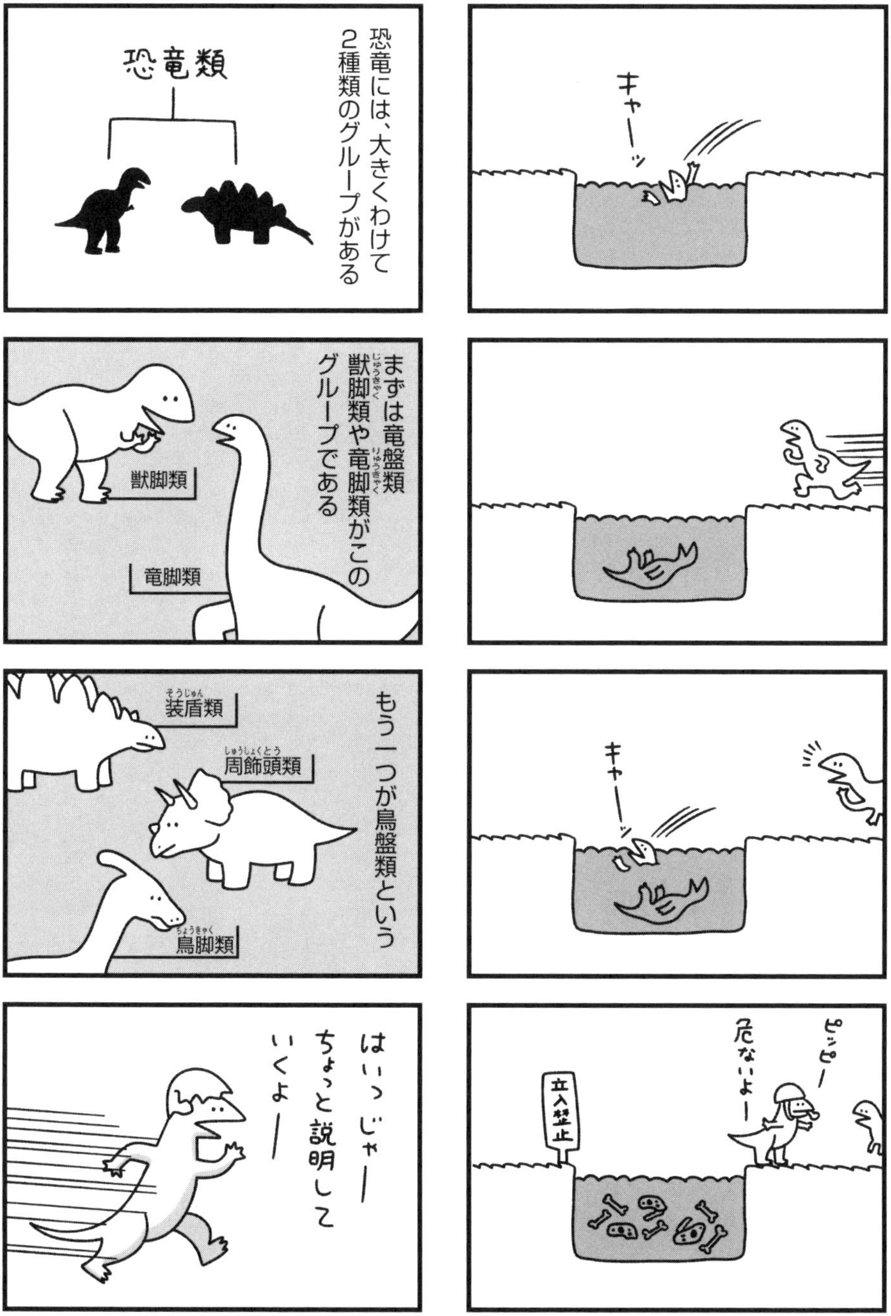
キャーッ
キャーッ
ピッピー
危ないよー
立入禁止
恐竜には、大きくわけて2種類のグループがある
恐竜類
まずは竜盤類 獣脚《じゅうきゃく》類や竜脚《りゅうきゃく》類がこのグループである
獣脚類
竜脚類
もう一つが鳥盤類という
装盾《そうじゅん》類
周飾頭《しゅうしょくとう》類
鳥脚《ちょうきゃく》類
はいっじゃー
ちょっと説明して
いくよー

始祖鳥

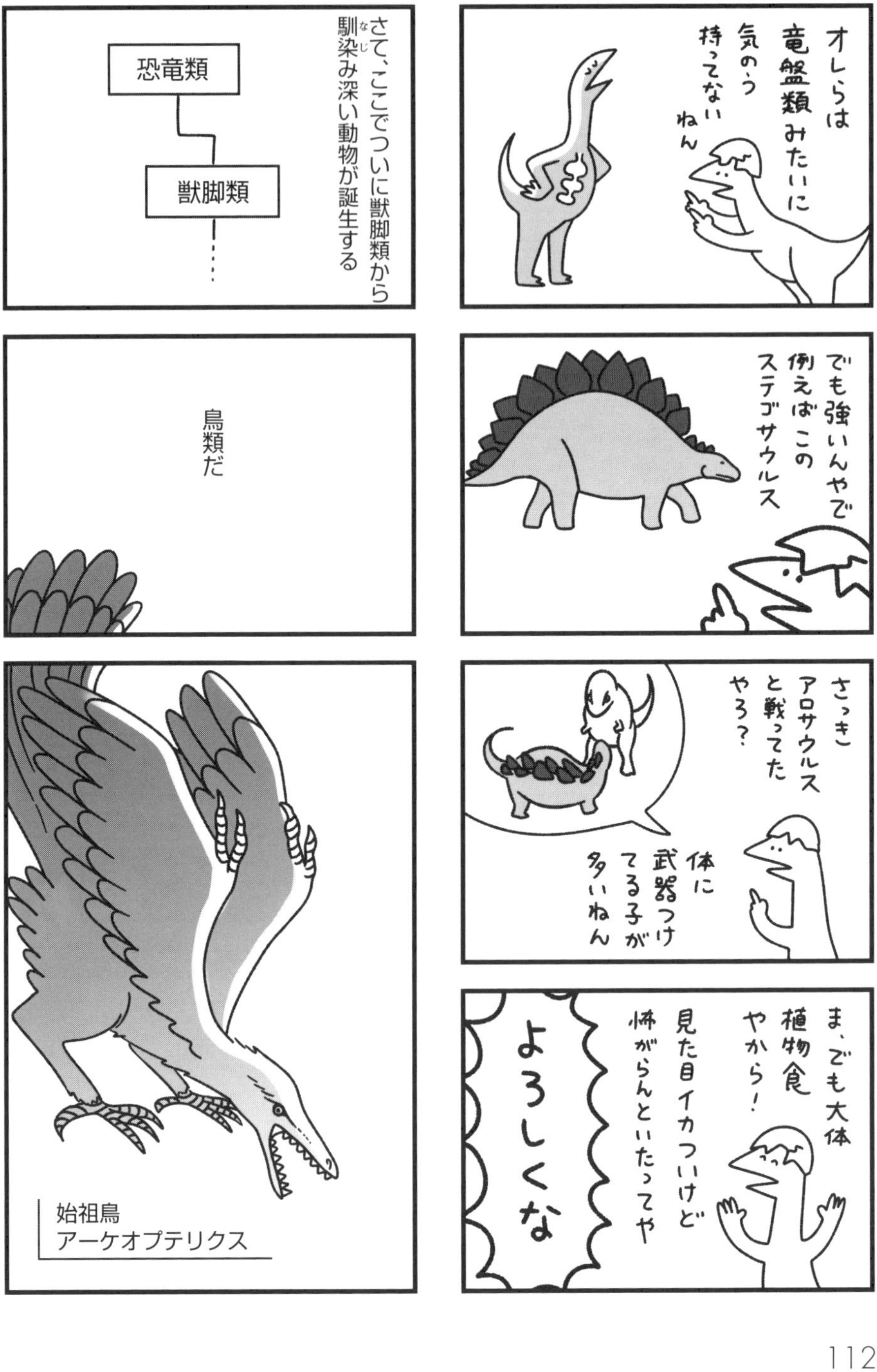

オレらは竜盤類みたいに気のう持ってないねん
でも強いんやで 例えばこのステゴサウルス
さっきアロサウルスと戦ってたやろ?
体に武器つけてる子が多いねん
ま、でも大体植物食やから!
見た目イカついけど怖がらんといたってや
よろしくな
さて、ここでついに獣脚類から馴染《なじ》み深い動物が誕生する
恐竜類
獣脚類
鳥類だ
始祖鳥
アーケオプテリクス

羽毛

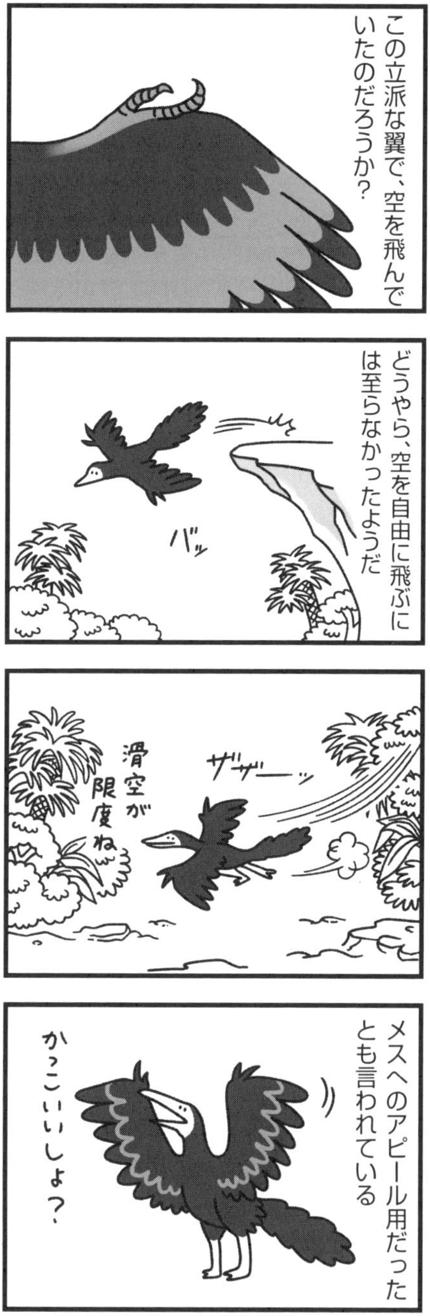
この立派な翼で、空を飛んでいたのだろうか?
どうやら、空を自由に飛ぶには至らなかったようだ
バッ
ザザーッ
滑空が限度ね
メスへのアピール用だったとも言われている
かっこいいしょ?

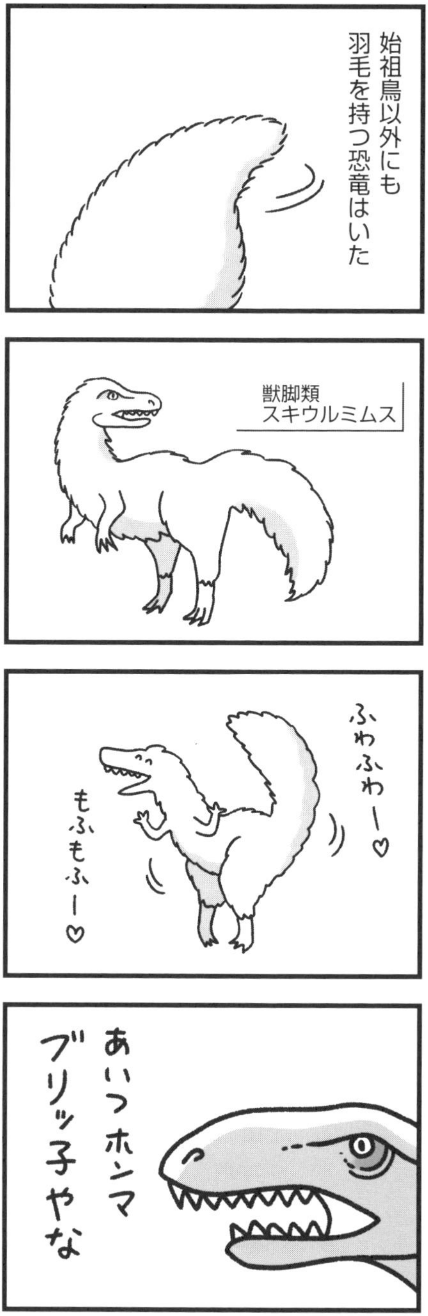
始祖鳥以外にも羽毛を持つ恐竜はいた
獣脚類
スキウルミムス
ふわふわー♡
もふもふー♡
あいつホンマブリッ子やな

真獣《しんじゅう》類

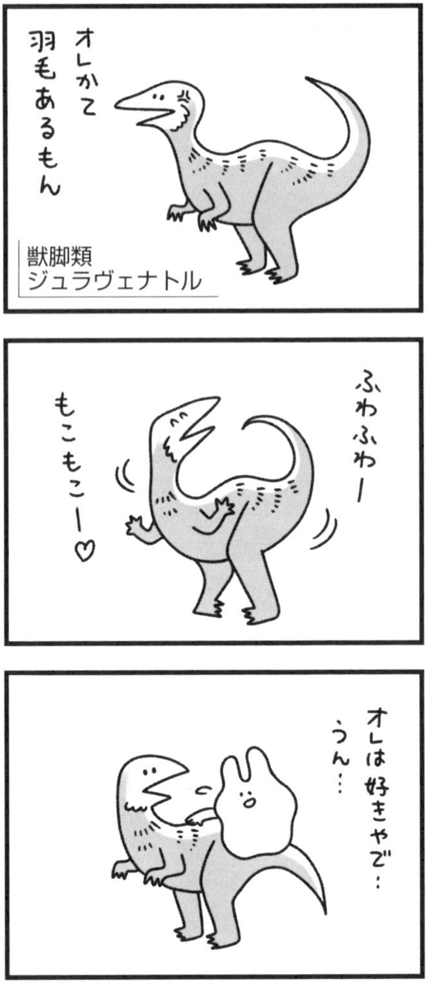

オレかて
羽毛あるもん
獣脚類
ジュラヴェナトル
ふわふわー
もこもこー♡
オレは好きやで…
うん…
ちょっと!!
帰るでっ
だって
みてらん
なくて…

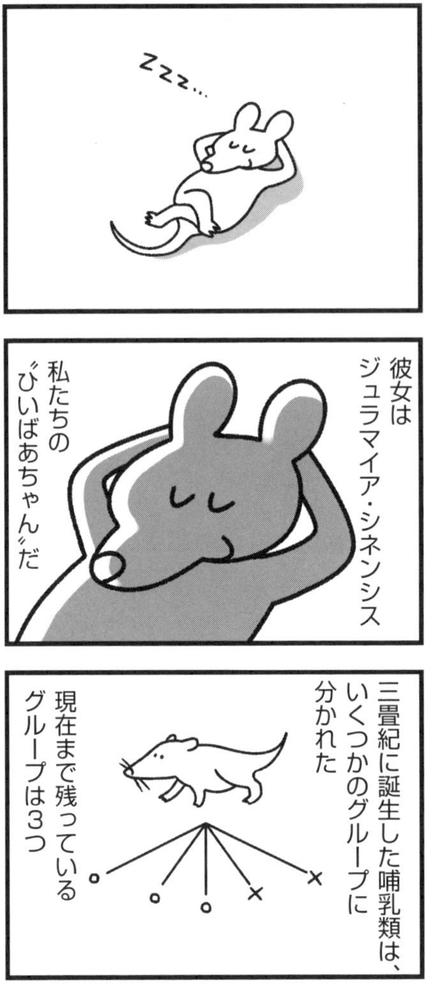

Zzz…
彼女は
ジュラマイア・シネンシス
私たちの
〝ひいばあちゃん〟だ
三畳紀に誕生した哺乳類は、
いくつかのグループに
分かれた
現在まで残っている
グループは3つ
一つ目は単孔類
カモノハシ等
卵生である

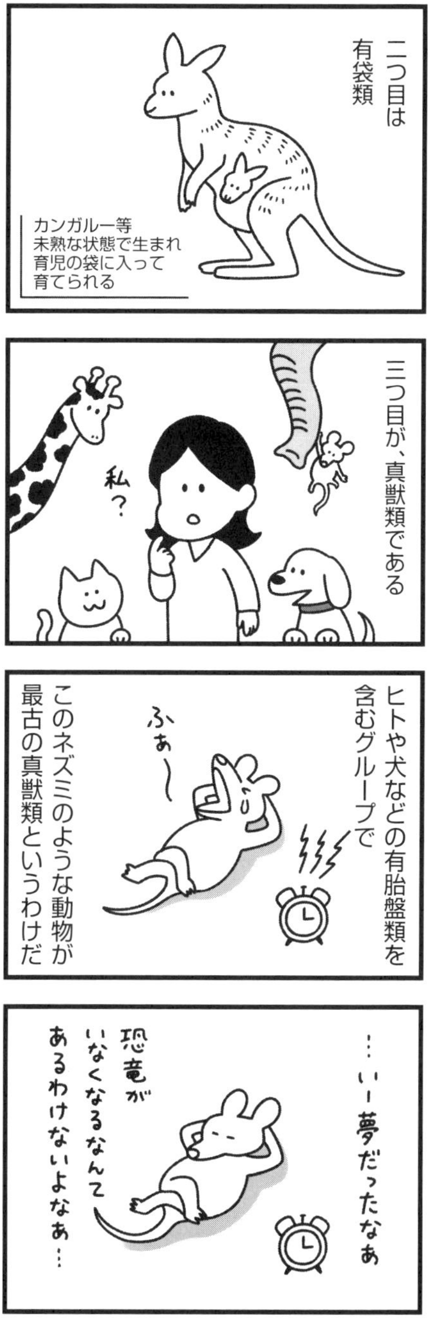
二つ目は
有袋類
カンガルー等
未熟な状態で生まれ
育児の袋に入って
育てられる
三つ目が、真獣類である
私？
ヒトや犬などの有胎盤類を含むグループで
ふぁ～
このネズミのような動物が最古の真獣類というわけだ
…いー夢だったなぁ
恐竜がいなくなるなんてあるわけないよなぁ…

哺乳類、水中と空へ

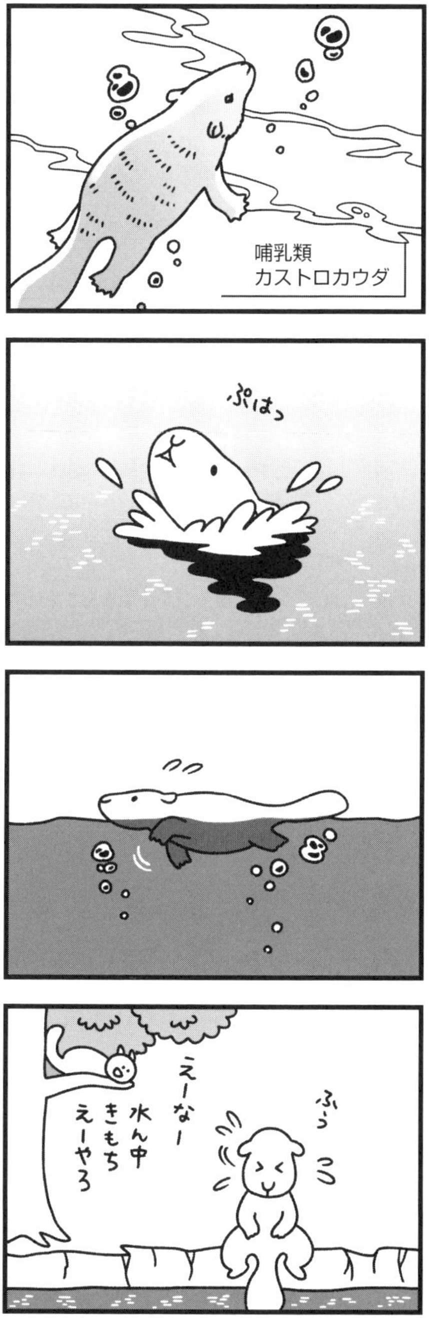
哺乳類
カストロカウダ
ぷはっ
えーなー
水ん中きもちえーやろ
ふぅ

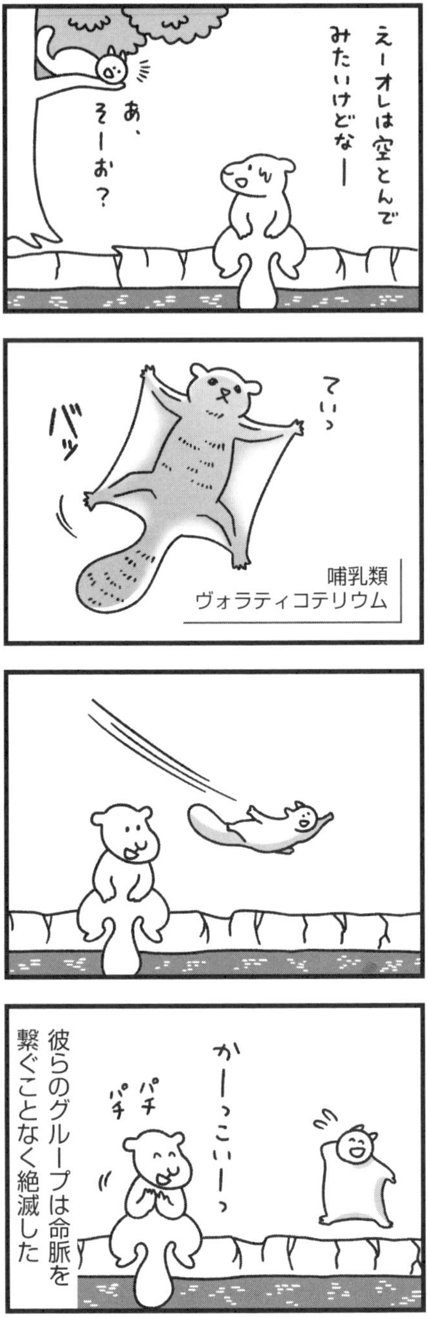
えーオレは空とんでみたいけどなー
あ、そーお?
ていっ
バッ
哺乳類
ヴォラティコテリウム
かーっこいーっ
パチパチ
彼らのグループは命脈を繋ぐことなく絶滅した

花

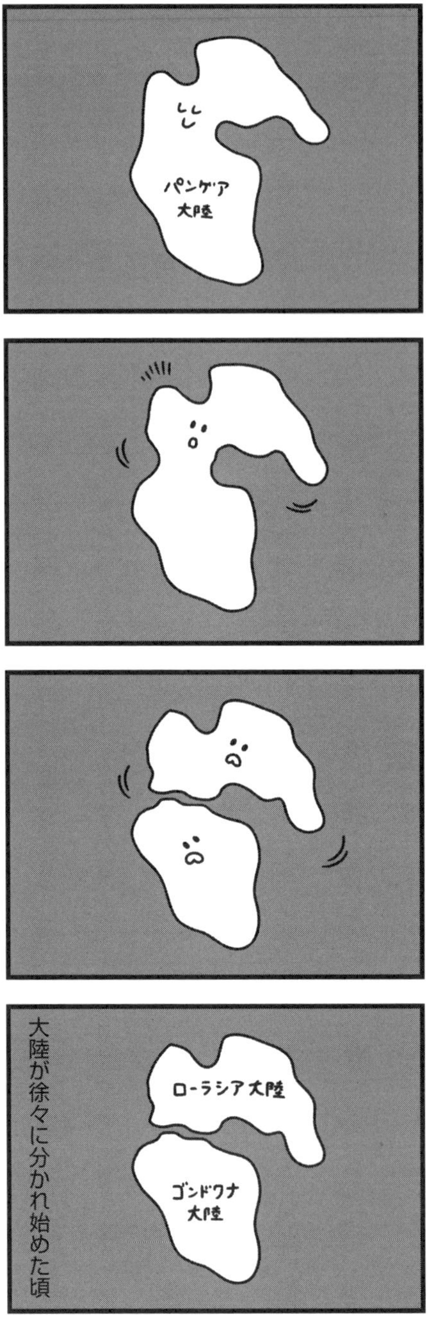
パンゲア大陸
ローラシア大陸
ゴンドワナ大陸
大陸が徐々に分かれ始めた頃

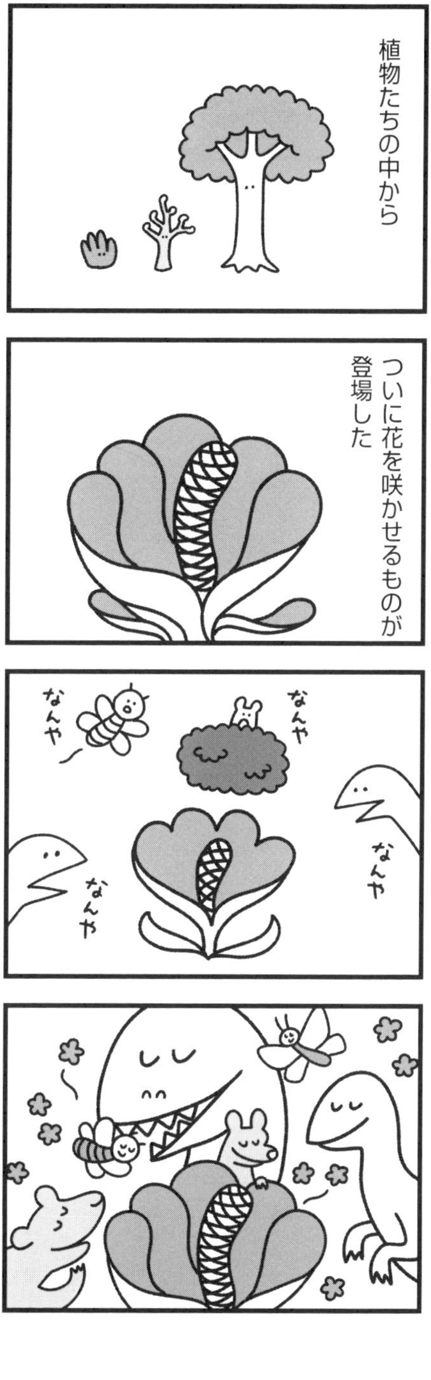
植物たちの中から
ついに花を咲かせるものが
登場した
なんや
なんや
なんや
なんや

Cretaceous period

1億4500万年前 ～ 6600万年前

白《はく》亜《あ》紀《き》

巨大な隕石が
恐竜と哺乳類の
運命を変える

先カンブリア時代
46億年前～
5億4100万年前

エディアカラ紀
6億3500万年前～
5億4100万年前

カンブリア紀
5億4100万年前～
4億8500万年前

オルドビス紀
4億8500万年前～
4億4400万年前

シルル紀
4億4400万年前～
4億1900万年前

デボン紀
4億1900万年前～
3億5900万年前

石炭紀
3億5900万年前～
2億9900万年前

ペルム紀
2億9900万年前～
2億5200万年前

三畳紀
2億5200万年前～
2億100万年前

ジュラ紀
2億100万年前～
1億4500万年前

魚竜、死す

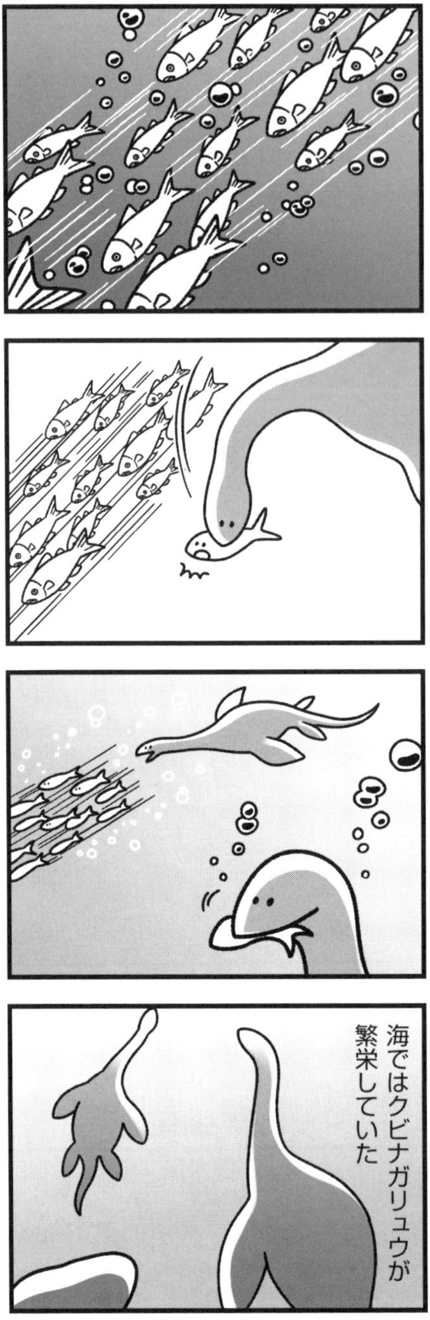
海ではクビナガリュウが
繁栄していた

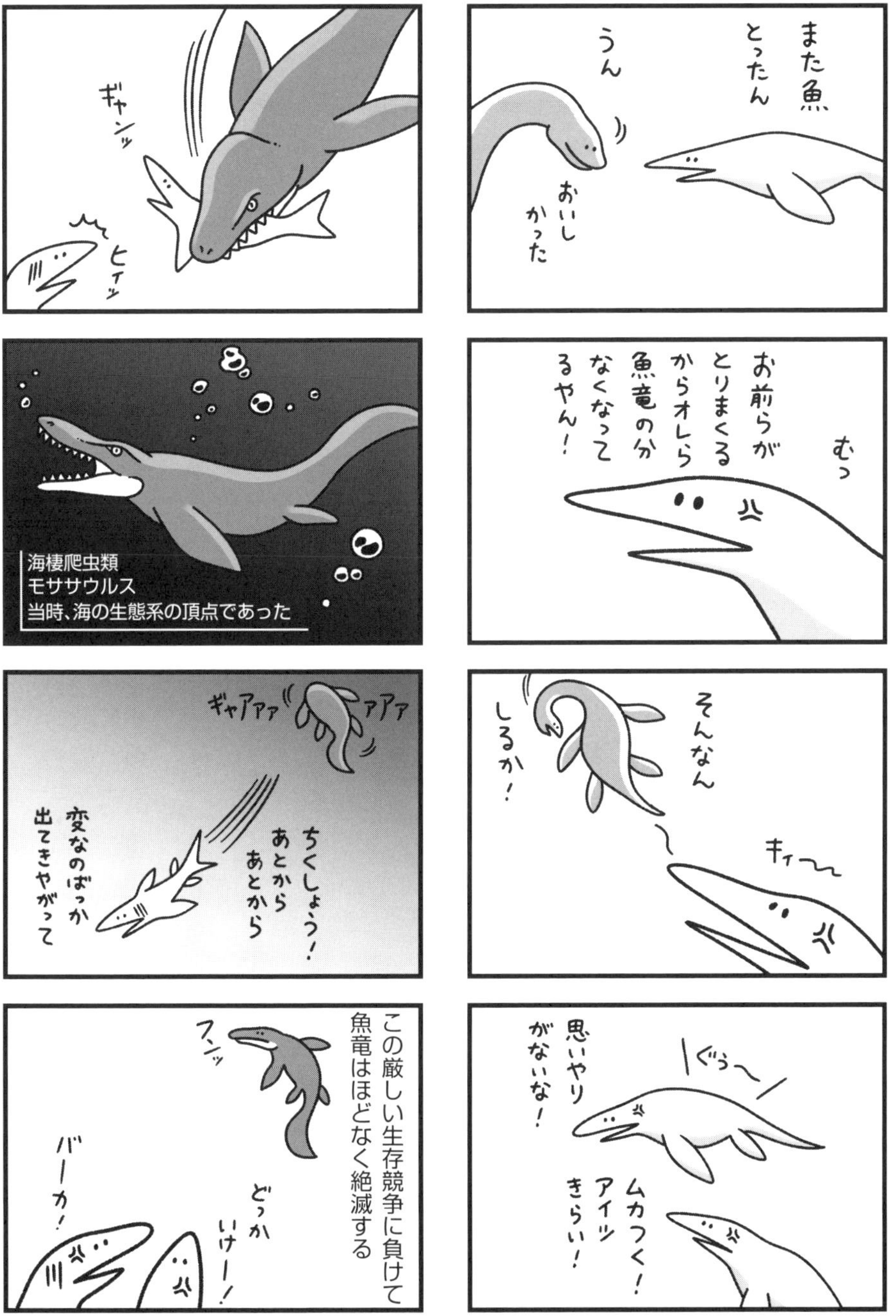
また魚とったん
うん
おいしかった
お前らがとりまくるからオレら魚竜の分なくなってるやん!
むっ
そんなんしるか!
キィ~~
思いやりがないな!
ぐぅ~
ムカつく!アイツきらい!
ギャンッ
ヒェッ
海棲爬虫類
モササウルス
当時、海の生態系の頂点であった
ギャアァァアァァ
ちくしょう!あとからあとから
変なのばっか出てきやがって
この厳しい生存競争に負けて魚竜はほどなく絶滅する
フンッ
どっかいけー!
バーカ!

ティラノサウルス

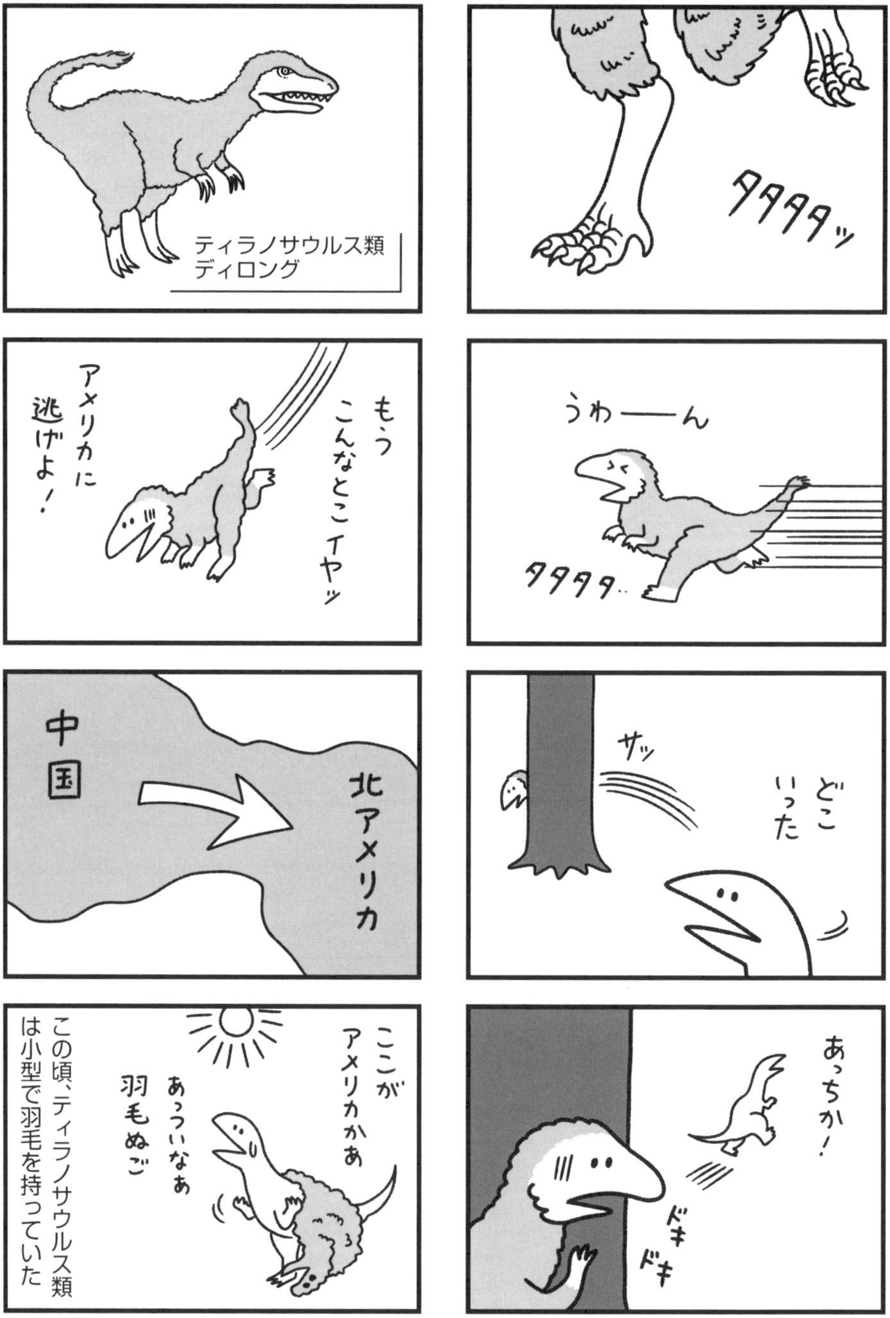
タタタタッ
うわーーん
タタタタ‥
サッ
どこいった
あっちか！
ドキドキ
ティラノサウルス類
ディロング
もうこんなとこイヤッ
アメリカに逃げよ！
中国
北アメリカ
ここがアメリカかあ
あっついなぁ
羽毛ぬご
この頃、ティラノサウルス類は小型で羽毛を持っていた

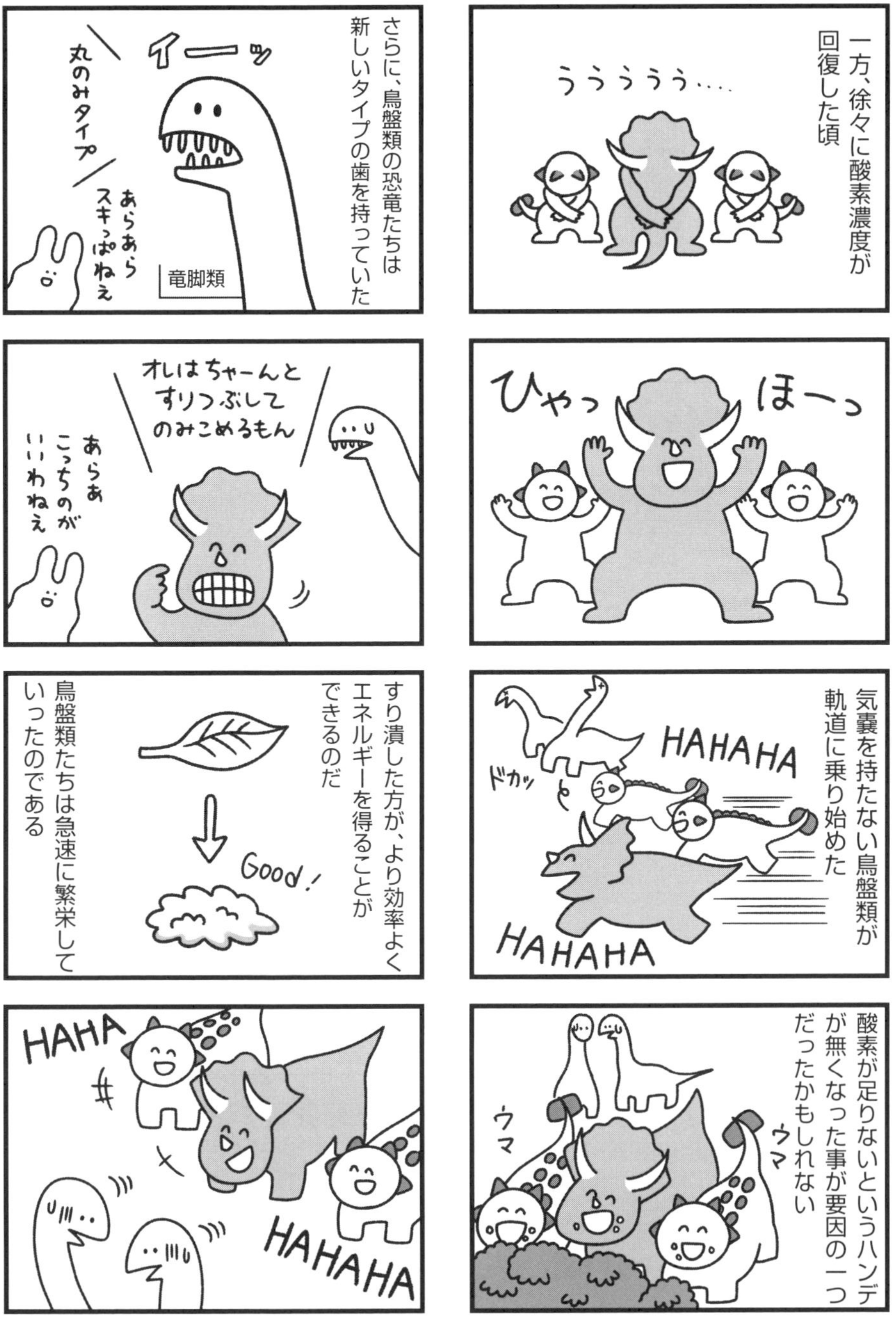
一方、徐々に酸素濃度が
回復した頃
ううううう....
ひゃっ
ほーっ
気嚢を持たない鳥盤類が
軌道に乗り始めた
HAHAHA
ドカッ
HAHAHA
酸素が足りないというハンデ
が無くなった事が要因の一つ
だったかもしれない
ウマ
ウマ
さらに、鳥盤類の恐竜たちは
新しいタイプの歯を持っていた
イーッ
丸のみタイプ
竜脚類
あらあら
スキっぱねえ
オレはちゃーんと
すりつぶして
のみこめるもん
あらあ
こっちのが
いいわねえ
すり潰した方が、より効率よく
エネルギーを得ることが
できるのだ
Good!
鳥盤類たちは急速に繁栄して
いったのである
HAHA
HAHAHA

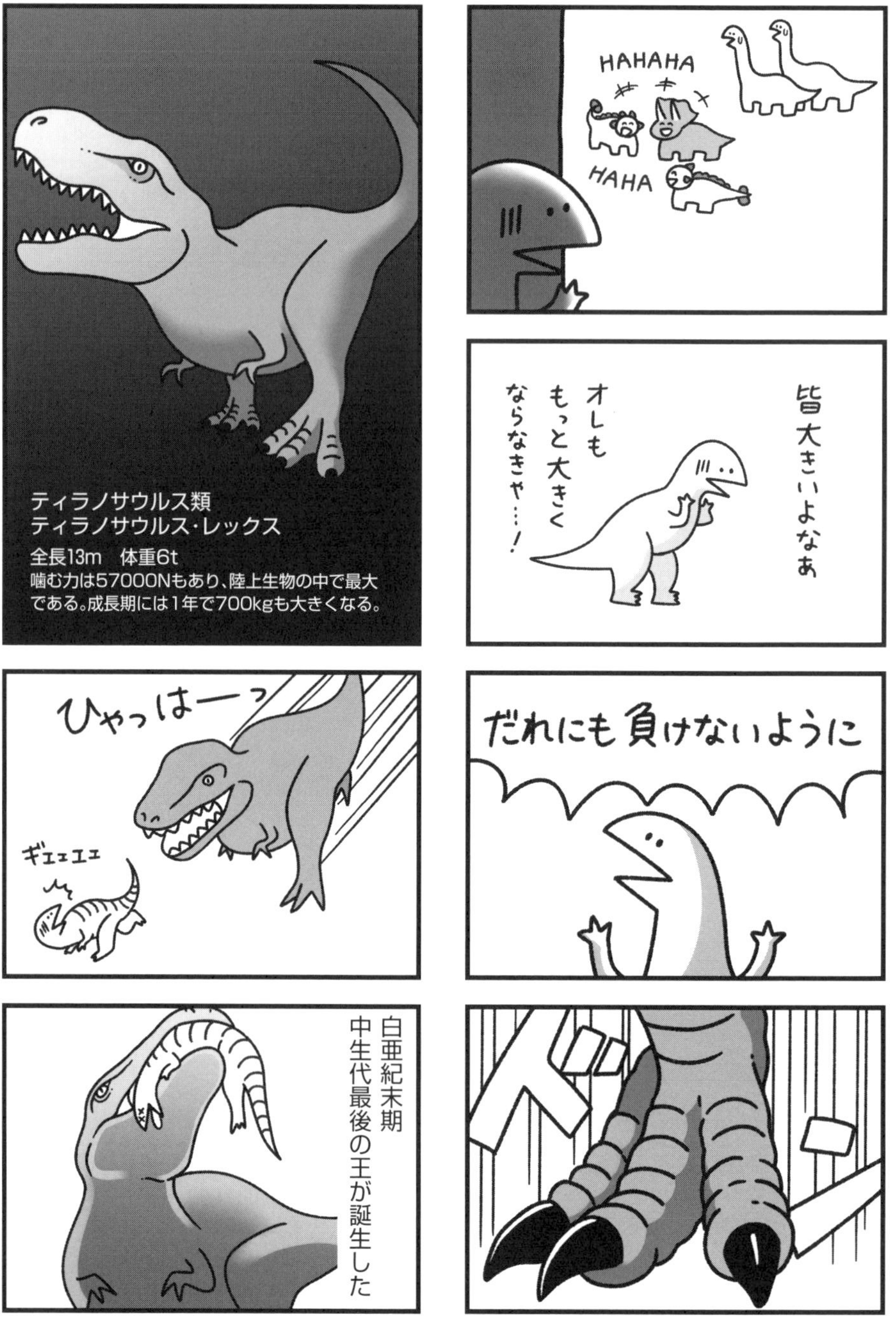
HAHAHA
HAHA
皆大きいよなあ
オレも
もっと大きく
ならなきゃ…！
だれにも負けないように
ティラノサウルス類
ティラノサウルス・レックス
全長13m　体重6t
噛む力は57000Nもあり、陸上生物の中で最大である。成長期には1年で700kgも大きくなる。
ひゃっはーっ
ギェェエェ
白亜紀末期
中生代最後の王が誕生した

化石

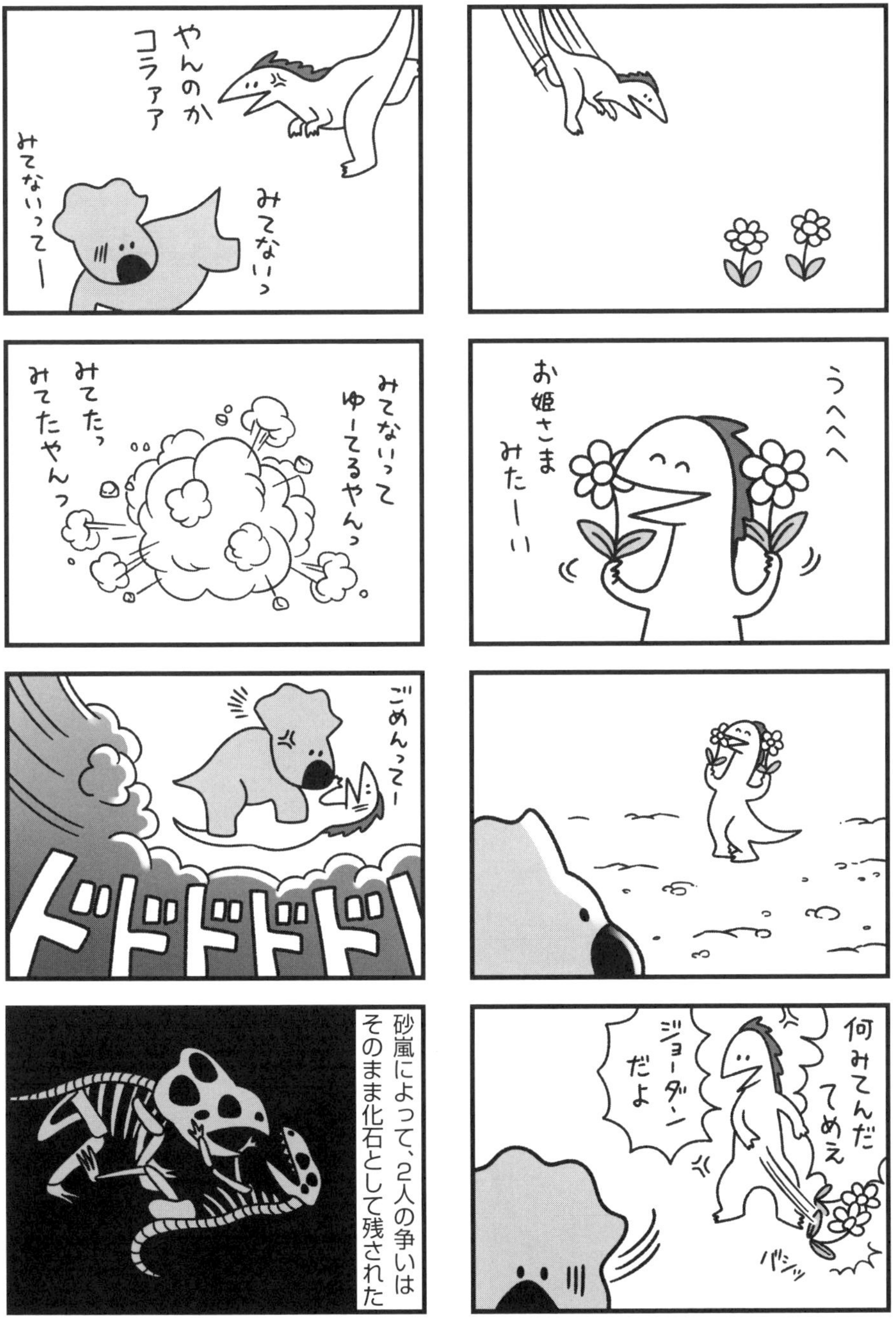
うへへへ
お姫さまみたーーい
何みてんだてめえ
ジョーダンだよ
バシッ
やんのかコラァア
みてないっ
みてないってーー
みてないってゆーてるやんっ
みてたっ
みてたやんっ
ごめんってー
ドドドドドド
砂嵐によって、2人の争いはそのまま化石として残された

最後の大量絶滅

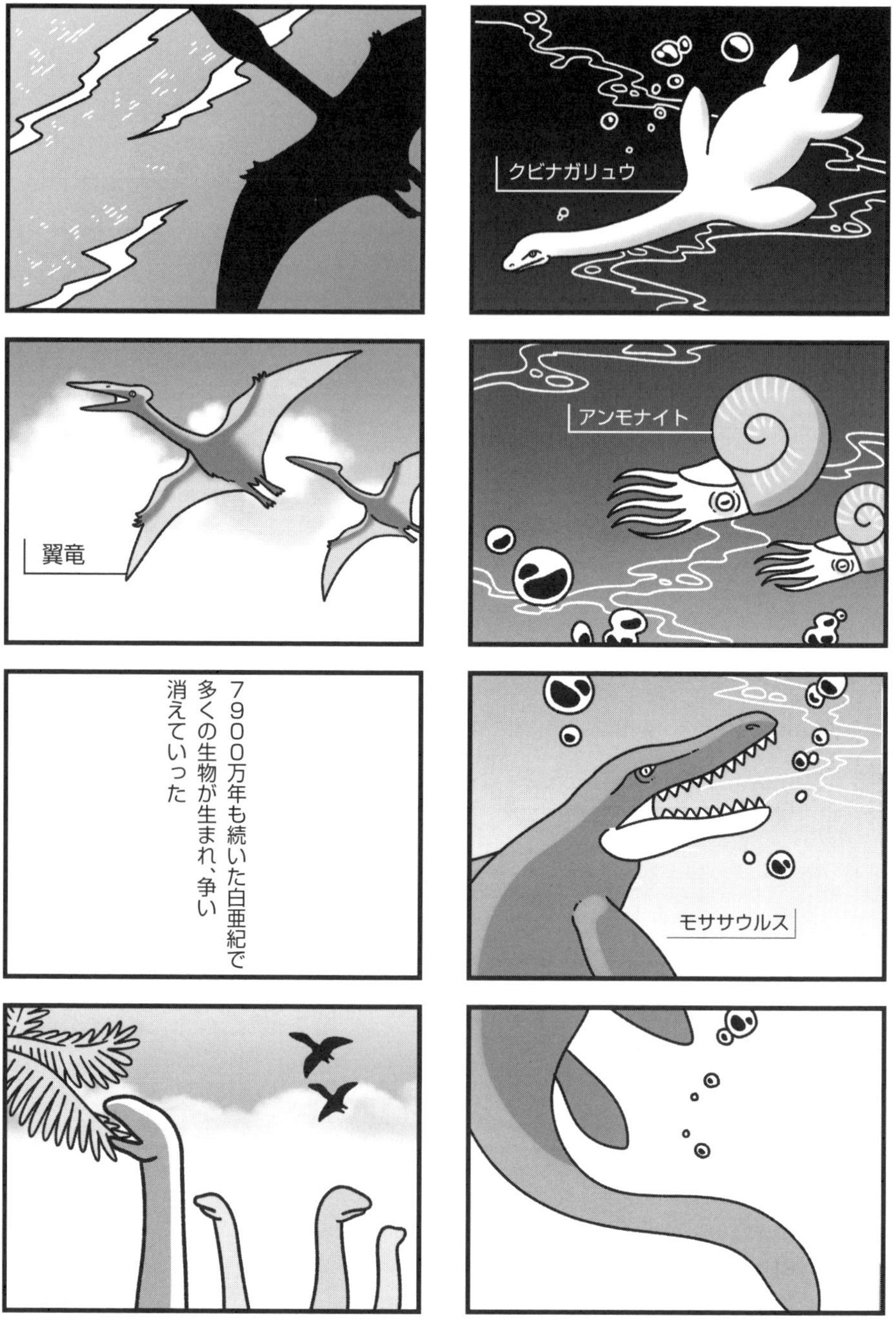

クビナガリュウ
アンモナイト
モササウルス
翼竜
7900万年も続いた白亜紀で
多くの生物が生まれ、争い
消えていった

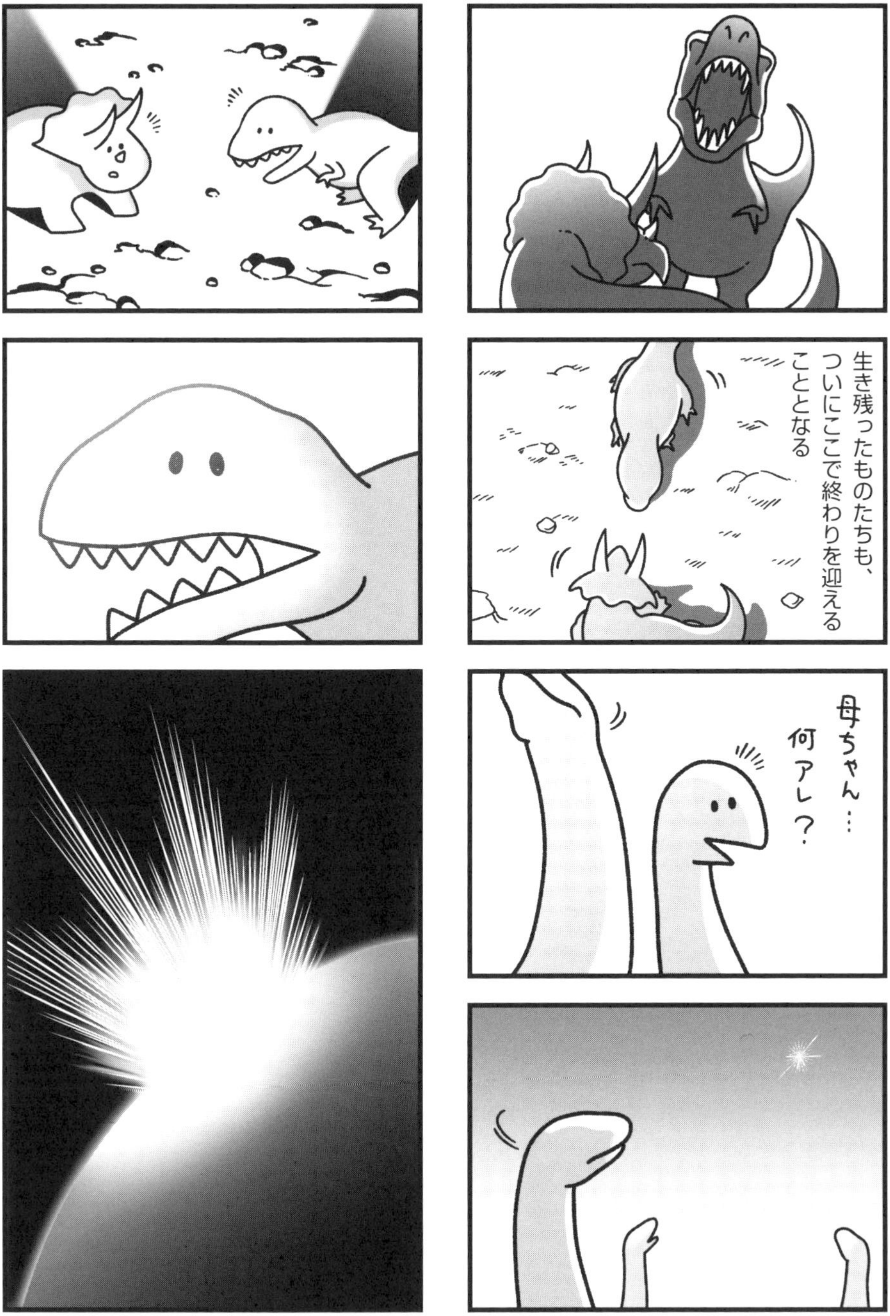
生き残ったものたちも、ついにここで終わりを迎えることとなる
母ちゃん…
何アレ？

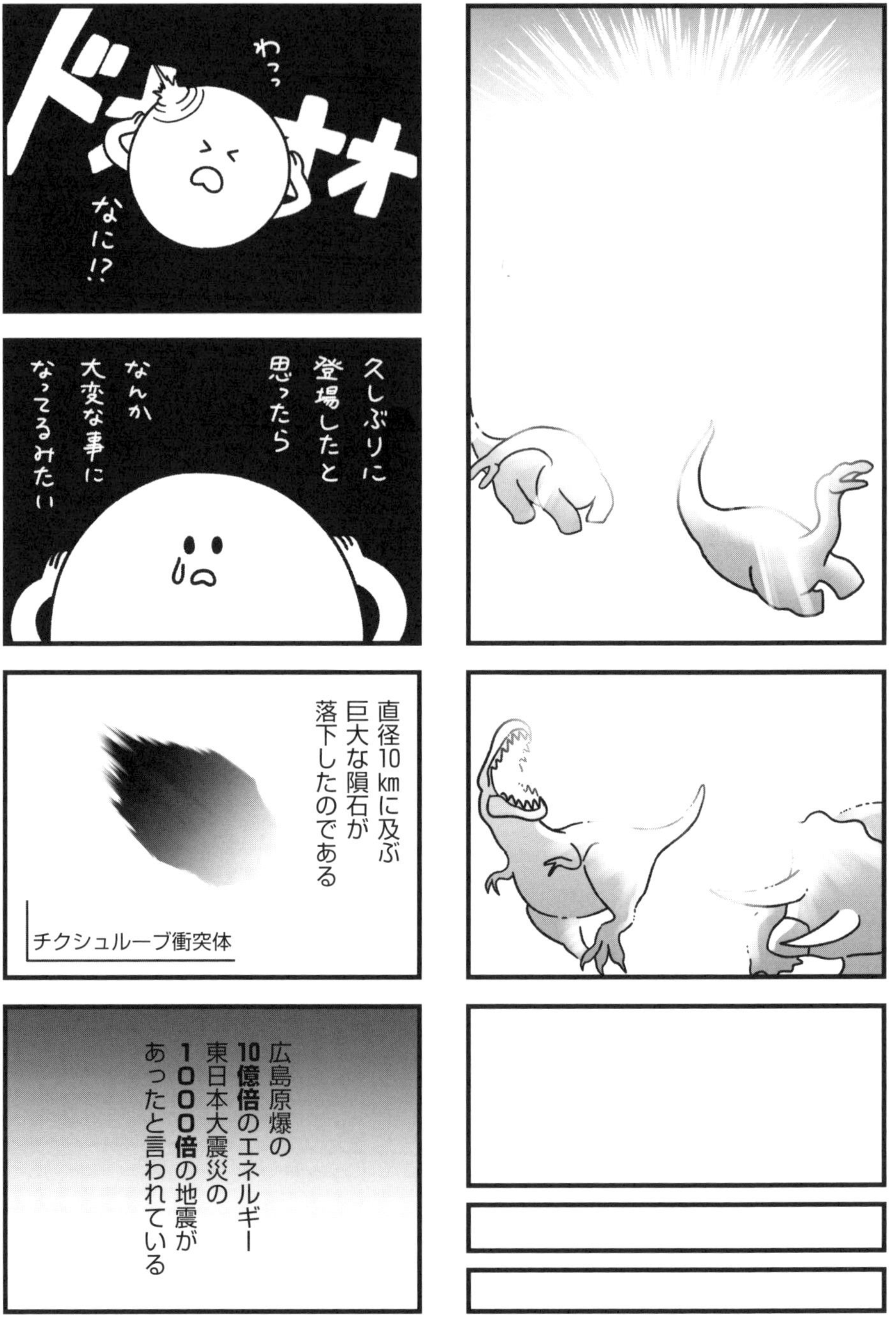
ドオオ
わっっ
なに!?
久しぶりに
登場したと
思ったら
なんか
大変な事に
なってるみたい
直径10㎞に及ぶ
巨大な隕石が
落下したのである
チクシュルーブ衝突体
広島原爆の
10億倍のエネルギー
東日本大震災の
1000倍の地震が
あったと言われている

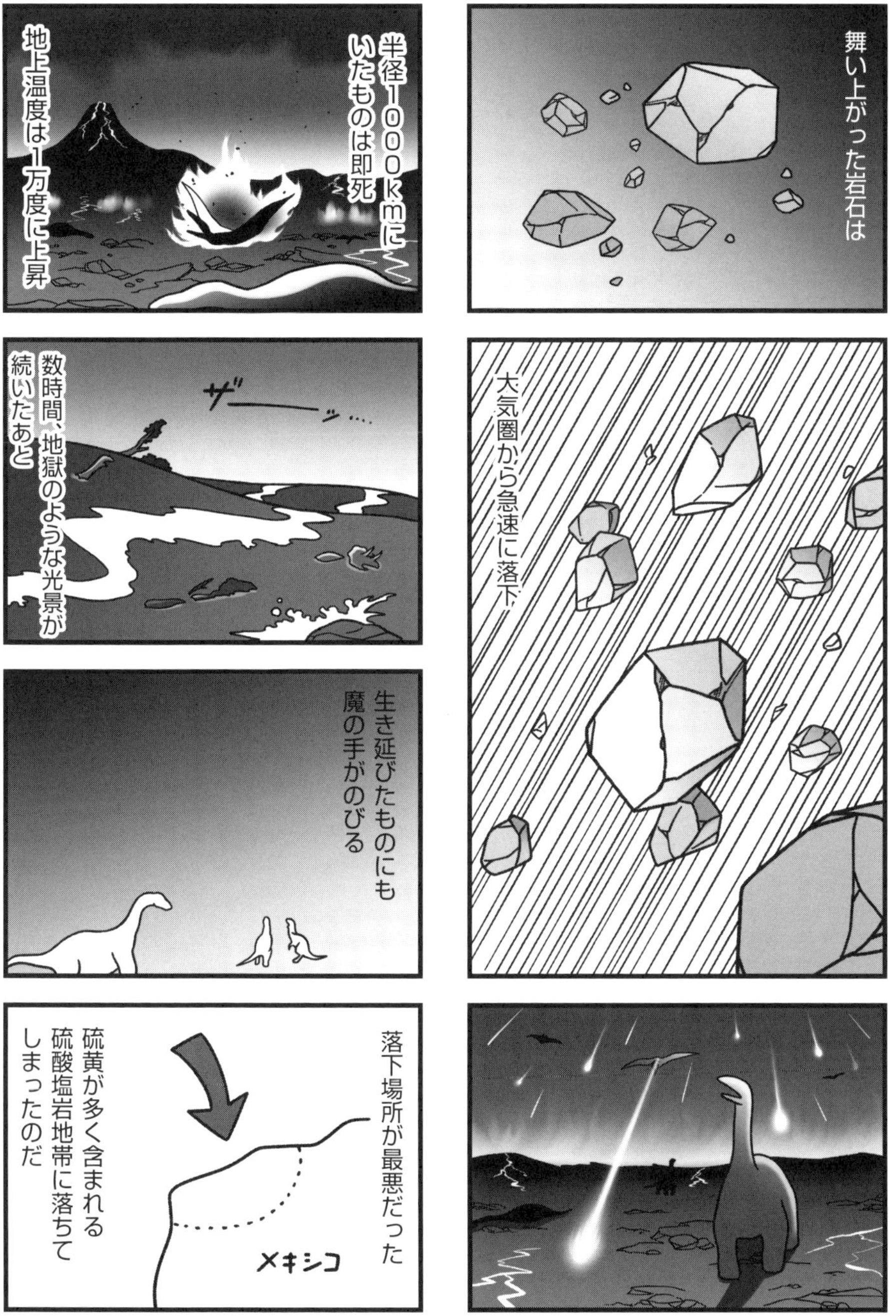
舞い上がった岩石は
大気圏から急速に落下
半径100kmにいたものは即死
地上温度は1万度に上昇
ザーーッ…
数時間、地獄のような光景が続いたあと
生き延びたものにも魔の手がのびる
落下場所が最悪だった
硫黄が多く含まれる硫酸塩岩地帯に落ちてしまったのだ
メキシコ

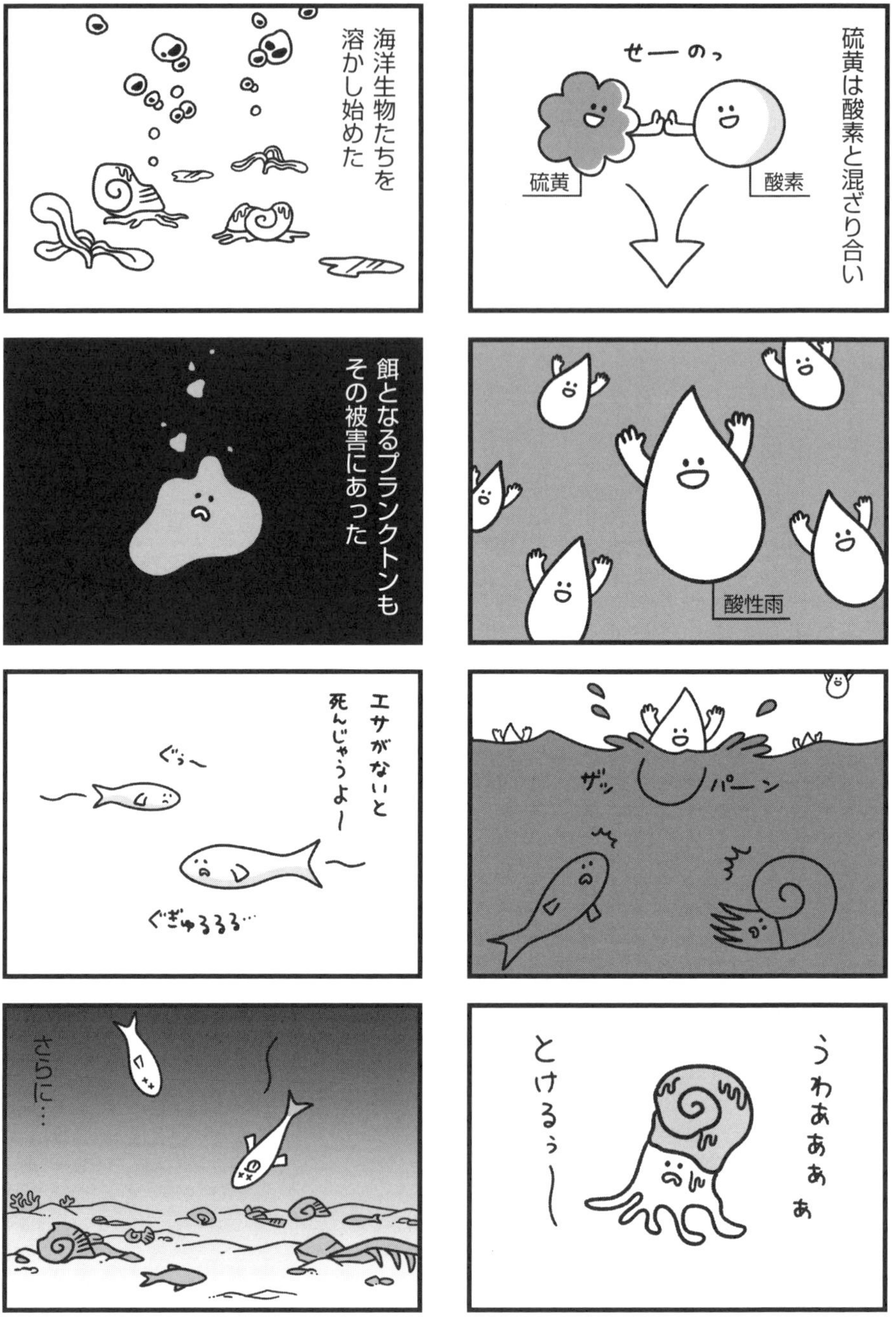
硫黄は酸素と混ざり合い
せーのっ
硫黄
酸素
酸性雨
ザッ
パーン
うわあああ
とけるぅ〜
海洋生物たちを
溶かし始めた
餌となるプランクトンも
その被害にあった
エサがないと
死んじゃうよ〜
ぐぅ〜
ぐぎゅるるる…
さらに…

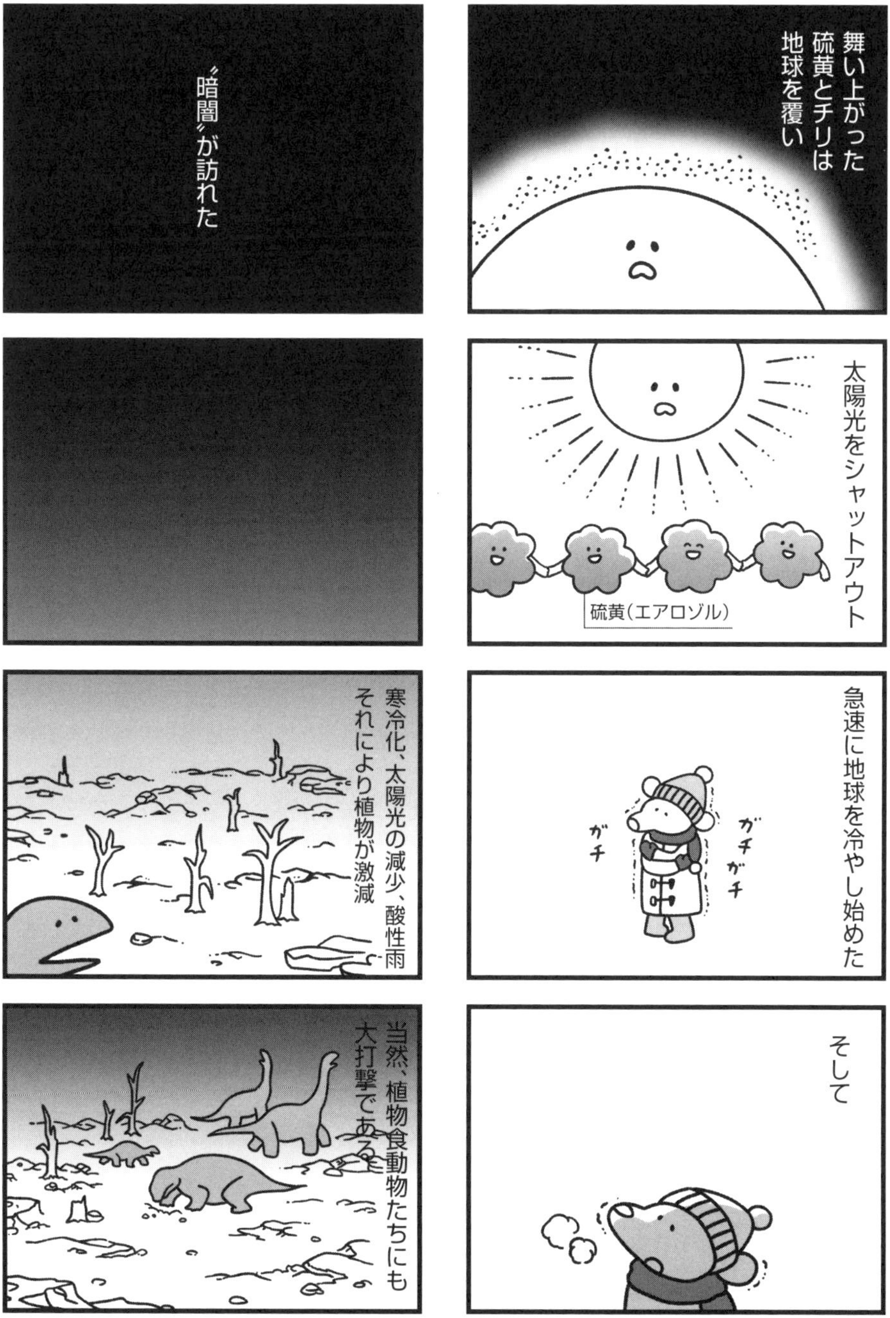

舞い上がった
硫黄とチリは
地球を覆い
太陽光をシャットアウト
硫黄（エアロゾル）
急速に地球を冷やし始めた
ガチガチ
ガチ
そして
〝暗闇〟が訪れた
寒冷化、太陽光の減少、酸性雨
それにより植物が激減
当然、植物食動物たちにも
大打撃である

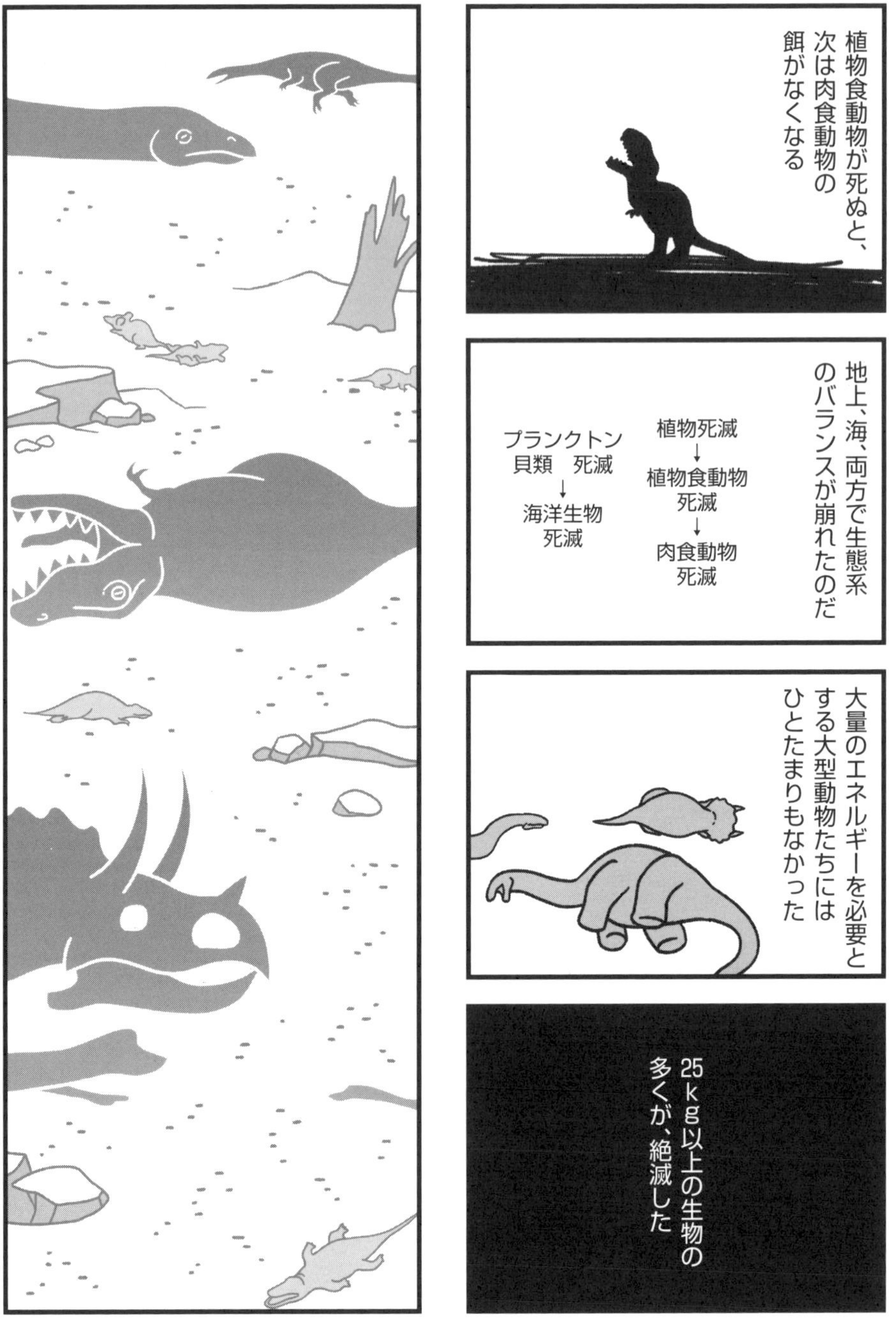

植物食動物が死ぬと、
次は肉食動物の
餌がなくなる
地上、海、両方で生態系
のバランスが崩れたのだ
植物死滅
↓
植物食動物
死滅
↓
肉食動物
死滅
プランクトン
貝類　死滅
↓
海洋生物
死滅
大量のエネルギーを必要と
する大型動物たちには
ひとたまりもなかった
25kg以上の生物の
多くが、絶滅した

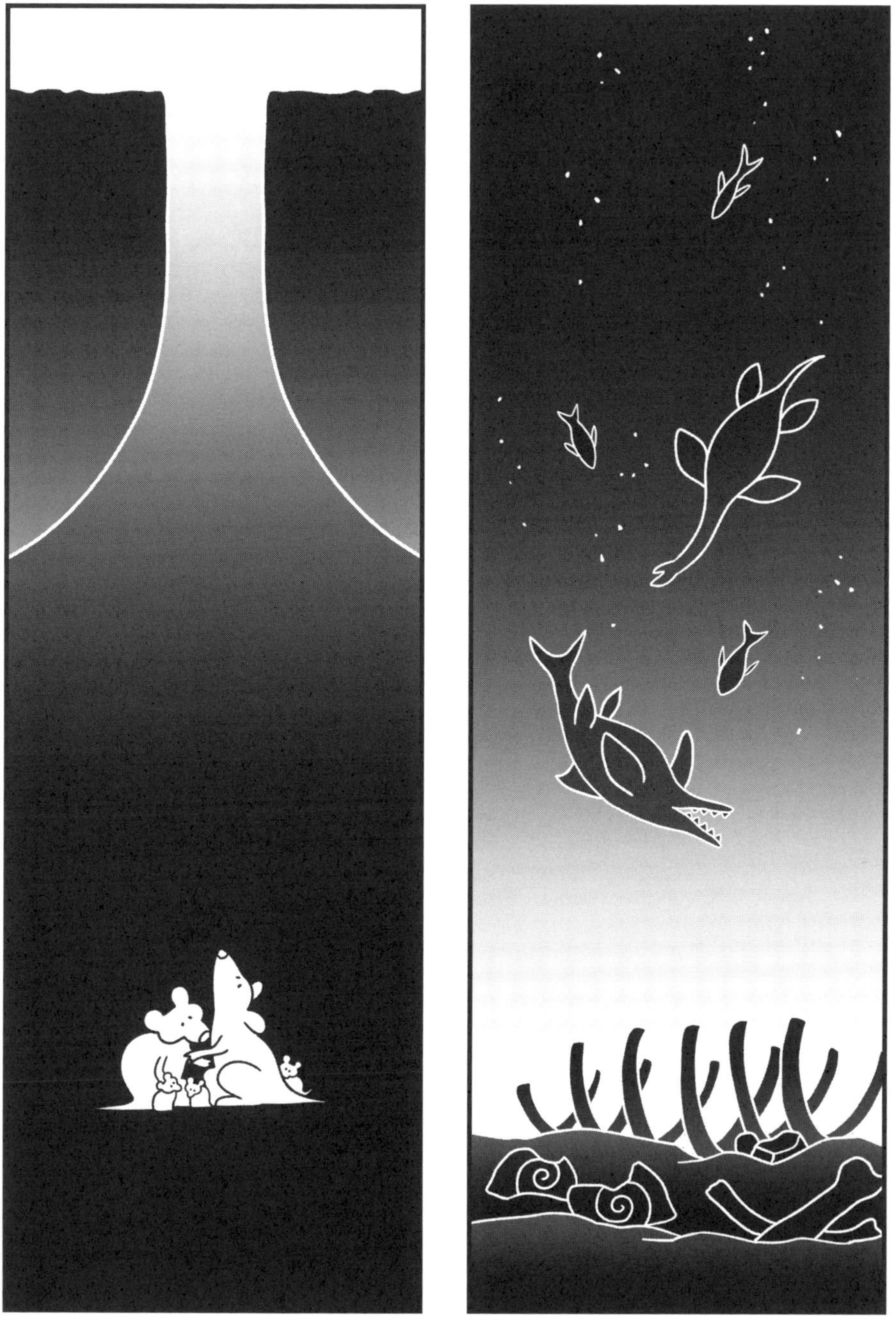

終わりの始まり

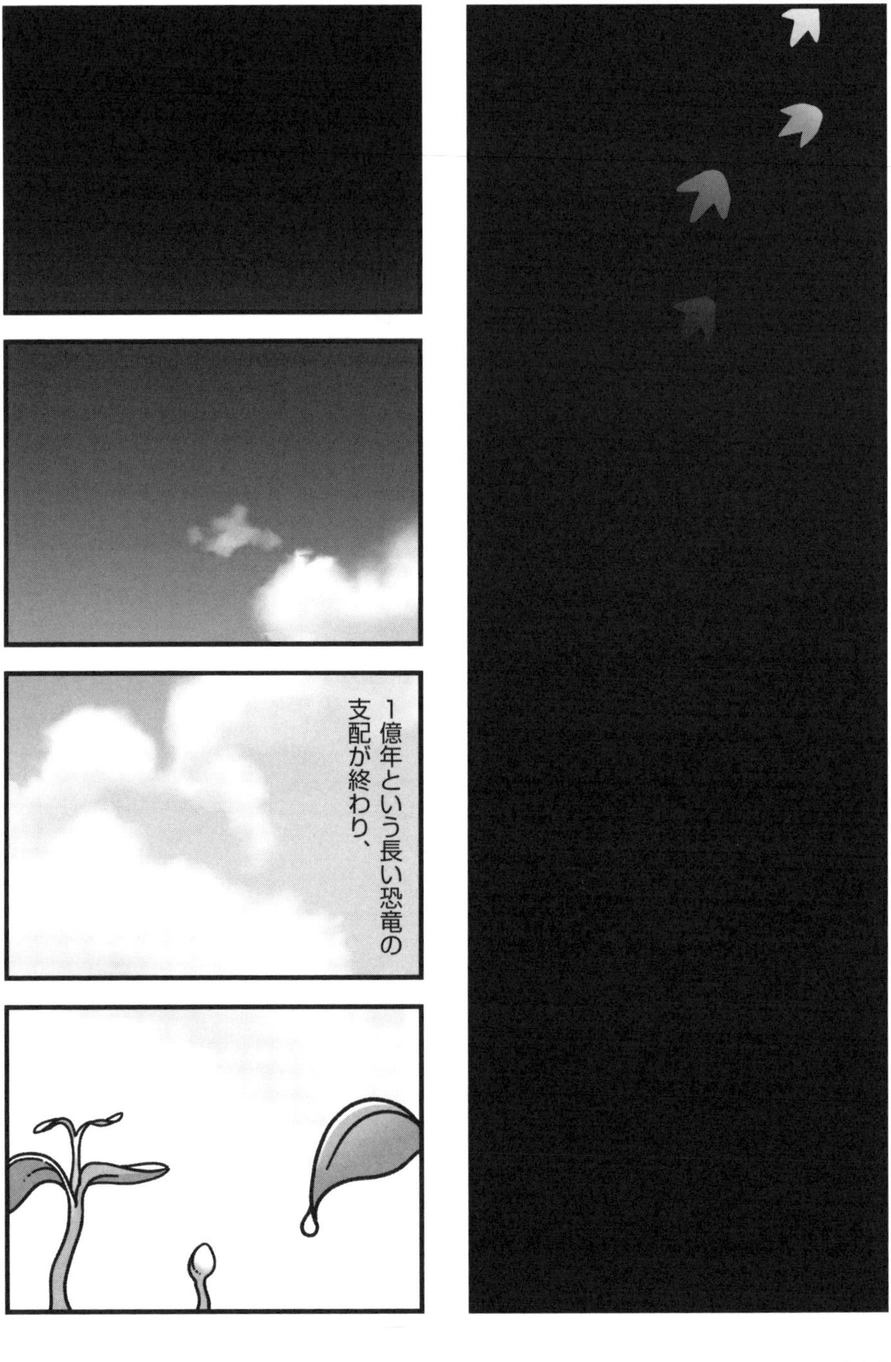

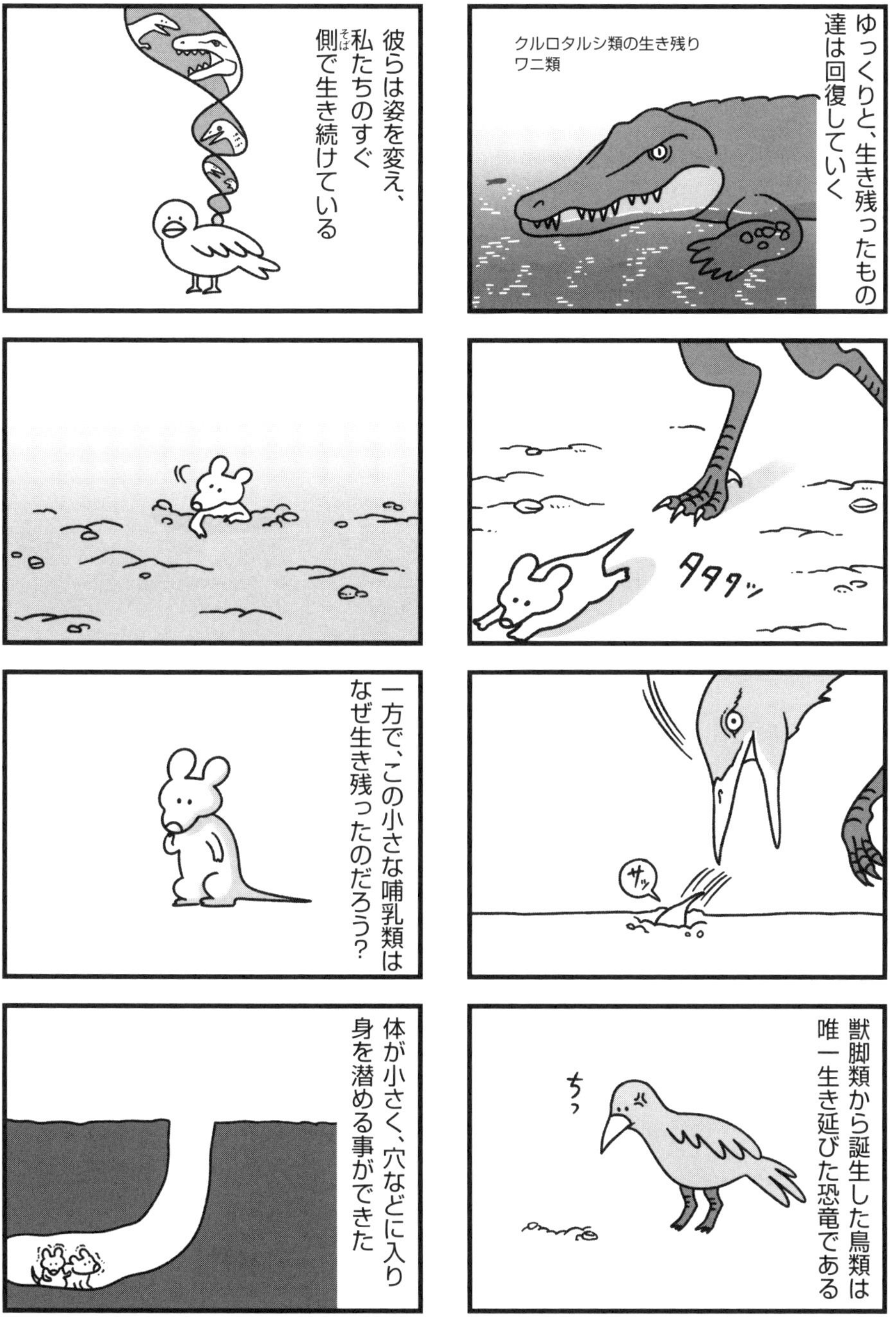
ゆっくりと、生き残ったもの
達は回復していく
クルロタルシ類の生き残り
ワニ類
タタタッ
サッ
獣脚類から誕生した鳥類は
唯一生き延びた恐竜である
ちっ
彼らは姿を変え、
私たちのすぐ
側《そば》で生き続けている
一方で、この小さな哺乳類は
なぜ生き残ったのだろう？
体が小さく、穴などに入り
身を潜める事ができた

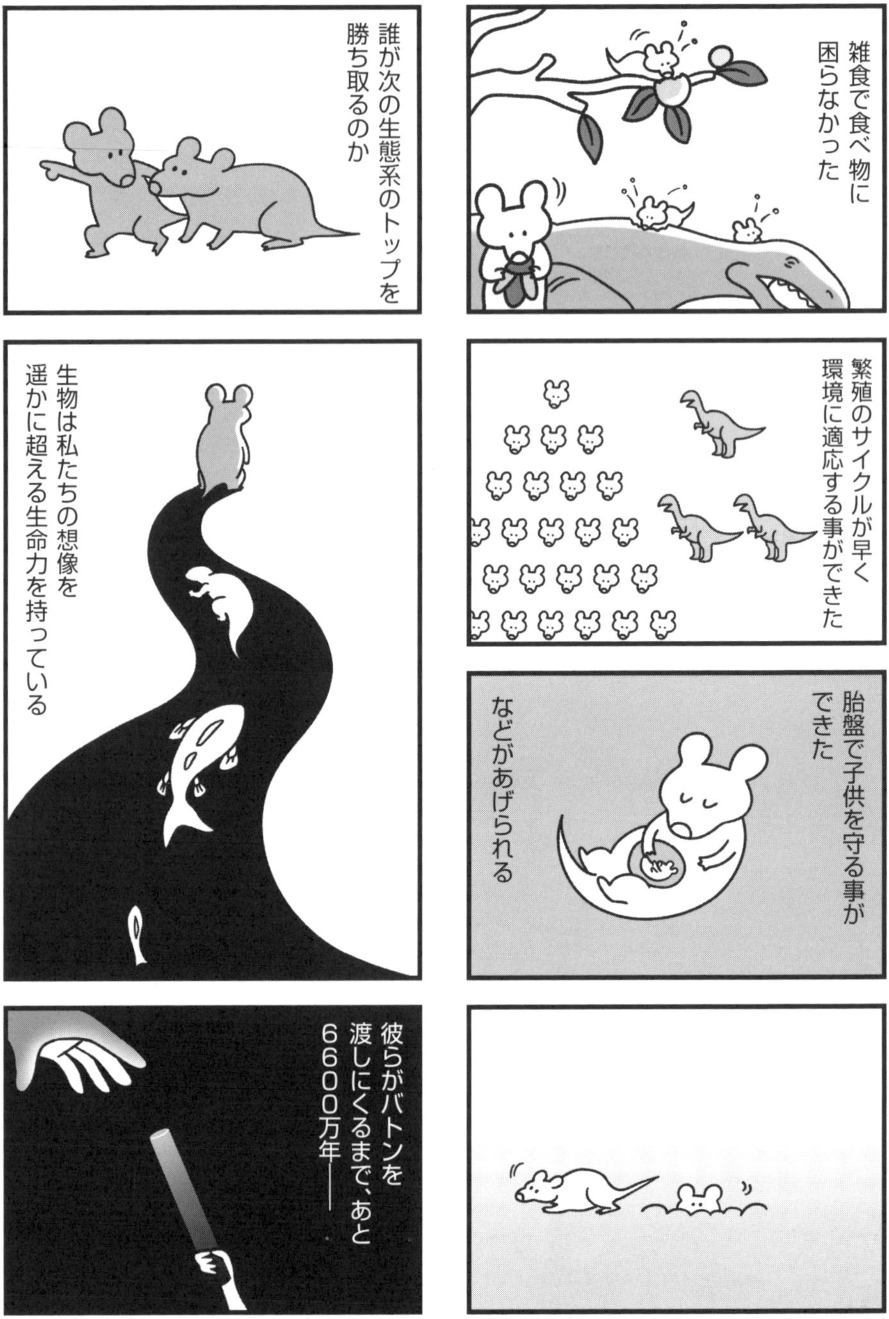

雑食で食べ物に困らなかった
繁殖のサイクルが早く環境に適応する事ができた
胎盤で子供を守る事ができた
などがあげられる
誰が次の生態系のトップを勝ち取るのか
生物は私たちの想像を遥かに超える生命力を持っている
彼らがバトンを渡しにくるまで、あと6600万年——

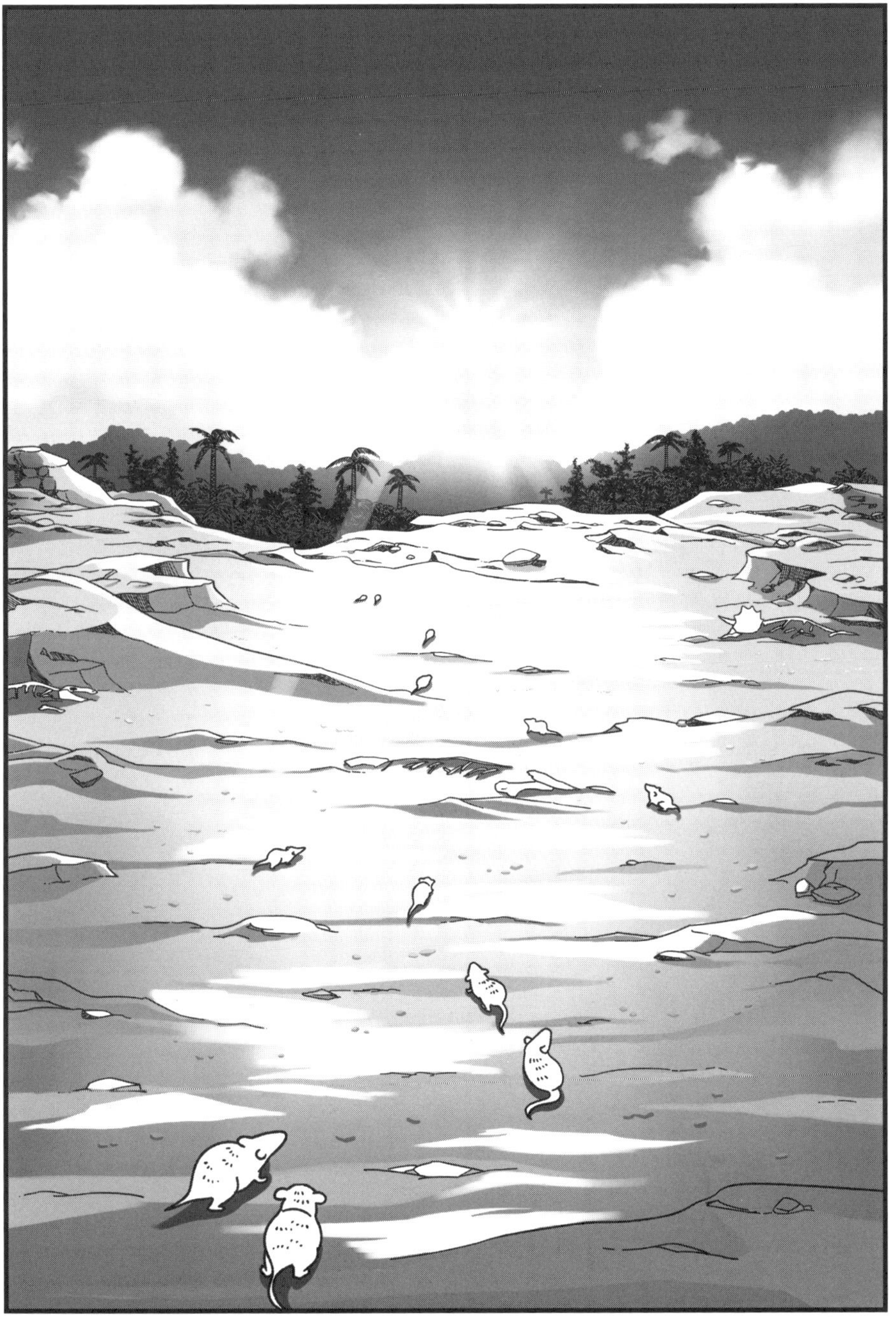

おわりに

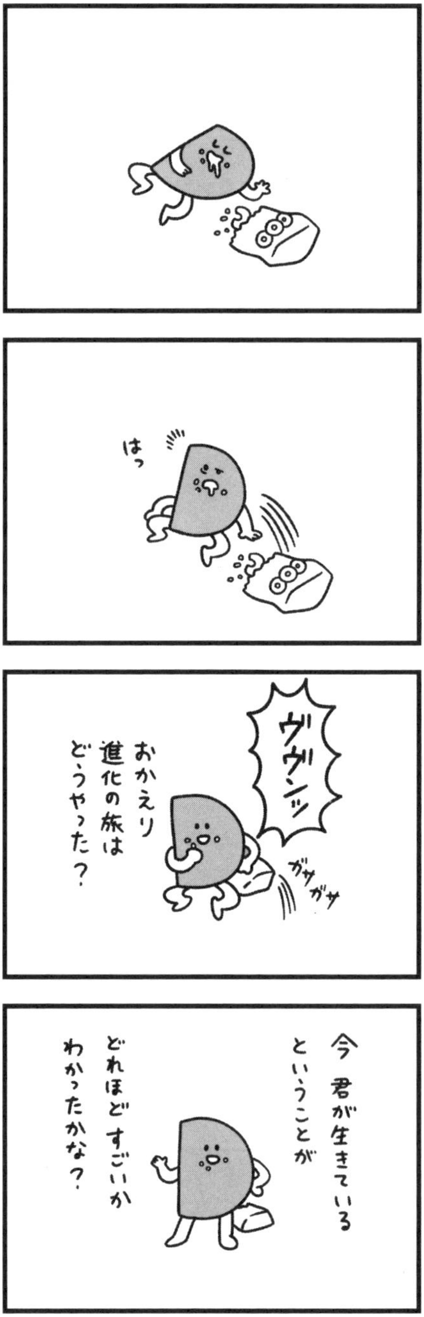

はっ
ヴヴンッ
ガサガサ
おかえり
進化の旅は
どうやった？
今 君が生きている
ということが
どれほど すごいか
わかったかな？

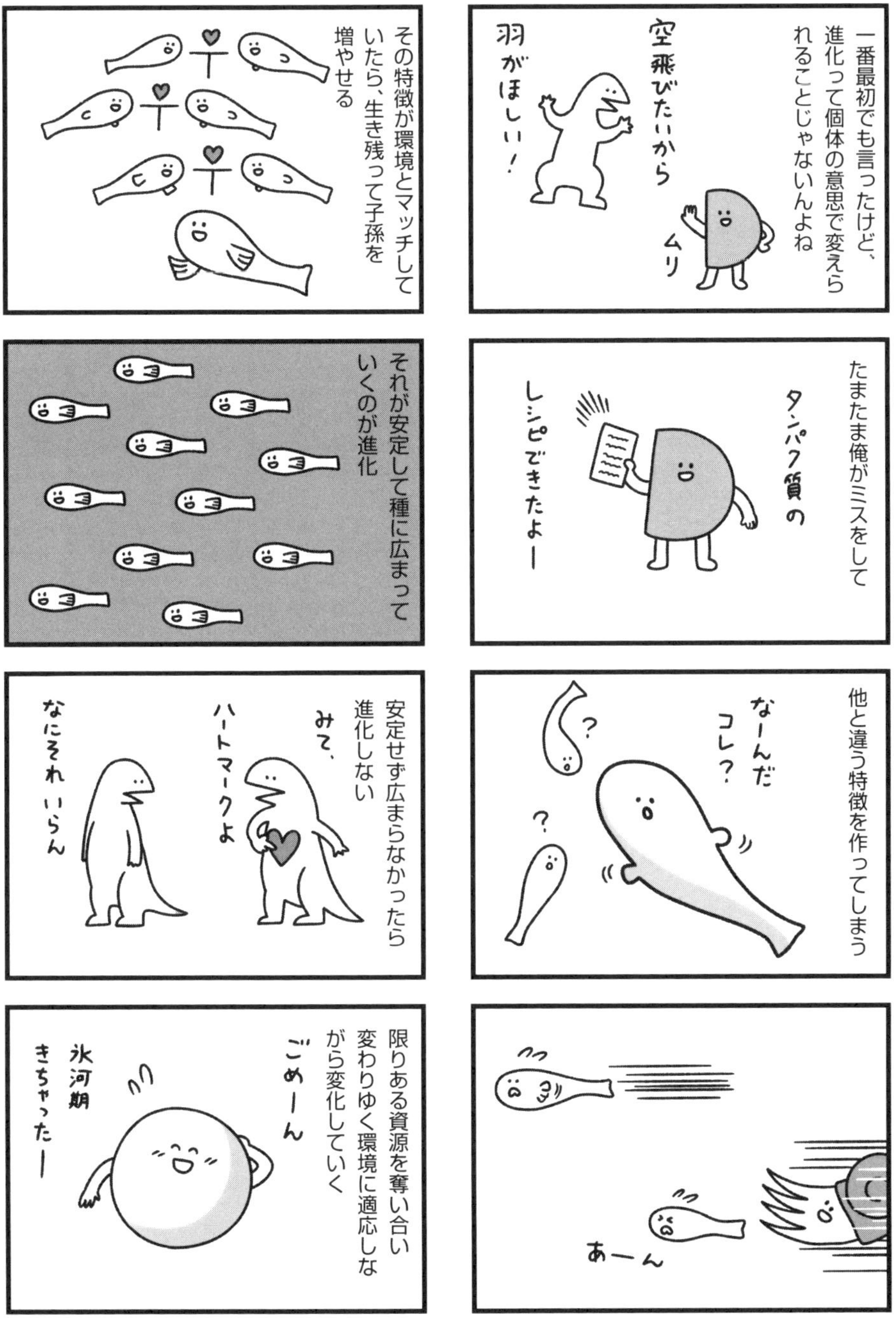
一番最初でも言ったけど、進化って個体の意思で変えられることじゃないんよね
空飛びたいから
羽がほしい！
ムリ
たまたま俺がミスをして
タンパク質の
レシピできたよー
他と違う特徴を作ってしまう
なーんだ
コレ？
？
？
あーん
その特徴が環境とマッチしていたら、生き残って子孫を増やせる
それが安定して種に広まっていくのが進化
安定せず広まらなかったら進化しない
みて、
ハートマークよ
なにそれ いらん
限りある資源を奪い合い変わりゆく環境に適応しながら変化していく
ごめーん
氷河期
きちゃったー

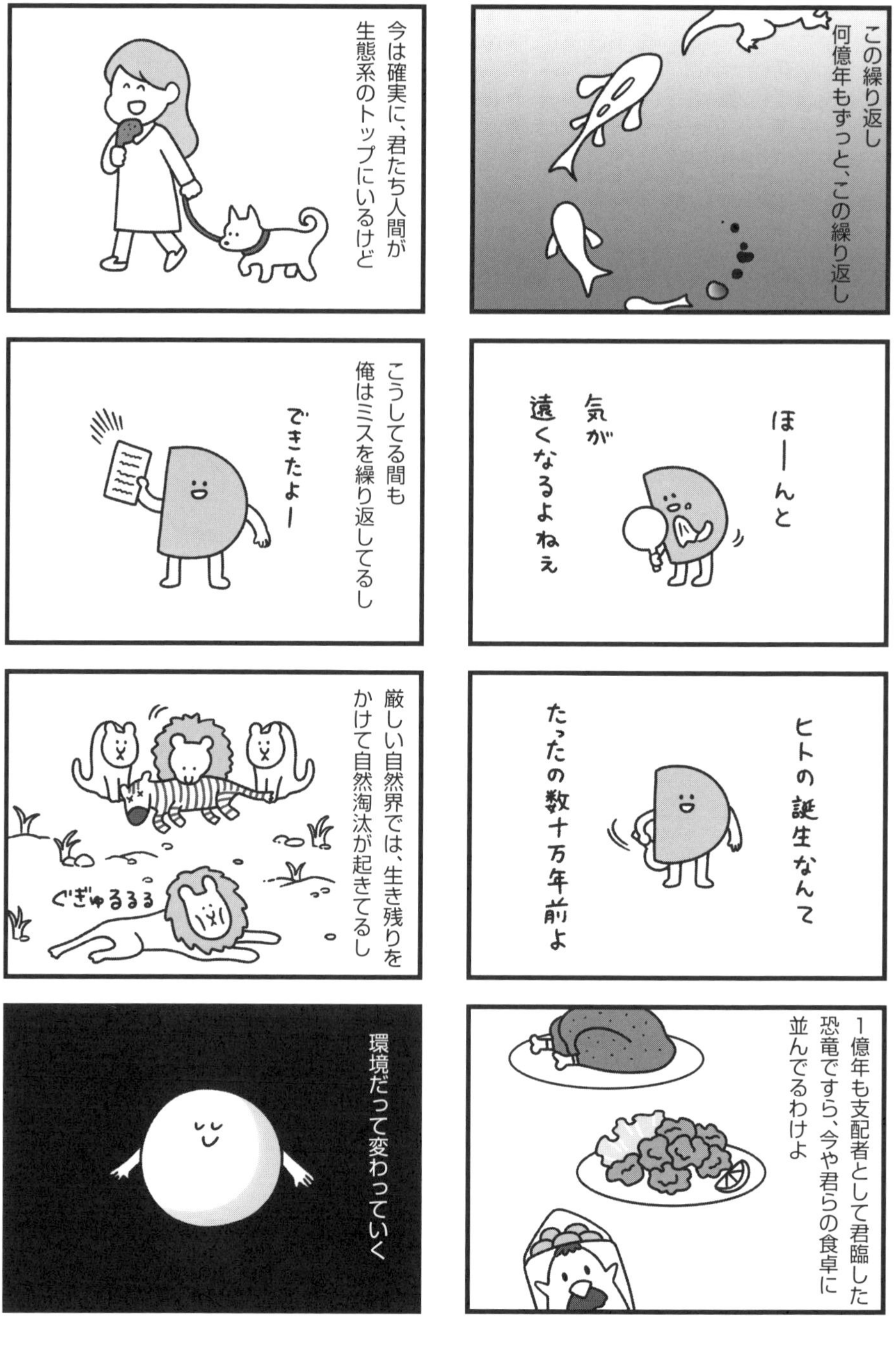
この繰り返し
何億年もずっと、この繰り返し
ほーんと
気が
遠くなるよねぇ
ヒトの誕生なんて
たったの数十万年前よ
1億年も支配者として君臨した
恐竜ですら、今や君らの食卓に
並んでるわけよ
今は確実に、君たち人間が
生態系のトップにいるけど
こうしてる間も
俺はミスを繰り返してるし
できたよー
厳しい自然界では、生き残りを
かけて自然淘汰が起きてるし
ぐぎゅるるる
環境だって変わっていく

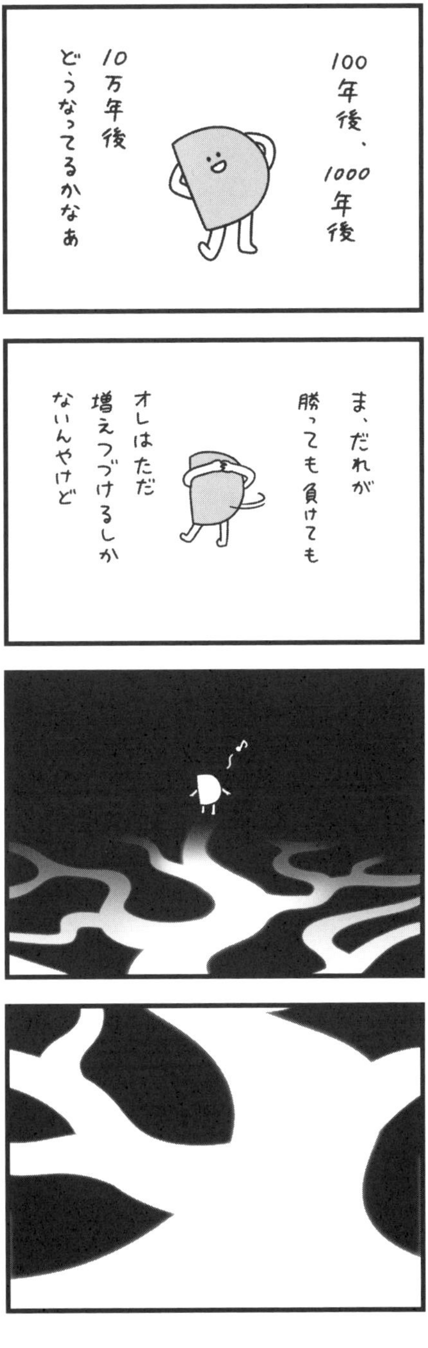
100年後、1000年後
10万年後どうなってるかなあ
ま、だれが勝っても負けても
オレはただ増えつづけるしかないんやけど

番外編

パーティー

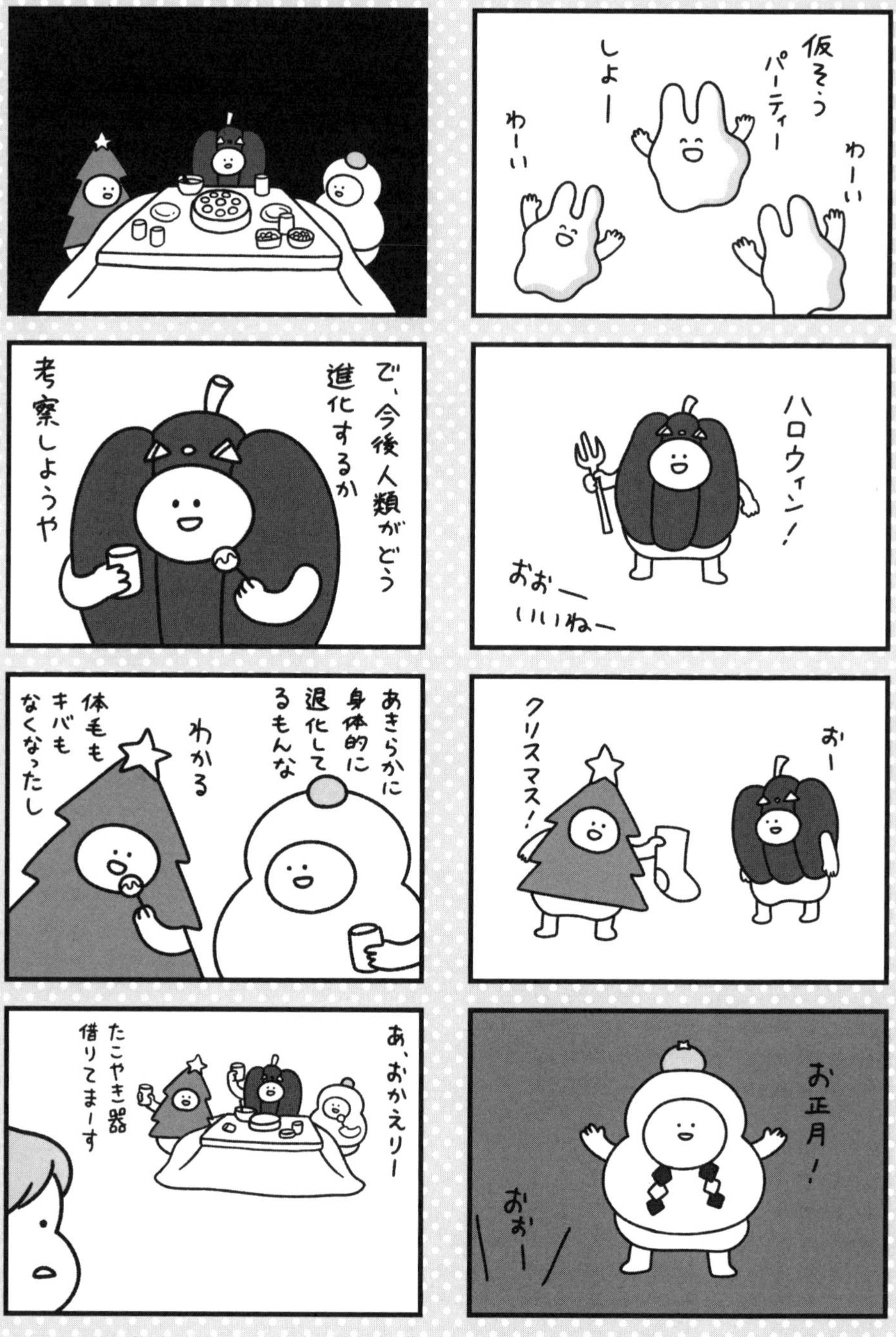

仮そうパーティーしよー
わーい
わーい
ハロウィン!
おおー いいねー
クリスマス!
おー
お正月!
おおー
で、今後人類がどう進化するか
考察しようや
あきらかに身体的に退化してるもんな
わかる
体毛もキバもなくなったし
あ、おかえりー
たこやき器借りてまーす

多細胞生物

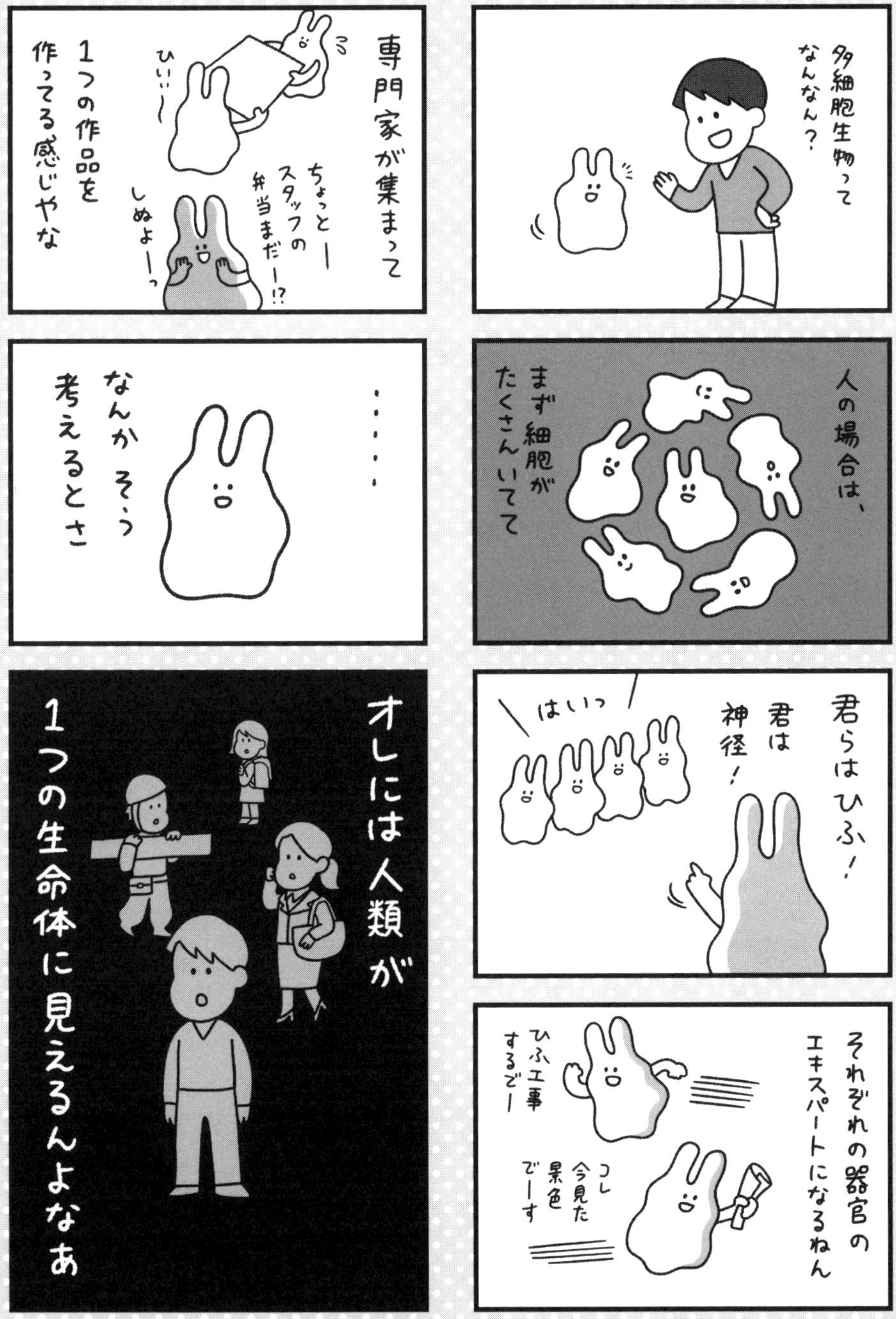
多細胞生物ってなんなん？
人の場合は、
まず細胞がたくさんいてて
君らはひふ！
君は神経！
はいっ
それぞれの器官のエキスパートになるねん
ひふ工事するでー
コレ今見た景色でーす
専門家が集まって1つの作品を作ってる感じやな
ひぃぃ〜
ちょっとースタッフの弁当まだー!?
しぬよーっ
……
なんかそう考えるとさ
オレには人類が1つの生命体に見えるんよなあ

番外編

50年後の自分

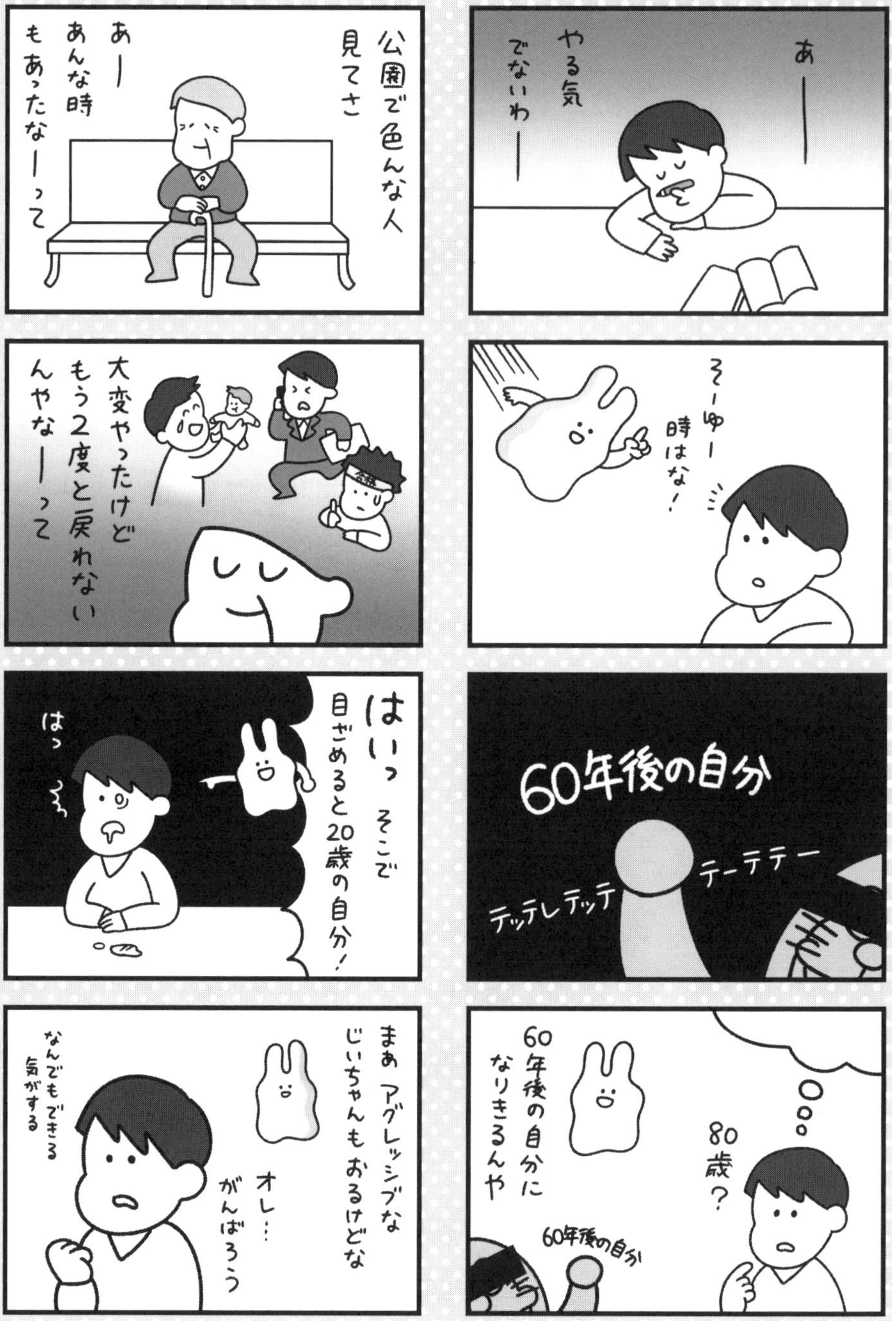

あーーー
やる気でないわーー
そーゆー時はな!
60年後の自分
テッテレテッテ
テーテテー
60年後の自分になりきるんや
80歳?
60年後の自分
公園で色んな人見てさ
あーあんな時もあったなーって
大変やったけどもう2度と戻れないんやなーーって
はっ
はいっ そこで目ざめると20歳の自分!
まあ アグレッシブなじいちゃんもおるけどな
オレ…がんばろう
なんでもできる気がする

バタフライエフェクト

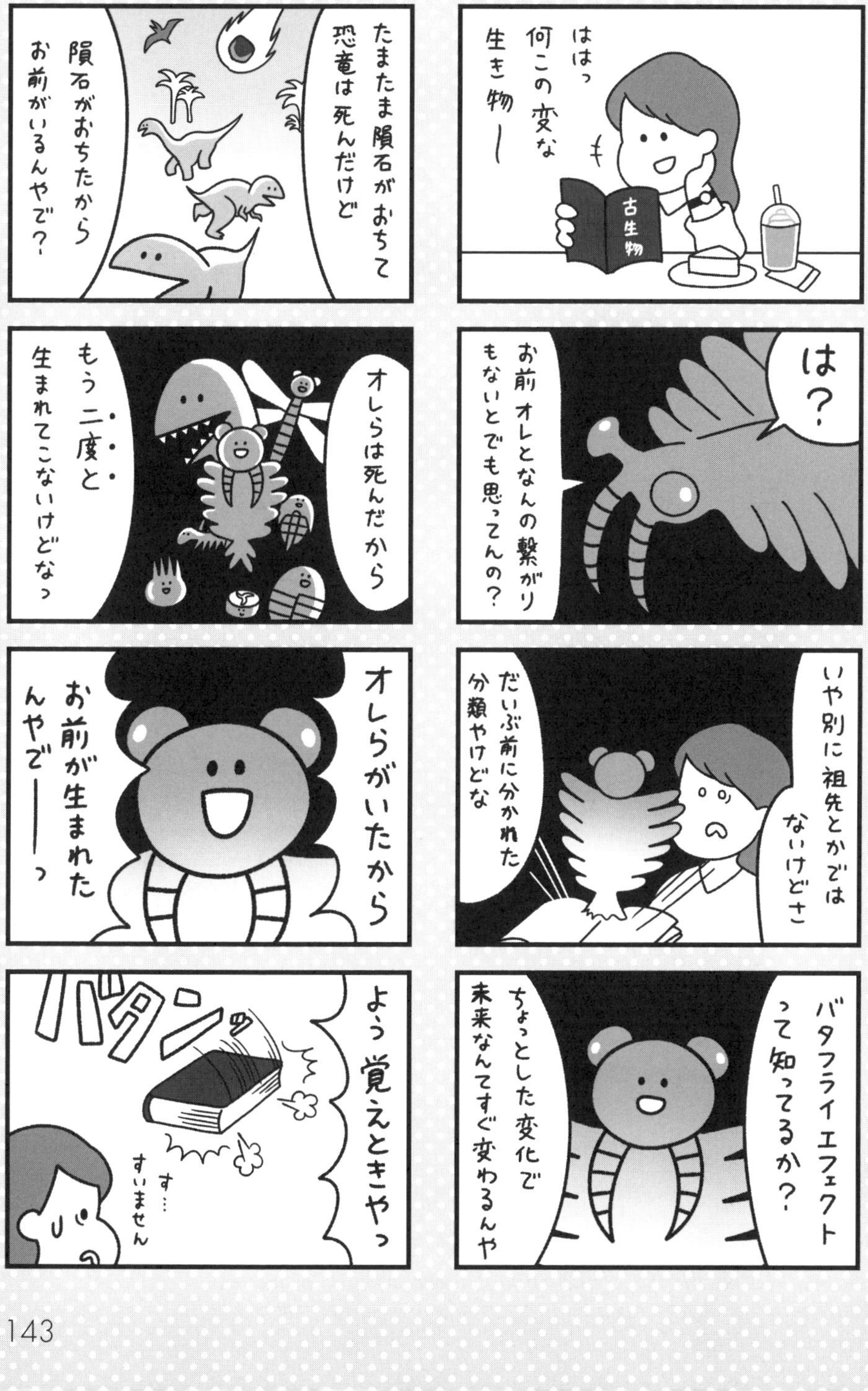
ははっ
何この変な
生き物ー
古生物
は？
お前オレとなんの繋がり
もないとでも思ってんの？
いや別に祖先とかでは
ないけどさ
だいぶ前に分かれた
分類やけどな
バタフライエフェクト
って知ってるか？
ちょっとした変化で
未来なんてすぐ変わるんや
たまたま隕石がおちて
恐竜は死んだけど
隕石がおちたから
お前がいるんやで？
オレらは死んだから
もう二度と・・・
生まれてこないけどなっ
オレらがいたから
お前が生まれた
んやでーーっ
よう覚えときやっ
バタンッ
す…
すいません

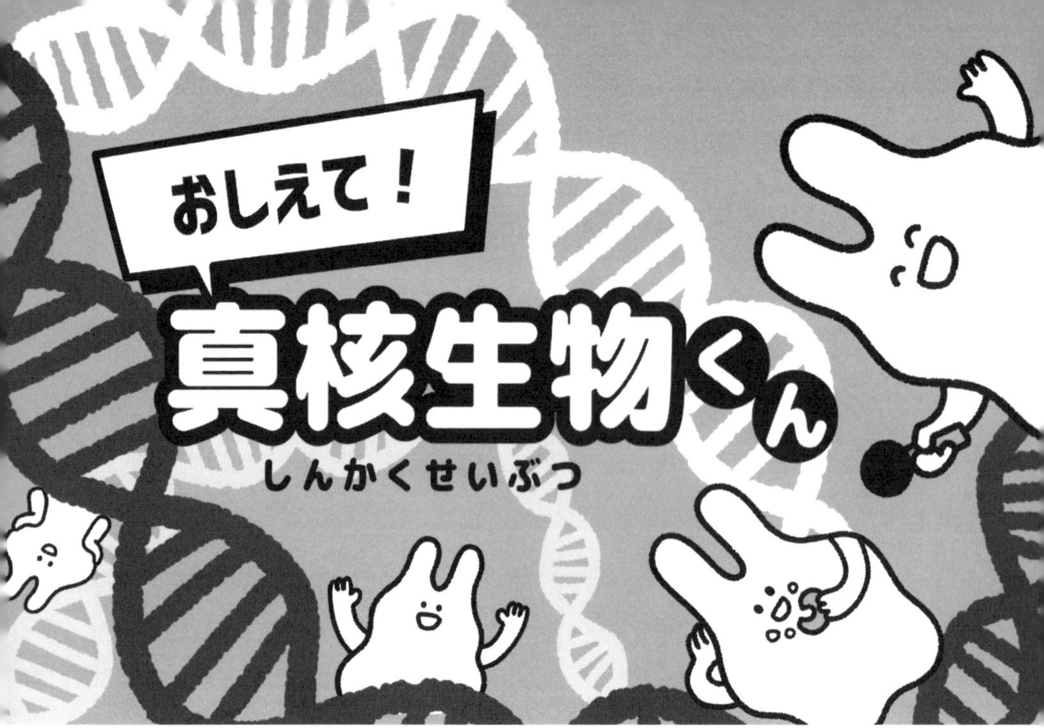

自己紹介

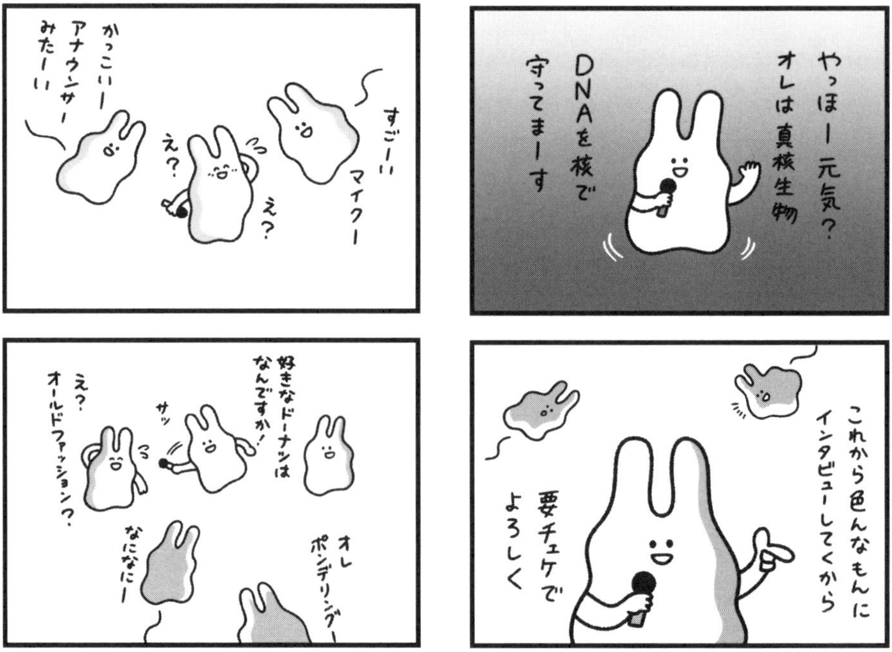

●この作品（P144～151）はWANI BOOKOUTで2018年7月～12月に掲載されたものを加筆、修正したものです。

イヤホン

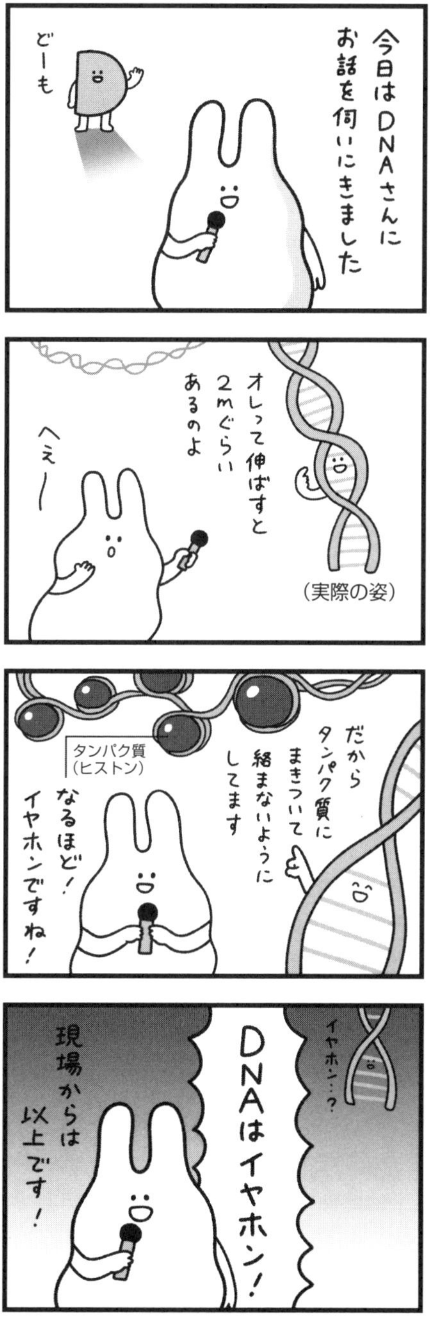

今日はDNAさんにお話を伺いにきました
どーも
オレって伸ばすと2mぐらいあるのよ
へえー
(実際の姿)
だからタンパク質にまきついて絡まないようにしてます
タンパク質(ヒストン)
なるほど！イヤホンですね！
イヤホン…？
DNAはイヤホン！
現場からは以上です！

RNA

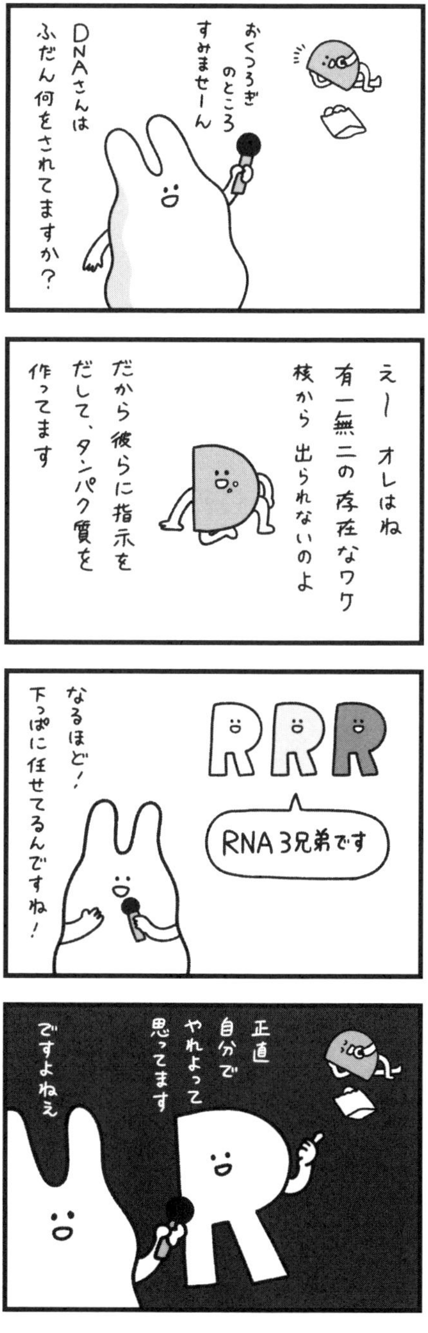

おくつろぎのところすみませーん
DNAさんはふだん何をされてますか？
えー オレはね
有一無二の存在なワケ
核から 出られないのよ
だから彼らに指示をだして、タンパク質を作ってます
RNA3兄弟です
なるほど！下っぱに任せてるんですね！
正直自分でやれよって思ってます
ですよねえ

タンパク質

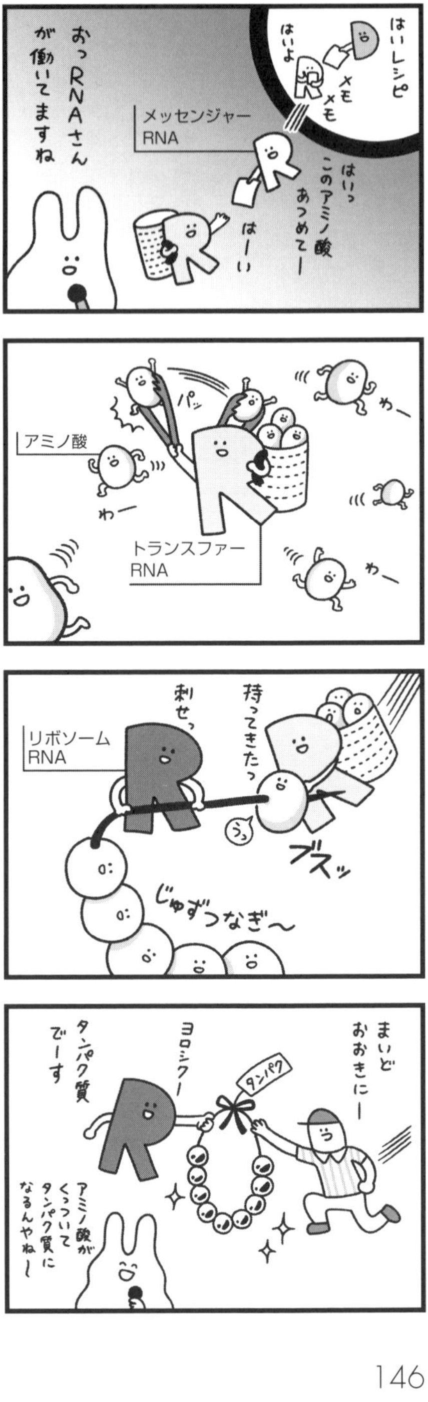

はいレシピ
はいよ
メモ メモ
はいっ このアミノ酸あつめてー
はーい
メッセンジャーRNA
おっRNAさんが働いてますね
パッ
わー
わー
わー
アミノ酸
トランスファーRNA
持ってきたっ
刺せっ
リボソームRNA
うっ
ブスッ
じゅずつなぎ〜
まいどおおきにー
タンパク
ヨロシクー
タンパク質でーす
アミノ酸がくっついてタンパク質になるんやね〜

髪の毛

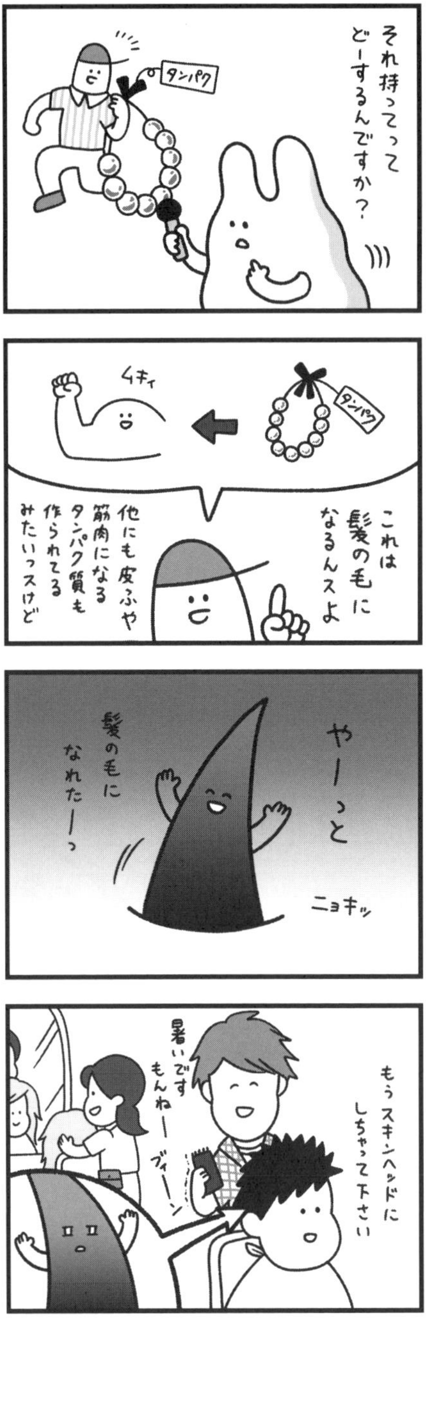

それ持ってってどーするんですか?
タンパク
タンパク
ムキィ
これは髪の毛になるんスよ
他にも皮ふや筋肉になるタンパク質も作られてるみたいっスけど
やーっと
髪の毛になれたーっ
ニョキッ
もうスキンヘッドにしちゃって下さい
暑いですもんねー
ブィーン

ヒトの差

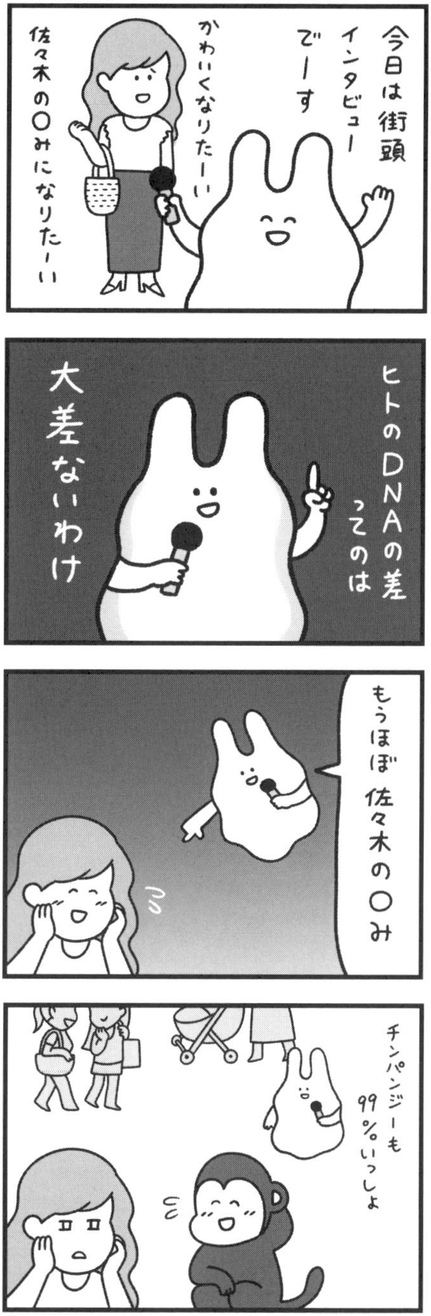
今日は街頭インタビューでーす
かわいくなりたーい
佐々木の○みになりたーい
ヒトのDNAの差ってのは
大差ないわけ
もうほぼ佐々木の○み
チンパンジーも99%いっしょ

ビタミンC

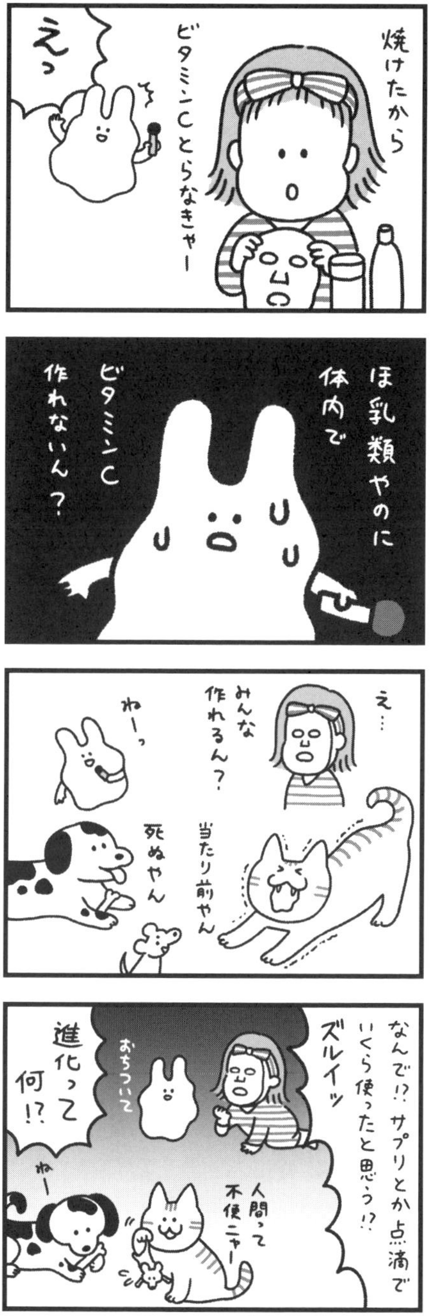
焼けたから
ビタミンCとらなきゃー
えっ
ほ乳類やのに体内でビタミンC作れないん？
え…
みんな作れるん？
ねーっ
死ぬやん
当たり前やん
なんで!? サプリとか点滴でいくら使ったと思う!?
ズルイッ
おちついて
進化って何!?
ねー
人間って不便ニャー

中立論

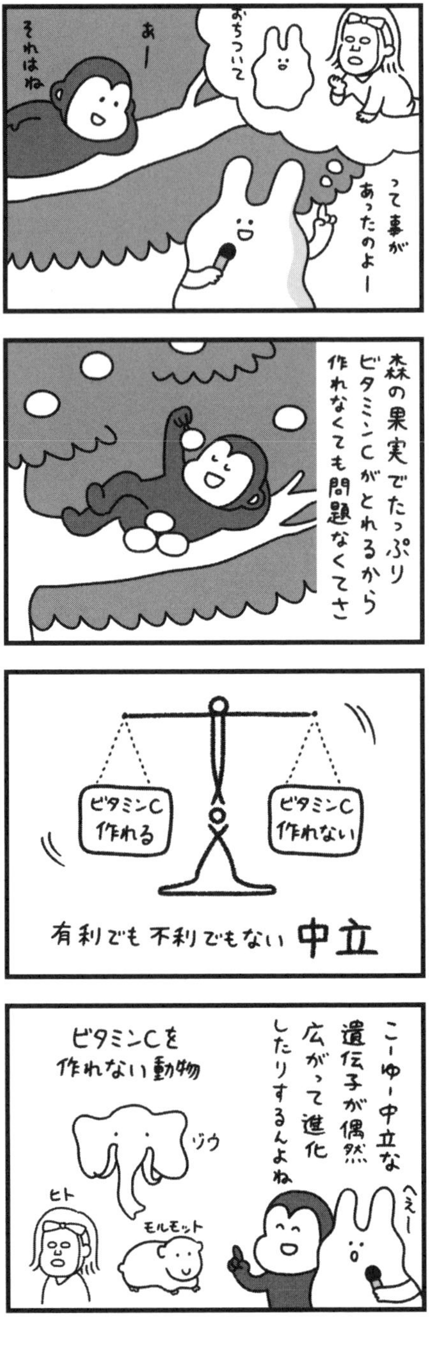

って事があったのよー
おちついて
あー
それはね
森の果実でたっぷり
ビタミンCがとれるから
作れなくても問題なくてさ
ビタミンC作れない
ビタミンC作れる
有利でも不利でもない中立
こーゆー中立な
遺伝子が偶然
広がって進化
したりするんよね
へぇー
ビタミンCを作れない動物
ゾウ
モルモット
ヒト

生物の本体

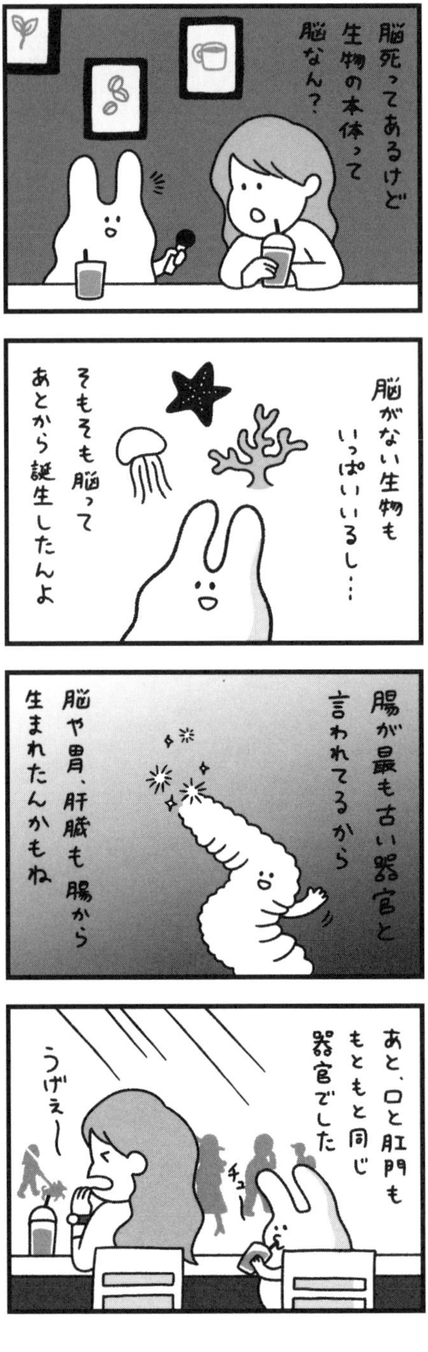

脳死ってあるけど
生物の本体って
脳なん？
脳がない生物も
いっぱいいるし…
そもそも脳って
あとから誕生したんよ
腸が最も古い器官と
言われてるから
脳や胃、肝臓も腸から
生まれたんかもね
あと、口と肛門も
もともと同じ
器官でした
チュー
うげぇ〜

歯の正体

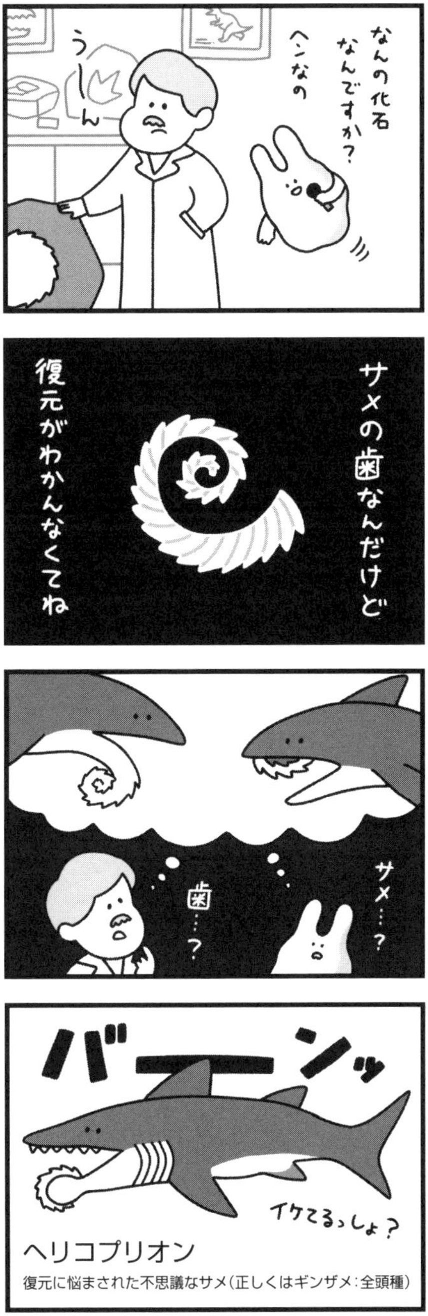
なんの化石なんですか？
ヘンなの
うーん
サメの歯なんだけど
復元がわかんなくてね
サメ…？
歯…？
バーーンッ
イケてるっしょ？
ヘリコプリオン
復元に悩まされた不思議なサメ（正しくはギンザメ：全頭種）

三葉虫

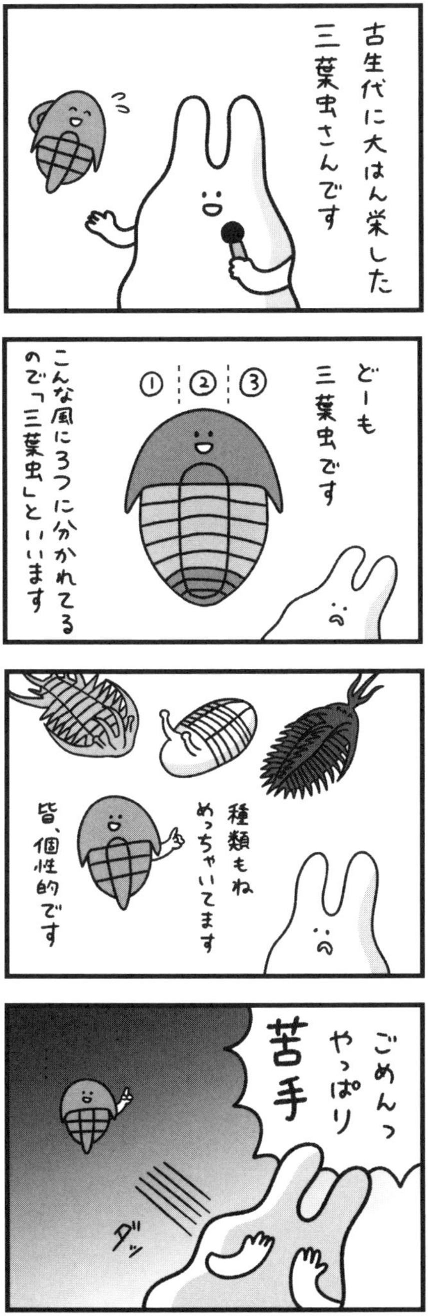
古生代に大はん栄した三葉虫さんです
どーも三葉虫です
①
②
③
こんな風に3つに分かれてるので「三葉虫」といいます
種類もめっちゃいてます
皆、個性的です
ごめんっ やっぱり
苦手
……
ダッ

恐竜

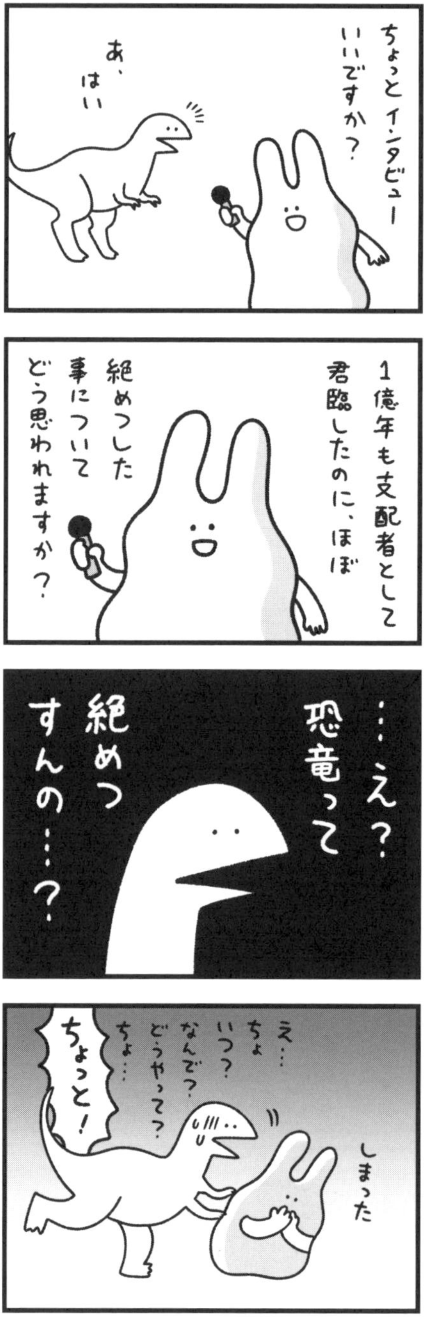

ちょっとインタビューいいですか？
あ、はい
1億年も支配者として君臨したのに、ほぼ絶めつした事についてどう思われますか？
…え？恐竜って絶めつすんの…？
しまった
え…ちょいつ？なんで？どうやって？ちょ…
ちょっと！

ナゾの化石

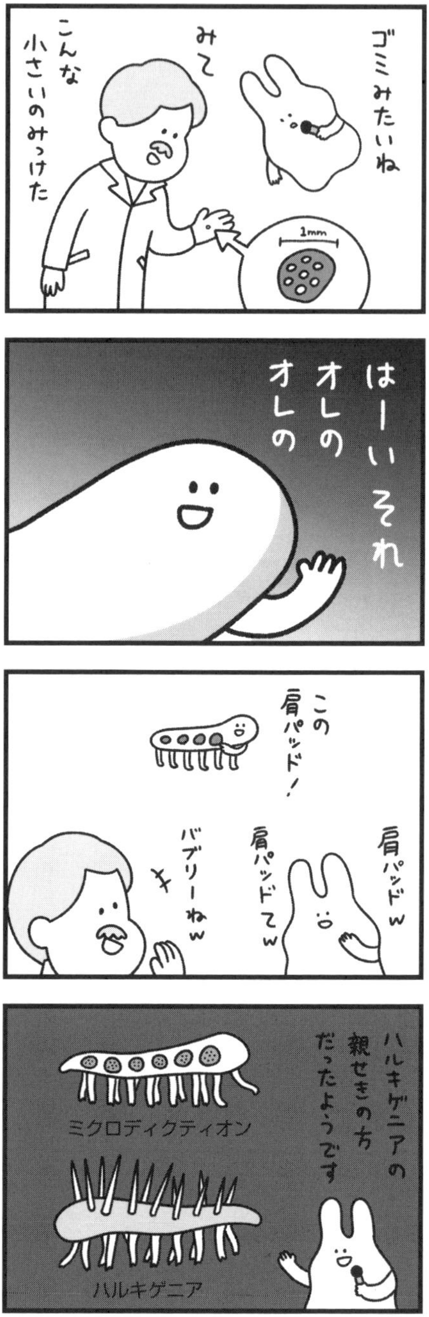

ゴミみたいね
みて
こんな小さいのみっけた
1mm
はーい それオレの オレの
この肩パッド！
肩パッドw
肩パッドてw
バブリーねw
ハルキゲニアの親せきの方だったようです
ミクロディクティオン
ハルキゲニア

サメ

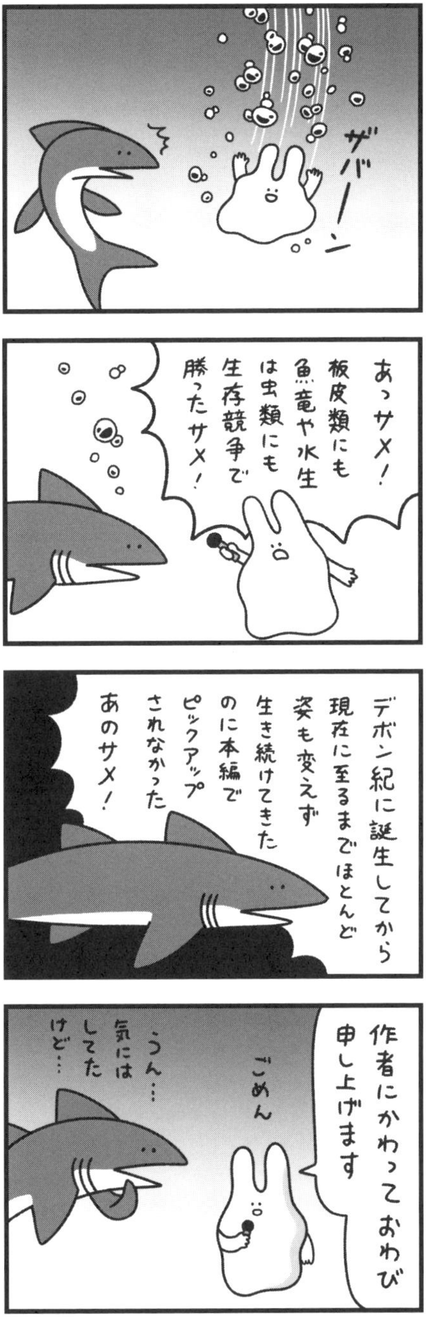
ザバー!ン
あっサメ!板皮類にも魚竜や水生は虫類にも生存競争で勝ったサメ!
デボン紀に誕生してから現在に至るまでほとんど姿も変えず生き続けてきたのに本編でピックアップされなかったあのサメ!
作者にかわっておわび申し上げます
ごめん
うん…気にはしてたけど…

さいごに

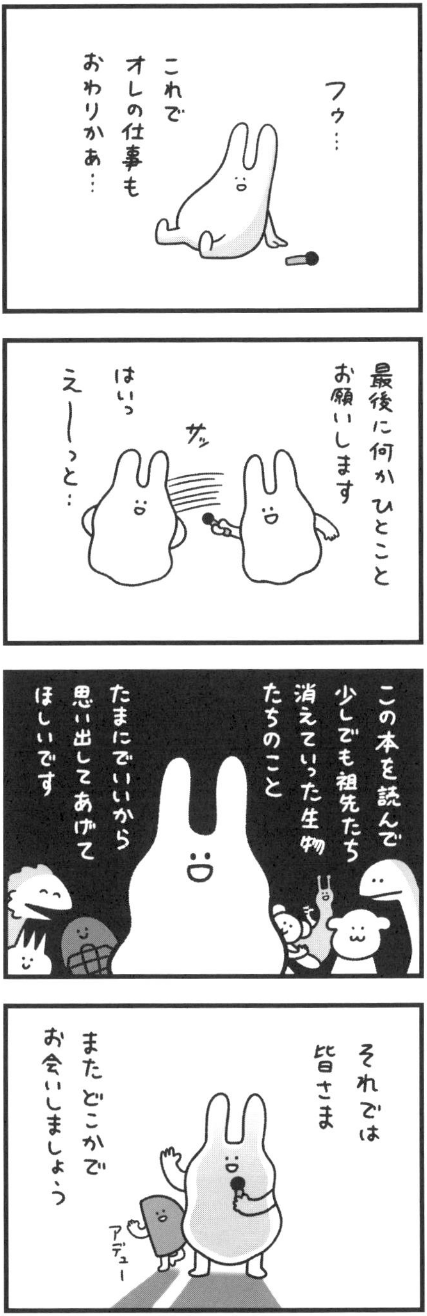
フゥ…
これでオレの仕事もおわりかぁ…
最後に何かひとことお願いします
サッ
はいっ
えーーっと…
この本を読んで少しでも祖先たち消えていった生物たちのこと
たまにでいいから思い出してあげてほしいです
それでは皆さま
またどこかでお会いしましょう
アデュー

主要参考文献一覧

※本書に登場する年代値は、International Commission on Stratigraphy, v2018/07, INTERNATIONAL STRATGRAPHIC CHARTを参考にしています

【一般書籍】

『Essential 細胞生物学 原書第2版』著:Bruce Alberts/Dennis Bray/Karen Hopkin/Alexander Johnson/Julian Lewis/Martin Raff/Keith Roberts/Peter Walter/監訳:中村桂子/松原謙一、2005年刊行、南江堂

『Newton別冊 分子レベルでせまる進化のメカニズム ゲノム進化論』2015年刊行、ニュートンプレス

『生物はなぜ誕生したのか』著:ピーター・ウォード/ジョゼフ・カーシュヴィンク、2016年刊行、河出書房新社

『エディアカラ紀・カンブリア紀の生物』監修:群馬県立自然史博物館、著:土屋健、2013年刊行、技術評論社

『オルドビス紀・シルル紀の生物』監修:群馬県立自然史博物館、著:土屋健、2013年刊行、技術評論社

『デボン紀の生物』監修:群馬県立自然史博物館、著:土屋健、2014年刊行、技術評論社

『石炭紀・ペルム紀の生物』監修:群馬県立自然史博物館、著:土屋健、2014年刊行、技術評論社

『三畳紀の生物』監修:群馬県立自然史博物館、著:土屋健、2015年刊行、技術評論社

『ジュラ紀の生物』監修:群馬県立自然史博物館、著:土屋健、2015年刊行、技術評論社

『白亜紀の生物 上巻』監修:群馬県立自然史博物館、著:土屋健、2015年刊行、技術評論社

『白亜紀の生物 下巻』監修:群馬県立自然史博物館、著:土屋健、2015年刊行、技術評論社

【学術論文】

Steven M. Stanley, 2016, Estimates of the magnitudes of major marine mass extinctions in earth history, PNAS, doi/10.1073/pnas.1613094113

舞台ウラ

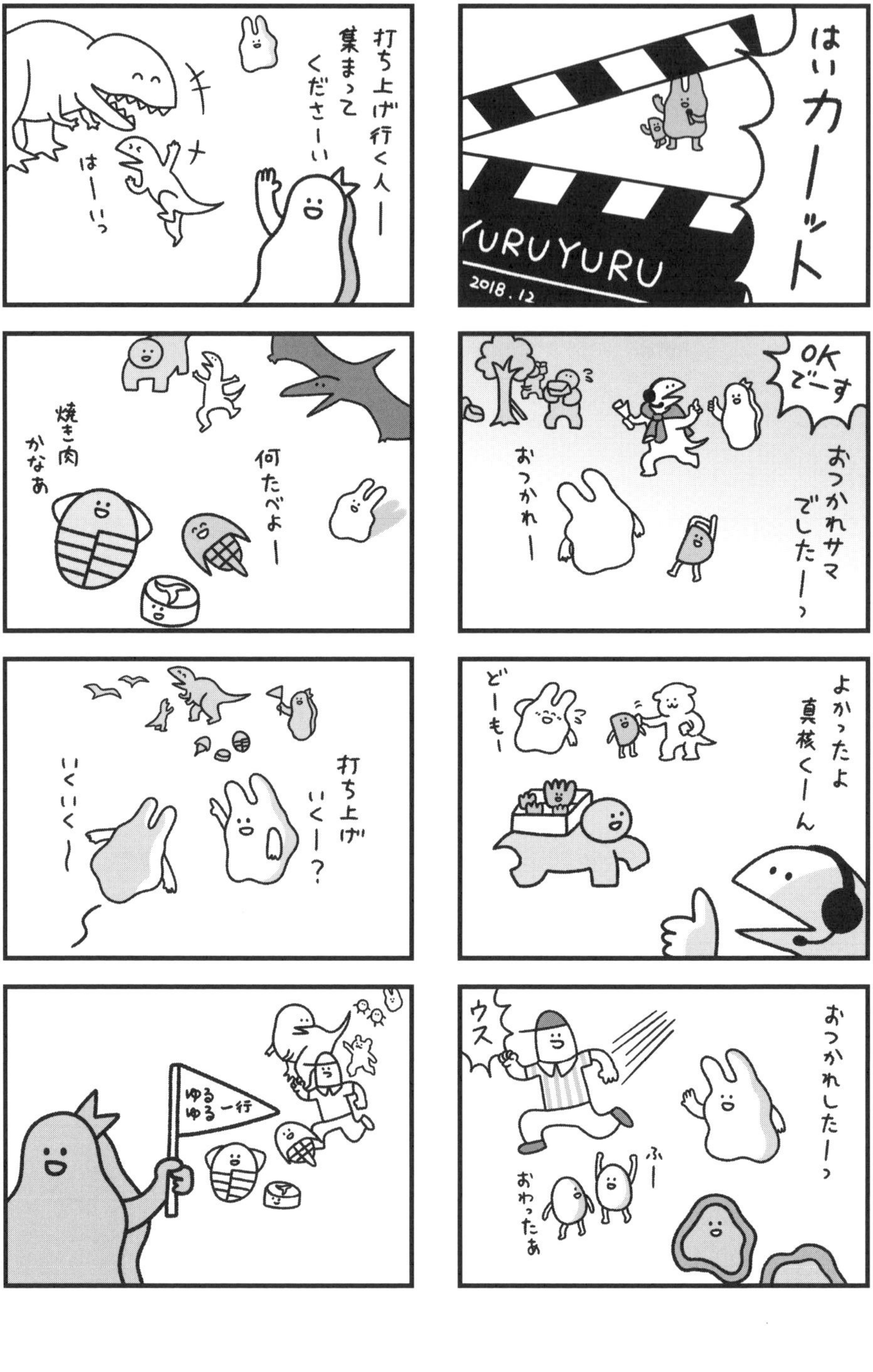
はいカーット
YURUYURU
2018.12
OKでーす
おつかれサマでしたーっ
おつかれー
よかったよ真核くーん
どーもー
ウス
おつかれしたーっ
ふー
おわったあ
打ち上げ行く人ー
集まってくださーい
はーいっ
何たべよー
焼き肉かなあ
打ち上げいくー？
いくいくー
ゆるゆる一行

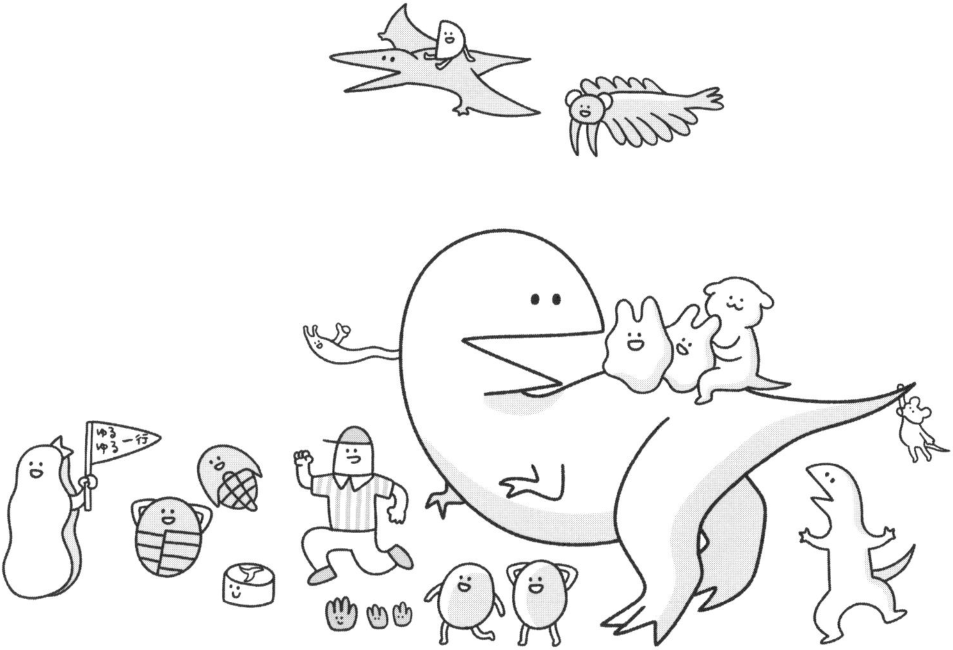
ゆる
ゆる一行

監修者より

生命の進化の物語は、とてもダイナミックで、魅惑的なものです。

そんな物語を、ゆる〜く楽しめる。それがこの本です。種田ことびさんの「良い意味で」力の抜けた絵と語りが、あなたを誘ってくれることでしょう。

土屋はこの本をつくるにあたり、種田ことびさんのタッチを崩さない範囲で、参考資料の提案や最低限の科学的情報のチェックをさせていただきました。もとより日進月歩で進み、諸説が入り乱れているジャンルです。テレビ番組で特番をつくれば、1クールぐらいは最低でも必要。書籍であっても、できれば7〜8冊は欲しいという内容。

そんな生命史を気軽に楽しみたいという人は、まずはこの1冊をお手にとっていただくのもアリと思います。これほどまでに肩の力を抜いて、生命史を楽しめる本は、なかなか見当たりません。肩の力を抜いているのに、生命誕生から恐竜絶滅までの40億年近い時間を堪能できるとは、得難い経験となるでしょう。

ぜひ、この本で生命史や古生物の世界の楽しさを知って、その先へと進む足がかりとしてください。

2018年師走

サイエンスライター

土屋 健

PROFILE

種田ことび

Kotobi Taneda

大阪芸術大学 情報デザイン学科卒業。
大学でデジタルグラフィックやメディアプランニングを学ぶ。
グラフィックデザインやウェブデザイン等のデザイナーとして勤務後、フリーランスに。
2018年1月、趣味として古生物学の漫画執筆を開始し、SNSで発表。
同年7月よりワニブックス書籍編集部のWEBマガジン「WANI BOOKOUT」にて『おしえて！　真核生物くん』連載開始。
Instagram〈@kotobi00〉

監修（P2〜74、P82〜139）

土屋 健

Ken Tsuchiya

サイエンスライター。オフィス ジオパレオント代表。埼玉県出身。金沢大学大学院自然科学研究科で修士号（専門は地質学、古生物学）を取得。その後、科学雑誌『Newton』の編集記者、部長代理を経て現職。古生物学を中心に雑誌等への寄稿、著作多数。近著に『地球のお話 365 日』（共著：技術評論社）など

●本作品に登場する人物ならびに生物、台詞等はフィクションを含みます。

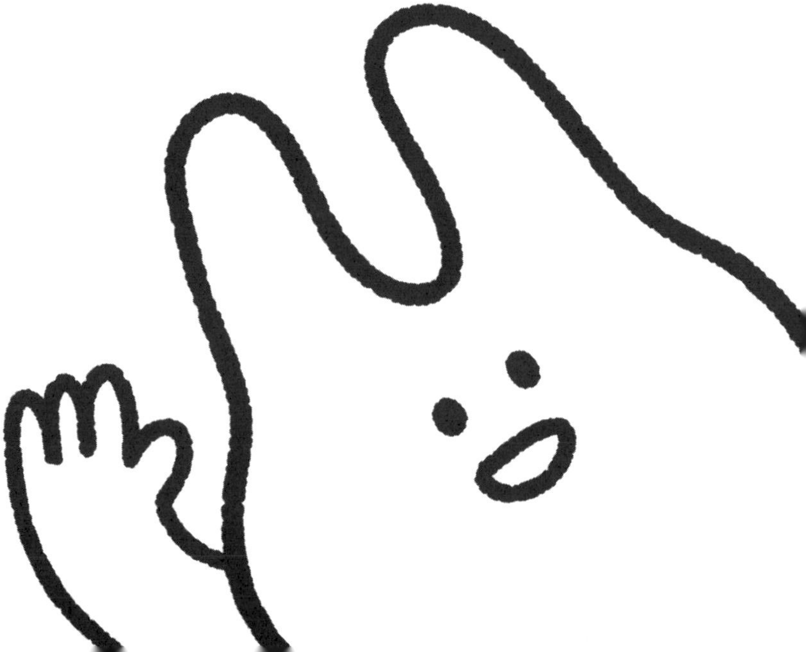

STAFF

カバーデザイン　森田直＋積田野麦（FROGKING STUDIO）
本文デザイン　杉山健太郎
校正　玄冬書林
編集　大井隆義（ワニブックス）

はるか昔の進化がよくわかる
ゆるゆる生物日誌

著者　種田ことび
監修　土屋 健

2019年2月5日　初版発行

発行者　横内正昭
編集人　青柳有紀
発行所　株式会社ワニブックス
〒150-8482
東京都渋谷区恵比寿4-4-9えびす大黒ビル
電話　03-5449-2711（代表）
03-5449-2716（編集部）
ワニブックスHP　http://www.wani.co.jp/
WANI BOOKOUT　http://www.wanibookout.com/
印刷所　株式会社光邦
DTP　株式会社三協美術
製本所　ナショナル製本

ISBN 978-4-8470-9763-8